KB245195

너무나 뜨거운 지구

지구온난화를 막기 위해 무엇을 해야 하나?

Our Simmering Planet : What To Do About Global Warming?
by Joyeeta Gupta

너무나 뜨거운 지구

지구온난화를 막기 위해 무엇을 해야 하나?

조이타 굽타 지음
황의방 옮김

두레

추천하는 말

최 열

(환경재단 상임이사, 환경운동연합 고문)

지구온난화로 인한 재해가 날이 갈수록 늘어나고 있습니다. 미국에서는 거대 도시 뉴올리언스를 삼켜 버린 허리케인 카트리나와 미국의 남부지방을 두려움에 떨게 한 리타를 통해 기후 변화에 따른 허리케인의 위력이 얼마나 더 강력해지고 있는가를 보여 준 바 있습니다.

최근의 「타임Time」지 보도에 따르면(2005년 10월 2일자) 4등급과 5등급 규모의 허리케인이 해마다 늘어나고 있음을 보여 주고 있습니다. 1975~1989년과 1990~2004년의 각각 15년을 두고 발생한 허리케인의 수를 조사해 본 결과, 서태평양에서는 85개였던 것이 116개로 늘어났고, 인도양에서는 24개에서 50개로,

동태평양에서는 16개였던 것이 25개로 현저하게 늘어난 것이 확인되었습니다. 날로 강력해지고 있는 허리케인을 보노라면 우리가 몸 붙여 살고 있는 작은 행성 지구가 뜨거운 대기를 얼마나 참기 어려웠으면 이처럼 분노를 터뜨리고 있을까 생각하게 됩니다.

우리는 우주에서 북극의 빙하지대를 찍은 최근의 언론 보도를 보고 또 한번 놀랐습니다. 미국 국립설빙자료센터NSIDC의 조사에 따르면 1979~2005년의 약 25년 사이에 빙하 면적의 20%가 줄어든 것으로 밝혀졌습니다. 이 센터의 연구진에 따르면 10년마다 평균 8%의 빙하가 줄고 있고, 이런 추세가 계속된다면 2060년에는 빙하지대가 완전히 사라질 것이라고 합니다.

먼 다른 나라만의 이야기가 아닙니다. 이대로 간다면 우리나라에서 겨울이 사라질 것이라 하고, 동해바다의 온도가 옛 남해바다의 온도로 바뀌어 동해에서 아열대 어종의 물고기들이 잡힌다는 보도가 잇따르고 있습니다. 이러한 기후 변화가 지구온난화 때문이라는 것을 의심했던 사람들도 이제는 그 뚜렷한 증거 앞에서 이제까지의 의문과 반론을 거두어들이고 있습니다.

지구가 앓고 있습니다. 이대로 간다면 머지 않아 묵시록적인 대재앙을 맞을 것입니다. 인간을 포함한 온 생명계가 파멸을 맞을지도 모릅니다. 그 가장 큰 원인은 온실가스입니다. 다가오고 있는 재앙을 막으려면 이산화탄소CO_2를 비롯한 온실가스를 줄이는 수밖에 없습니다.

이 책은 바로 이 뜨거운 지구를 다루고 있습니다. 지구온난화가 어떻게 진행돼 왔는가를 밝혀 지구가 얼마나 뜨거워져 있는가를 밝히는 것이 그 하나요, 온실가스를 줄이기 위한 교토의정서를 둘러싸고 선진국들인 '북North'과 개발도상국들인 '남South'이 그 해결책을 놓고 갈등을 벌이고 있는 두 가지의 '뜨거움'을 다루고 있습니다. 남측의 나라들은 북측의 나라들이 공정한 게임을 하지 않고 그들의 책임을 남측에 떠넘기고 있다고 비판하고 있습니다. 정의에 바탕을 두고 위기를 해결해야 한다고 주장합니다. 위기를 앞에 두고 이런 갈등이 벌어지고 있다는 것 자체가 안타까운 일이기도 하지만, 그러나 이러한 문제를 어떻게 풀어 가느냐가 온난화 문제를 해결하는 데 지대한 영향을 줄 것이기에 중요한 과제가 되어 있습니다.

우리나라의 생태환경운동도 온실가스 문제를 아주 중대한 문제로 보고 대처하고 있습니다. 무엇보다도 온난화의 주범인 이산화탄소를 줄이지 않으면 이미 망가진 우리의 자연이 더 큰 위험을 맞을 것이 분명하기 때문입니다. 지금 대처하지 않으면 경제적으로도 심각한 위기를 맞을 것입니다.

이에 6년 전 시민환경단체 250여 단체가 참여해 〈에너지시

민연대〉라는 단체를 만들어 '에너지 10% 줄이기 운동' 과 '에너지 절약 100만가구 운동' 등을 전개해 나가고 있습니다. 또한 제가 활동하고 있는 환경재단에서는 지구온난화를 일으키는 주범인 CO_2를 줄이기 위해 'CO_2 다이어트 캠페인' 을 펼치고 있습니다. 지난 100년 동안 0.6도(℃)가 상승해 나타나는 이상 기후에 대해 '0.6도(℃)의 재앙' 이라는 다큐멘터리를 제작해 좋은 반응을 얻고 있습니다. 지구온난화는 우리 인간의 생존 그 자체를 위협하고 있습니다. 2003년에는 지구온난화로 프랑스인 1만 5천 명이 소중한 생명을 잃었습니다. 우리나라에서도 1994년 여름, 35도가 넘는 이상기온이 보름 이상 지속되어 서울에서만 평년보다 900명이 더 사망한 것으로 밝혀졌습니다.

얼마나 더 큰 재앙을 만나야 세계는 이 위기에 눈을 뜰까요? 이 책을 통해 우리 모두가 신음하는 지구와, 파괴를 통해 행복을 누리고 있는 우리의 문명과, 에너지와 자원의 낭비에 토대를 두고 있는 우리의 생활양식을 다시 한번 성찰하는 시간을 가졌으면 좋겠습니다.

한국어판 머리말

너무나 뜨거운 지구와 남-북 문제의 초점

이 책은 기후 변화 문제를 다루면서도 그 가운데서 남-북 문제
South-North challenges에 초점을 맞추고 있다. 나는 기후 변화야
말로 21세기에 인류가 맞고 있는 가장 심각한 문제 중의 하나라
고 본다. 기후 변화의 충격은 수많은 생명들의 안정성을 해치며,
특히 개발도상국들에 살고 있는 사람들의 삶에 불안을 가져다줄
지도 모른다. 그것은 현재 전 지구적인 규모로 진행되고 있는 착
취에 기반을 두고 있는 삶의 양식의 문제이며, 그 기초가 되어 있
는 자본주의 이데올로기의 문제이다. 그것은 세계화의 메커니즘
을 통해 전세계적으로 수출되고 있는 생활양식과 이데올로기의
문제이다.

　　기후 변화의 문제를 다루면서 남-북 문제를 강조하는 것은 지금까지 지구 온실가스를 주로 배출한 나라들은 선진국들이었음에도 불구하고 그 충격의 크기는 가난한 개발도상국들에게 훨씬 심각하게 작용할 것이라는 사실과 관계되어 있다. 공정한 해결책은 '북'에 속한 나라들은 기술적으로 가능한 한 온실가스의 배출을 줄이고 '남'은 개발 과정에서 기술을 채택하는 데 신중해야 하는 것으로 되어 있었다. 그러나 선진국들은 온실가스를 증가시키는 쪽으로만 행동해 왔으며, 개발도상국들은 이 문제에서 주로 방어적 입장을 취해 왔다. 이처럼 문제를 회피해 온 결과로 남-북은 모두 다 심각한 영향을 받겠지만, 그중에서도 개발도상국들이 아마도 가장 큰 영향을 받을 것이다. 왜냐하면 그들은 기후 변화의 충격 앞에 더 취약하고, 탄력성이 적기 때문이다.

한국의 이중적 지위

남-북 문제를 놓고 토론하다 보면 어떤 사람들은 부자 나라들과 가난한 나라들에만 초점을 맞추는 경향이 있다. 그러나 경계선에 있는 나라들도 많다. 한국은 그런 나라들 가운데 하나이다. 한국은 '경제협력개발기구OECD'의 회원국으로 엘리트 선진국가들 가운데 속한다. 동시에 한국은 G-77 국가, 즉 개발도상국에 속하기도 한다. 멕시코처럼 한국은 선진국의 의무는 회피하면서도 애써 선진국의 지위를 획득하려고 하는 나라로 외부 세계에는 비쳐지고 있다. 그래서 문제가 복잡하다. 물론 이런 경계선에 서 있는 다른 나라들도 있다. 싱가포르도 G-77 회의에 참가하고 있는 부자 나라이다. 하지만 이런 정치적 의미를 따져 보기에 앞서 여기에서 잠시 멈추어 서서 한국에 대해 한번 성찰해 보는 것이 유익할 것 같다. 한국이 지구온난화에 어떤 기여를 해 왔으며, 이러한 기후 변화가 한국에 어떤 영향을 주고 있느냐는 것이다.

온실가스 배출과 그것이 한국에 끼치는 영향

남한의 면적은 약 10만km²이며, 그것의 65%는 산림으로 되어 있다. 인구는 약 5천만 명으로 인구밀도가 높은 나라이다. 그리고 해마다 8%의 고도성장을 계속해 온 상당히 공업화된 나라라고 할 수 있다. 한국 국민들의 연평균 1인당 국민소득은 미화 9,000달러이다. 그러므로 기후 변화에 관한 유엔 기본협약FCCC에 제출된 한국의 제2차 국가보고의 기록을 보고 놀라는 것은 이상한 일이 아니다. 한국이 1990년 이후 뿜어내고 있는 연간 이산화탄소 총배출량과 1인당 배출량은 해마다 꾸준히 증가하고 있는데, 2001년의 기록을 보면 각각 1억 4천8백만 톤과 3.12톤에 이른다(그러나 이 수치는 세계자원연구소World Resources Institute가 내놓은 수치에 비하면 훨씬 낮은 것이다. 이 연구소는 1998년의 1인당 배출량을 약 7.9톤으로 추산했다. http://earthtrends.wri.org 참조). 한국 정부는 앞으로 15년 이내에 한국의 온실가스 배출량이 2000년 수준보다 70% 증가할 것으로 내다보고 있다. 이러한 자료로 볼 때 한국은 1인당 배출량이 세계에서 가장 높은 나라 가운데 하나이다.

한국 정부는 또한 기후 변화가 더운 날씨로 인한 스트레스와 질병을 증가시킬 것으로 예상하고 있다. 홍수와 태풍 피해가 늘어나고 해양 생태계에 변화가 일어나며, 해안이 침식당하는 사태가 일어날 것이라고 예고하고 있다. 숲 속에 살고 있는 식물들의 주거지역이 이동하고 있으며, 숲을 망가뜨리는 해충이 바뀌고 산불이 늘어날 것이라고 했다. 곡물 재배지역이 북쪽으로 전진함에 따라 한국의 농업 생산성도 위협받게 될 것이라고 한다. 그러나 한국 정부는 그 충격을 계량화하지 않았기 때문에 이러한 충격이 한국에 어느 정도로 심각한 영향을 줄 것인지는 분명치 않다.

이 2차 보고서는 한국 정부가 기후 변화의 충격에 대비하여 여러 대책을 마련할 것이며, 에너지 효율을 높이는 등 이와 관계된 조치들을 취할 것이라고 강조하고 있다.

한국의 정치적 입장

한국의 입장은 지난 수년 동안 변한 것이 없다. 으레 그렇듯이 한국은 기후 변화를 둘러싼 국제 협상에서 수동적인 입장을 취해 왔다. 2004년 12월 아르헨티나의 부에노스아이레스에서 열린 기후 변화에 관한 협상에서 한국의 환경부장관은 다음과 같이 선언했다. "개발도상국들이 현재의 교토의정서가 규정하고 있는 대로 온실가스를 감축하는 약속에 참가하기는 매우 어렵다. 교토의정서는 특정한 해의 배출량을 기준으로 하여 이에 비례하여 온실가스 총배출량을 줄이도록 개발도상국들을 묶어 놓고 있기 때문이다." 그는 개발도상국들의 입장에 대해 언급하면서 자발적인 약속을 중심으로 회담을 해 나갈 필요가 있다고 강조했다.

마주치게 될 현실

한국은 방어적인 입장을 취하면서 개발도상국들의 수사법rhetoric을 쓰는 경향을 보여 왔다. 그러면서도 한국은 2004년 12월의 마지막 협상에 80명의 대표단을 보냈다(2004년 12월 15일자 「코리아 타임스Korea Times」 참조). 개발도상국들은 대개 1~4명의 대표를 보낸다. 한국은 150여 다른 개도국들에 비해 높은 1인당 국민소득을 누리고 있으며, 그런 만큼 다른 개도국들과 비교해서는 말할 것도 없고, 선진국들에 비해서도 높은 1인당 온실가스배출량을 기록하고 있다.

이러한 현실은 국제 협상에서 정치적인 문제를 일으킨다. 한국의 이러한 입장은(그리고 한국과 같은 다른 나라들도) 한편으로는 다른 개도국들이 주장하는 요구의 정당성을 감소시킨다. 그리고 다른 한편으로는 한국과 같은 나라들이 선진국들에 대해 더욱 강력하게 요구할 수 있게 하는 인센티브를 낮추어 줄 것이다. 왜냐하면 이 나라들은 곧 선진국으로 분류될 것이기 때문이다. 이것은 협상의 전 과정에서 힘을 약화시킬 것이다.

한국으로서는 기후 변화를 둘러싼 협상을 단지 법률적 구속으로부터 자신을 방어해야 할 필요가 있는 하나의 게임으로만 볼 것인지, 아니면 자기 나라를 기후 변화 문제를 해결하기 위한 지구적 협력 과정의 한 부분으로 보아야 할 것인지 생각해 보아야 할 매우 중요한 과제를 안고 있다. 한국은 그 훌륭한 기술력 때문에, 그리고 자유화 과정에 성공적으로 진입해 있기 때문에 사실상 기술적인 리더가 될 수 있는 위치에 와 있다. 국제 무대에서 아이디어를 개발하고 그것을 추진할 수 있는 리더 말이다.

그러나 모든 나라들은 지구온난화를 해결하려는 협상을 복잡하고 위협적인 문제를 해결하기 위한 약속으로 보는 것이 아니라 단지 자기 나라의 이익을 지켜 내기 위한 하나의 게임으로만 취급하면서 협상에 참가하고 있는 것 같다. 모든 나라들이 방어적인 역할에만 몰두하고 있는 터이므로 한국은 이제 개발도상국들을 위해 기술적인 리더의 역할을 해낼 수 있는 위치에 서 있다고 할 수 있다. 모든 나라들에게 가야 할 길을 가르쳐 주고, 또한 그들에게 영감을 줄 수 있는 그런 지도자 말이다.

조이타 굽타

감사의 말

이 책은 여러 해째 계속하고 있는 기후 변화에 대한 연구를 기초로 하고 있다. 지금까지 이 문제를 다룬 책들은 대부분 학술적인 내용으로, 주로 북North(부국을 말한다—옮긴이)의 독자들을 겨냥하고 있다. 그래서 나는 일반 독자들, 특히 개발도상국의 독자들도 쉽게 접할 수 있는 진지한 책을 쓰고 싶었다.

『너무나 뜨거운 지구』는 일반 독자들도 이해할 수 있도록 평이하게 쓰여졌지만, 그래도 세부 사항과 사실들은 가능한 한 포함하려고 노력했다. 여러 해 동안 내가 남-북 문제들South-North issues에 초점을 맞출 수 있게 격려해 준 여러분께 감사 드린다. 마누브하이 샤 교수는 소비자 보호의 필요성을 처음 알려 주었고, 랠프 네이더는 연설과 저서로 나에게 영감을 주었으며, 피어 벨링거 교수는 지난 10년 동안 나의 든든한 지원자가 되어 주었다. 기후변화지식네트워크Climate Change Knowledge Network의

회원들, 그리고 그 밖의 많은 사람들에게도 감사를 드린다.

특히 이 책과 관련해서는 원고에 대해 평을 해 준 제드 북스 Zed Books의 로버트 몰테노와 마이클 팰리스에게 감사 드린다. 또 여러 해에 걸쳐 한결같이 나에게 지원과 격려를 아끼지 않고 해 주고, 원고에 대해 충고해 준 한스 판 데르 회벤에게 특히 감사 드린다. 교열을 도와준 절친한 친구 에일린 하로프에게도 고맙다는 말을 전한다.

차례

1. 기상재해가 빈발하고 있다

2. 기후의 불안정과 지구온난화: 증거

표와 박스, 그림 목록

약어

AIJ(공동이행 시범사업) activities implemented jointly

AOSIS(소도서국가동맹) Alliance of Small Island States

ASEAN(동남아시아 국가연합) Association of South-East Asian Nations

CAN(기후행동네트워크) Climate Action Network

CASEA(동남아시아 기후행동네트워크) Climate Action Network South-East Asia

CDF(청정개발기금) Clean Development Fund

CDM(청정개발체제) Clean Development Mechanism

CIT(시장경제 전환국가) country in transition to a market economy

CNA(아프리카 기후네트워크) Climate Network Africa

CNE(유럽 기후네트워크) Climate Network Europe

COP(당사국 총회) Conference of the Parties

CSD(지속개발위원회) Commission for Sustainable Development

CSE(인도 과학환경센터) Centre for Science and Environment (New Delhi)

CTBT(포괄핵실험금지조약) Comprehensive Test Ban Treaty

DC(개발도상국) developing country

ECOWAS(서아프리카 경제공동체) Economic Community of West
    African States

EPA(미국 환경보호청) Environmental Protection Agency

ET(배출권 거래제) Emission Trading

FCCC(기후 변화에 관한 유엔 기본협약) United Nations Framework
    Convention on Climate Change

G8(서방 선진 8개국 모임) Group of 8(서방 선진 7개국＋러시아)

G77(개발도상국 77개국 모임) Group of 77

GATT(관세 및 무역에 관한 일반협정) General Agreement of Tariffs
    and Trade

GDP(국내총생산) Gross Domestic Product

GEF(지구환경기금) Global Environment Facility

GHG(온실가스) greenhouse gas

GWP(지구온난화지수) Global Warming Potential

HIDC(고소득 개발도상국) High-Income Developing Country

IBRD(국제부흥개발은행) International Bank for Reconstruction and
    Development

IC(산업국가) industrialised country

ICJ(국제사법재판소) International Court of Justice

ICLEI(자치단체국제환경협의회) International Council for Local
    Environmental Initiatives

IGADD(정부간 한발 및 개발 기구) Intergovernmental Authority on
Drought and Development

IMF(국제통화기금) International Monetary Fund

INC(정부간 협상위원회) Intergovernmental Negotiating Committee
(on the FCCC)

IPCC(기후변화에 관한 정부간 협의체) Intergovernmental Panel on
Climate Change

IPCC-SAR(IPCC 2차 평가보고서) IPCC-Second Assessment Report

IPR(지적재산권) intellectual property rights

ITTO(국제열대목재기구) International Tropical Timber Organisation

JI(공동이행제도) joint implementation

JICA(일본국제협력기구) Japan International Co-operation Agency

JUSSCANNZ Japan, US, Switzerland, Canada, Australia, Norway
and New Zealand

KPFCCC(교토의정서) Kyoto Protocol to the FCCC

LBO(법적 구속력 있는 목표) legally binding objectives

LBRO(법적 구속력 있는 감축목표) legally binding reduction
objectives

LDC(저개발 국가) less developed country

MIDC(중소득 개발도상국) middle-income developing country

NAM(비동맹운동) Non-Aligned Movement

NGO(비정부기구) Non-Governmental Organisation

NIEO(신국제경제질서) New International Economic Order

NIMBY(님비현상) not in my back yard

OAU(아프리카통일기구) Organisation of African Unity

ODA(공적개발원조) official development assistance

OECD(경제협력개발기구) Organisation for Economic Co-operation
and Development

OPEC(석유수출기구) Organisation of Petroleum Exporting Countries

PPP(구매력평가) purchasing power parity

SAARC(남아시아 지역협력연합) South Asia Association for Regional
Cooperation

SADC(남아프리카 개발공동체) Southern African Development
Community

SAP(구조조정 프로그램) structural adjustment programme

SIDC(소도서 개발도상국) small island developing country

SWCC(2차 세계기후회의) Second World Climate Conference

TERI(에너지자원연구소) The Energy Research Institute

TNC(다국적기업) transnational corporation

UN(국제연합) United Nations

UNCED(유엔환경개발회의) United Nations Conference on
Environment and Development

UNCTAD(유엔무역개발회의) United Nations Conference on Trade
    and Development

UNDP(유엔개발계획) United Nations Development Programme

UNEP(유엔환경계획) United Nations Environment Programme

UNGA(유엔총회) United Nations General Assembly

WBCSD(세계지속가능발전기업협의회) World Business Council for
    Sustainable Development

WCED(환경과 개발에 관한 세계위원회) World Commission on
    Environment and Development

WMO(세계기상기구) World Meteorological Organisation

WRI(세계자원연구소) World Resources Institute(Washington DC)

WTO(세계무역기구) World Trade Organisation

화학 용어

CO_2(이산화탄소) carbon dioxide

CFC(클로로플루오로카본) chlorofluorocarbons

CH_4(메탄) methane

PFCs(과불화탄소) perfluorocarbons

NMHC(비메탄 탄화수소) non-methane hydrocarbons

N_2O(아산화질소) nitrous oxide

SF_6(헥사플루오린화황 또는 육불화황) sulphur hexafluoride

1979년

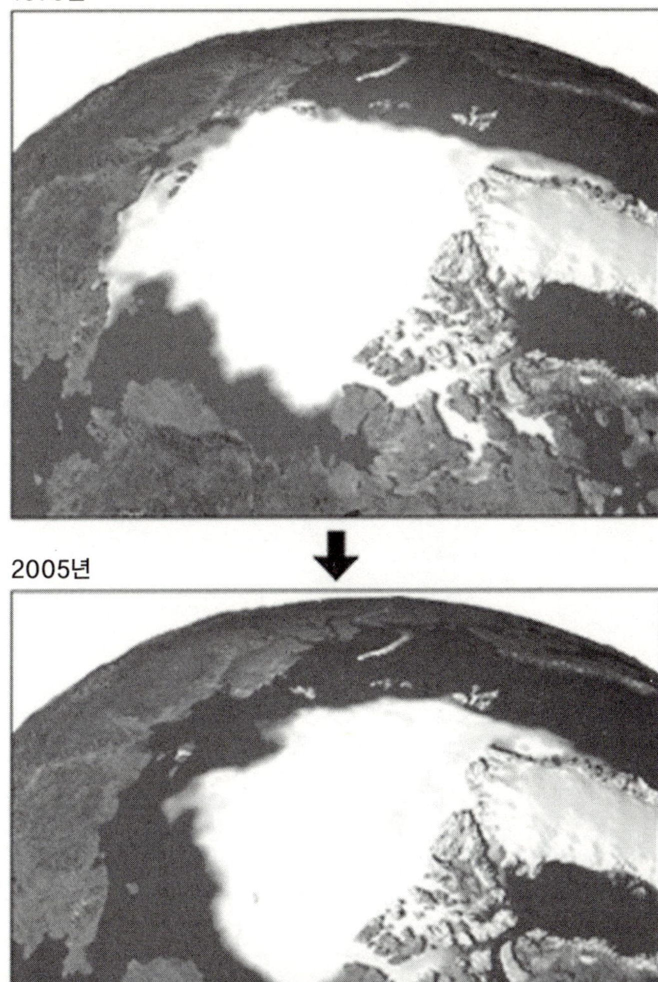

2005년

미국 항공우주국NASA과 국립설빙자료센터NSIDC의 보고에 따르면, 지구온난화 때문에 지난 4년 동안 북극 대륙의 빙하가 계속 줄어들어 현재(2005년) 1978~2000년의 평균보다 20%가량 줄어들었다고 한다. 이는 지난 100년 중가장 작은 크기인데, 10년마다 평균 8%의 빙하가 줄어들고 있는 추세를 감안할 때 2060년에는 북극의 빙하지대가 사라질지도 모른다고 한다.

일러두기

1. 이 책은 조이타 굽타(Joyeeta Gupta) 교수가 쓴 *Our Simmering Planet*의 2nd edition을
   우리말로 옮긴 것입니다.

2. 옮긴이 주는 괄호 안에 '옮긴이'라고 표기했습니다.

1. 기상재해가 빈발하고 있다

물이 펄펄 끓는 냄비에 개구리를 넣으면 개구리는 그 온도를 이기지 못하고 얼른 뛰쳐나온다. 그러나 찬 물이 담긴 냄비에 개구리를 넣고 물을 천천히 끓이면, 개구리는 올라가는 온도에 익숙해져서 서서히 반응력을 잃고 결국 목숨을 잃게 된다. '냄비 속의 개구리'에 관한 이러한 우화가 어떻게 생겨났는지는 모르지만 이 이야기가 전달하는 메시지는 분명하면서도 불길한 느낌을 준다.

우리는 지금 두 가지 의미에서 뜨거워지고 있는 행성에서 살고 있다. 잘 알다시피 지구의 기온은 서서히 올라가고 있으며, 지구온난화 현상이 일어나고 있다는 증거도 점점 늘어나고 있다. 기상이변과 극단적인 날씨도 세계 곳곳에서 나타나고 있다. 물론 현대 미디어가 이런 사건을 전세계에 즉시 전달함으로써 기상이변에 대한 우려를 높여 주고 있는 것 또한 사실이다. 하지만 지금 이 순간에도 전세계 사람들은 기후와 관련된 도전에 직면해 있다.

한편 국가들 사이의 긴장은 더욱 높아져, 불만은 금방이라도 터질 것 같다. 이것은 2000년에 개최된 개발도상국 그룹G77의 1차 정상회담에서 채택한 성명서에 잘 나타나 있다(《박스 12》 참조). 그러나 이 성명서는 서구에서는 별로 주목을 받지 못했다. 이런 불만을 설명하고 남-북이 서로 합의한 분야를 강조하려고 시도하고는 있지만, 새로운 전세계적 리더십(의 부재)은 국가간의 긴장을 더욱 고조시키고 있다.

이러한 현실 속에서 이 책은 기후 변화의 증거를 검토하고, 지구가 과연 어떤 조치를 취할 필요가 있을 만큼 뜨거워지고 있는지 묻고자 한다.

세계 곳곳에서 일어나고 있는 지역적인 기상재해

지난 10여 년 동안 극단적인 날씨에 대한 보고는 점점 더 잦아지고 있다. 1990년 오스트레일리아 동부에서는 홍수로 건물의 지반이 내려앉고 많은 사람들이 집을 잃었으며, 가축 15만 마리가 죽고, 교통 및 사업상 입은 피해도 컸다. 같은 해에 미얀마, 방글라데시, 인도에서도 심한 폭우가 내렸다. 몽골에서는 산불로 숲

60만 헥타르가 파괴되었다. 프랑스와 이탈리아에서도 여름 화재가 있었고, 나일 강 유역과 에티오피아, 일본, 페루, 수단, 터키, 투발루(태평양 중남부에 있는 나라로 9개의 산호초로 이루어져 있다—옮긴이), 영국 등지에는 심한 가뭄이 덮쳤다. 잉글랜드와 웨일스에는 불볕더위가 찾아왔고, 태평양 동부에는 허리케인, 중국, 일본, 필리핀에는 태풍이 덮쳤고, 알프스에는 심한 눈보라, 캘리포니아에는 겨울 추위가 내습했다. 1991년에는 알래스카, 오리건, 캘리포니아에서 아르헨티나 북부, 우루과이, 파라과이, 브라질 남부, 인도네시아에 이르는 지역에 극심한 더위나 가뭄이 덮쳤다. 양자강이 범람했고, 일본에는 태풍, 방글라데시와 태평양에는 사이클론이 내습했다. 1년 후에는 아메리카, 아시아, 아프리카 일부 지역에 가뭄이 닥쳤고, 태평양에는 허리케인, 미국에는 토네이도가 덮쳤으며, 스위스의 알프스에서는 빙하가 녹아내렸다. 1993년에 나온 세계기상기구World Meteorological Organisation 속보는 1987년에서 1992년 사이에 기후와 관련된 사건으로 68개국에서 4만 1,000명 이상이 목숨을 잃었고, 재산 피해는 1992년 한 해에만 350억 달러가 넘었다고 보고했다. 뮤닉 레라는 보험회사는 1992년에 그 전보다 100여 건 이상 많은 자연재해가 일어났고, 그로 인한 손실이 271억 달러에 달했는데, 이것은 전년보다 87% 증가한 것이라고 결론을 내렸다(Greenpeace, 1994: 96). 1993년에는 알래스카, 오스트레일리아 동부, 그리스, 스페인, 영국 등지에 가뭄이 덮쳤고, 벨기에, 프랑스, 독일, 이탈리아, 네덜란드, 스위스 등지에는 홍수가 일어났으며, 일본에는 태풍, 미국 중서부에는 토네이도가 들이닥쳤다.

그 다음 5년 동안에도 전세계에서 비정상적인 기후에 대한 보고는 계속되었다. 2000년에는 오스트레일리아와 영국에서 매우 심한 홍수가 있었고, 그 밖의 세계 곳곳에서도 자연재해가 잇따랐다. 클루거와 레모니크(Kluger and Lemonick, 2001) 보고서는 킬리만자로 산이 1912년 이후로 그 정상부의 얼음을 75%나 잃어버렸으며, 앞으로 15년 후에는 얼음이 모두 녹아 버릴지도 모른다고 말하고 있다. 베네수엘라에 있던 빙하 6개 가운데 지금 남아 있는 것은 2개뿐이다. 미국 몬태나 주에 있는 빙하국립공원은 2070년쯤에 그 산을 덮고 있는 빙하가 사라질 것이라고 예상하고 있다. 2000년에는 미국 전역에 심한 열파가 덮쳤다. 그 해 5월 인도에서는 50년 만에 찾아온 최악의 더위로 약 2,500명이 목숨을 잃었다. 오스트레일리아에 홍수가 있었고, 미국 오하이오 주에서는 홍수로 30명이 죽고 5억 달러의 재산 피해가 났다. 1999년과 2001년에는 홍수로 인도 오리사 주가 황폐화되었다. 러시아에서는 레나 강의 얼음이 서서히 녹아 물이 불어나면서 강 유역에 사는 사람들에게 걱정거리가 되고 있다. 2001년에도 전세계적으로 거의 매주 날씨와 관련된 사건이 보도되었다. 2001년 이후에도 기후와 관련된 재해가 세계 곳곳에서 여러 건 있었다. 최근에 나온 보고서에 따르면, 미국은 1982~2004년에 기후와 관련해서 일어난 재해가 62건이나 되었고, 그중 53건에서 입은 재산 피해를 합치면 2,600억 달러가 넘는다고 한다.

통신의 발달로 세계는 점점 좁아지고 있다. 2000년 후반에 오스트레일리아에서 일어난 홍수나 인도 오리사 주를 덮친 사이클론은 세계적인 뉴스가 되었다. 지난 10년간 우리가 기상재해에 대한 소식을 이렇게 많이 듣게 된 것은 국제적인 미디어의 역할이 더 커졌기 때문일까, 아니면 기상재해 발생 건수가 분명히 증가하고 있는 데서 보듯이 지구의 기후가 점점 불안정해지고 있다는 것을 보여주는 것일까? 이 물음에 대한 해답은 2장에서 알아본다.

고조되는 불만

지구공동체(지구공동체라는 것이 과연 있을까?)는 지난 한 세기 동안 많이 발전했지만, 한편으로는 불화도 그만큼 많아졌다. 기후 변화를 다루는 책이 세계 여러 나라들간의 관계의 역사를 살펴볼 필요가 있을까? 나는 그럴 필요가 있다고 생각한다. 기후 변화라는 문제가 역사가 오래되었다는 이유뿐만이 아니라, 남(빈국들)의 여러 나라들의 관점에서 볼 때 선진국들의 반응이 이전에 성격이 비슷했던 다른 상황들에 대해 그들이 보였던 반응과 일치하기 때문이다. 남측 국가들의 사람들이 역사에서 배운 것은, 부유한 선진국들은 자신들의 부富를 유지하고 싶어하며, 그런 그들의 노력이 반드시 성공할 수 있도록 국제적 논의를 유도할 수 있다는 사실이다. 이런 생각은 어떤 사람들에게는 감정적인 것으로 보일지도 모르고, 또 다른 사람들에게는 무의미한 것으로 보일지도 모른다. 하지만 이런 인식은 여전히 존재한다. 이런 관점이 정당화될 수 있을까? 이 문제에 대한 판단은 독자 여러분 스스로 내리기를 권한다.

20세기 후반을 남-북 관계라는 관점에서 간단히 살펴보자. 1944년 브레턴우즈 회의에서 생겨난 기관들—국제통화기금IMF과 국제부흥개발은행IBRD—이 등장함으로써 개발도상국들의 재건과 개발이 중요한 문제로 부각되었다. 그러나 평화와 개발이 1945년 이래 유엔의 의제이긴 했지만 개발 문제는 말로 하는 데 그쳤을 뿐 별 성과를 거두지 못한 것이 사실이다(Roberts and Kingsbury, 1993).

식민주의가 막을 내리자 개발도상국들에서는 서로 다른 세 가지 경향이 나타났다. 새로 구축된 국내 체제가 식민시대의 정치와 관행을 계속하려는 경향과 변화를 추구하는 경향, 그리고 이 둘을 어정쩡하게 혼합하려는 경향이 그것들이었다(Salah, 1993: 54-55; Kothari, 1993: 86; Dadzie, 1993 참조). 개발 기획이라는 개념이 개발도상국들에 수출된 것은 이 무렵이었는데, 개발도상국들은 자신들이 발전하는 데 도움이 될 접근법을 채택했다. 2단계(1963~82)에 접어들면서 개발도상국들은 자국의 발전 가능성을 높이기 위해서는 국제적 경제관계의 공평한 틀이 필요하다고 주장했다. 같은 시기에 IMF와 세계은행은 개발도상국들에게 새로운 조건들을 강요했다. 이에 여러 국제 문제에서 자신들의 관점을 표현하고 뒷받침하는 데 어려움을 경험한 개발도상국들은 유엔의 틀 안에서 77개국 모임G77을 결성하게 되었다(196~202쪽 참조). 1970년대에 개발도상국들은 신국제경제질서NIEO를 위해 싸웠다. 그러나 그들의 낙관은 오래 가지 못했다. 3개 협정서—신국제경제질서 선언, 행동 계획, 국가의 경제 권리 및 의무 헌장— 가 채택되긴 했지만 이것들이 거둔 성과는 많지 않았다.

1940년대부터 평균적인 개발도상국들과 평균적인 선진국들 간의 차이는 계속 벌어지고 있다. 선진국과 개발도상국의 1인당 국민소득은 21세기에도 더욱 벌어질 것으로 예상된다(Pritchett, 1996; UNDP, 1996; UNEP, 2000). 더욱이 공적개발원조ODA는 몇 년 동안 점점 감소하고 있는 추세다. G7 국가들은 1997년에 GNP의 0.19%만을 ODA에 할애했고, 다른 OECD 국가들 역시 0.7%를 ODA로 제공하겠다는 약속과는 달리 0.45%만을 제공했을 뿐이다(Agenda 21, 1992). ODA는 1996년에 544억 달러에서 1997년에는 476억 달러로 감소했다. 환경 원조자금은 '새로운 추가' 원조이어야 함에도 불구하고 실제로는 기존의 ODA 자금이 환경 문제로 전용(또는 원조액이 감소)되고 있는 실정이다. ODA 재원이 '지역적 환경 우선'에서 '전지구적 환경 우선'으로 전용되고 있는 사태는 개발도상국들의 개발을 저해하는 또 다른 요인으로 작용하고 있다.

두 그룹의 국가들(부국과 빈국—옮긴이)의 관심이 경제 성장에 초점이 맞추어져 있기는 하지만 실질적인 정책 우선순위의 문제에서는 서로 다르다. 이것은 여러 경제, 무역, 환경 문제들에 대한 협상이 남북 간의 토론이라는 형태를 취하는 국제 포럼에서 특히 분명하게 드러나고 있다. 개발도상국의 관점에서 볼 때, 특정한 유엔 포럼에서 그들이 자신들의 관점을 효과적으로 표현할 수 있을 때가 되면 언제나 그 문제는 다른 포럼으로 넘겨졌다. 예를 들면, 지적재산권 논의는 세계지적재산권기구World Intellectual Property Organisation에서 관세 및 무역에 관한 일반협정 GATT을 거쳐 세계무역기구WTO로 넘어갔다. 개발도상국들을 종종 지원해 왔던 유엔환경계획UNEP, 유엔무역개발회의UNCTAD, 해비타트Habitat 같은 유엔 기구들은 그 구조가 북측에 더 우호적으로 될 때까지는 그 활동이 무시되었다(Gosovic, 1992). 세계는 겉으로는 자유무역을 선호하는 듯 보이지만, OECD 국가들은 수입관세를 통해 개발도상국들이 경쟁적 이점을 갖고 있는 제품들의 판매를 방해했다(Nath, 1993). 원료의 가격은 수출 체제 때문에 계속 떨어졌고, 국제적 가격 책정 관행은 남에서 자원과 노동의 착취가 가능하도록 만들었다. 한편 남의 부채 문제는 극도로 악화되어 부채 국가들이 감당할 수 없을 정도가 되었다(George, 1992). 그러나 해결책으로 채택된 것은 서방의 관세를 낮추고 한정된 자연자원을 소진하는 데 따르는 환경비용을 반영해서 원료의 값을 올리는 것이 아니라 남측 국가들에 구조조정 프로그램SAPs을 강요하는 것이었다. 그 결과 남측의 국가에서는 교육과 건강이 우선순위에서 전보다 더 밀려남으로써 위기가 한층 더 심각해졌다. 결국 선진국들처럼 부유해지고 발전하리라는 기대에 부풀어 있던 남의 국가들은 대부분 이른바 '졸업'이 이룰 수 없는 꿈이라는 사실을 깨달았다. 부채 위기와 사회적 위기로 점철된 1980년대는 개발이라는 측면에서는 잃어버린 10년이었다.

1992년 유엔환경개발회의UNCED에서 남-북 간에 벌어진 토론은 환경과 개발이라는 두 가지 목표가 어떻게 통합되어야 하는가를 두고 벌인 대립이 표출된 것이었다. 1990년대에 개발도상국들은 한편으로는 지구 환경 위기라는 복잡한 문제를 다루면서 다른 한편으로는 세계화의 촉수에도 대처해야 했다. 세계화가 무역과 미디어 보도의 확대, 전세계 인터넷망 구축 등을 통해 하나의 통합된 세계를 이루어 낼 것으로 기대했고, 그런 기대는 지금도 상존하고 있다. 그러나 그런 추세가 남측의 빈국들을 더욱 어려운 처지에 빠뜨릴 수도 있다. 즉 왜곡된 미디어의 보도, 한편에서는 자유화가 확대되면서 다른 한편에서는 시장이 폐쇄되는 현상, 외채, 인터넷망에 접속되지 못하는 사람들의 무력화 등이 그런 사태를 불러올 수도 있다. 사우스센터South Centre에 따르면, 1990년대 이후로 생필품 시장의 가격은 떨어졌고, 개발도상국들의 수출은 장벽에 부딪쳤으며, 국제금리는 고율을 유지하고 있다(South Centre, 1993: 4). 게다가 경화hard currency(달러 또는 이것과 자유로이 교환될 수 있는 화폐—옮긴이)와 연화soft currency(달러와 자유롭게 교환되지 않는 통화—옮긴이)의 구분이 선진국들이 자신들의 이익을 보호하기 위해 사용하는 또 하나의 도구가 되고 있다(Galtung, 1993: 78). 아민Amin은 선택적 노동 이동(두뇌 유출), 남측의 자연자원에 접근할 수 있는 북측의 통제권, 북측에 속해 있는 회사들이 점유하고 있는 독점적 위치 등 세계화에 기인한 양극화 메커니즘을 지적하고 있다(Amin, 1993: 133). 세계화가 '하나의 세계'로 향하고 있는 듯 보이지만, 그 통합된 공동체는 엘리트만을 위한 것이고 지구 주민의 절대 다수는 변방에 살게 되리라는 두려움이 대두되고 있는 것이다. 사람들은 이 엘리트가 인도의 뱅갈로어에 살면서 국제적인 컴퓨터 회사에서 근무할 수도 있으며, 국적보다는 교육적, 전문적 자격이 더 중요할 것이라고 생각할지도 모른다. 그러나 구분의 본질적인 특성은 여전히 남게 된다. 「인터내셔널 헤럴드 트리뷴International Herald Tribune」의 칼럼니스트 파프는 식민주의와 세계화가 놀라울 정도로 유사할지도 모른다고 분석한다(Pfaff, 2001). 둘 다 그 동기는 시장과 싼 원료, 노동을 찾는 데 있다는 것이다. 따라서 다음과 같은 질문이 제기된다. 세계화가 착취 없이 진행될 수 있을까? 그것이 민주화에 도움이 될 수 있을까? 파프는 식민주의도 표면 상으로는 세계를 개화하는 데 목적이 있었다고 『브리태니커 백과사전』을 인용하여 말하고 있다. 1920년대와 1930년대에 식민 주의를 두둔하던 도덕적 주장들은 세계화를 두둔하는 오늘날의 주장과 비슷한 면이 있다. 사실 오늘날의 세계화는 식민주의와 마찬가지로 정치 사회 구조를 뒤흔들고 문화적 하부구조를 손상 시키며, 현대적 다국적기업과 경쟁할 능력이 없는 소기업들과 지역 회사들을 파산시키는 경향이 있다.

이와 동시에 남측이 경쟁에서 우세했던 분야들이 북측의 영역으로 바뀌고 있다. 종자 및 작물에서 누리던 남측의 부가, 소규모 농가를 앞으로 더욱 옥죌 수 있는 유전자 변형 작물을 재배하는 거대 기업들에 의한 국제적 압력을 통해 급작스레 북측의 지배 밑으로 들어가고 있다(De La Perriére and Seurat, 2000). 남측의 종자와 식물들이 북측의 특허로 넘어가고 있는 것이 아닌가 걱정된다(WRI, 1994: 123). 교묘하게 운영되는 자유무역은 소규모 농가와 영양실조에 허덕이는 수많은 사람들을 희생시키며 국경을 초월하는 기업들에게 이익을 가져다주는 체제처럼 보여진다(Madeley, 2000). 물 시장의 자유화와 민영화는 깨끗한 물에 접근할 길이 없는 15억 명의 사람들을 더욱 무력화시킬지도 모른다(Petrella, 2001). 세계은행과 그와 유사한 기관들이 내놓는 손쉬운 개발 방안들은 여전히 요점에서 빗나가고 있다. 개발도상국의 국민은 기본적 자산을 가지고 있지 못하며, 단순히 다국적기업들에게 국내 시장 진입을 보장하고 대기업의 이익을 보호한다고 해서 개발도상국 국민이 기본적 자산을 손에 넣을 수 있는 기회가 하룻밤 사이에 증가하지는 않을 것이다. 개발에 대한 편견을 없앨 필요가 있다(De Rivero, 2001).

재정 자산과 이데올로기 측면의 차이는 젖혀 두더라도 선진국과 개발도상국은 통치 양식도 크게 다르다. 제도 및 기관들도 완전히 다른 방식으로 구축된다. 많은 개발도상국의 경우, 제도가 제대로 확립되지 않은 탓에 부패가 만연해 있고, 정치가 위기 상황에 놓여 있는 나라들도 많다. 끊임없이 국내 위기에 대처해야 하기 때문에 이들 국가들은 국제적으로 이루어지는 개발에 보조를 맞출 수가 없었다. 개발도상국들 중에는 매우 부유한 나라들도 있다. 칠레, 이스라엘, 사우디아라비아, 싱가포르, 한국, 카타르 등은 비록 구조적 문제들과 문화적, 지리적 특성들은 다른 개발도상국들과 공유할지 모르지만 1인당 국민소득 수준이 높다. 시간이 흐르면 이 나라들은 G77에서 벗어날지도 모른다. 그러나 변두리에서 어떤 움직임이 있건 간에 세계의 약소국들에 영향을 미치는 중요한 특징들이 존재할 것이라는 사실만은 분명하다.

한편 부채와 가난은 여전히 G77의 중요한 의제이며, 2004년 G77 그룹 창설 40주년 기념식에서 나온 각료선언에서 언급했듯이, 그들은 국제 경제 관계에서 공평성과 정의를 확보하기 위해서 계속 싸우고 있다.

남측은 150개 나라에 35억 명의 사람들이 살면서, 언어와 종교, 관습과 자원이 서로 다른 수천 개의 지역공동체를 이루고 있다. 그러나 이들은 그 지리적인 위치, 공통된 구조적·정치적 약점, 연화soft money를 사용하고 있다는 공통점, 공통된 역사적 경험을 가지고 있다는 점 등으로 정의되는 느슨하게 연합된 공동체를 이루고 있다. '그들은 근본적인 특징을 공유하고 있다. 즉 그들은 북의 선진국들의 변방에 존재하고 있는 것이다. 이 나라들의 국민들은 대부분 가난하다. 이들 나라들의 경제는 대개 취약하고 방어력이 없다. 이들 나라들은 일반적으로 세계라는 시합장에서 무력하다'(South Centre, 1993: 3).

비등점에 와 있는가?

남-북의 분열은 기후 변화 협상에서 점점 더 분명하게 드러나고 있다. 여기에서 북North이란 기후조약(3장과 6장 참조)에 가입한 약 40개국을 말하는데, 북은 1990년에 연간 이산화탄소 총 배출량의 75%를 배출했다. 이를 대기중 이산화탄소 집적에 미친 기여도로 볼 때 79%에 이르는 수치이다. 이것은 또한 기온 상승을 유발하는 데 북이 차지하는 몫이 88%임을 의미한다(Secretariat to AGBM 1997). 1990년대 초에는 개발도상국들이 북에 의해 발생하는 극심한 오염을 지적했던 반면, 최근에는 오히려 미국 같은 나라가 개발도상국들에게 어떤 조치를 취해야 한다고 역설하고 있다. 이것은 우리에게 기후 변화 문제와 그것이 남북 관계에서 갖는 의미를 생각해 보게 한다. 그러나 다음 장들에서 복잡한 문제들을 자세하게 논의하기에 앞서, 먼저 현재 벌어지고 있는 상황을 간단하게 묘사해 보는 것이 좋을 듯하다.

만약 어떤 공장이 마을의 강물을 오염시켜 주민들에게 피해를 주었다면, 대부분 국가들에서는 그 오염을 정화할 책임을 공장에게 돌릴 것이다. 이것은 피해를 유발한 사람이 그 책임을 져야 한다는 개념에 기초하고 있다. 이런 개념을 때로는 '오염자 지불 원칙polluter pays principle'이라 부르기도 한다.

기후 변화는 주로 온실가스GHGs 때문에 발생하며, 온실가스는 에너지와 운송 분야에서 발생하고 또한 토지 이용 변화에 의해서도 배출된다(2장 참조). 그러나 오염이 특정한 유형의 활동과 산업 때문에 발생했다 할지라도 여러 나라들은 그런 산업을 국익과 동일시해 왔고, 따라서 그들은 오염자 지불 원칙과 책임에 대한 논의를 피하려 하고 있다. 그들은 배출과 그 영향 간의 정확한 인과관계를 확인할 수 없고, 사실상 모든 국가가 오염자이므로 모든 나라에 책임이 있다고 너무나도 손쉽게 주장한다. 또한 개발도상국들이 계속해서 대기를 오염시킨다면 선진국들이 조치를 취해도 소용이 없다고 주장한다. 왜냐하면 개발도상국들의 오염 행위가 선진국들의 조치를 무용지물로 만들 것이기 때문이라는 것이다.

기후 변화의 문제가 까다로운 것은 그것이 상대적으로 제한된 자원(소위 말하는 '환경효용공간')과 관련되어 있고, 이 자원은 반드시 서로 우호적이라고만은 할 수 없는 사람들에 의해 공유되어야 한다는 점 때문이다. 사람들은 그래서 자신들의 요구에 가장 잘 부합하는 공유의 법칙을 발전시키고 싶어한다. 과거에는 여러 나라를 흐르는 강의 물은 '이전 사용prior appropriation'에 기초해서 공유되었다. 이것은 어떤 나라가 전통적으로 물을 더 많이 사용해 왔다면 그 나라가 그 물에 대한 역사적 권리를 갖게 되고, 따라서 다른 나라는 자동적으로 나머지 물만을 사용할 수밖에 없다는 것을 뜻한다. 오늘날 이 원칙의 새로운 형태가 등장하고 있다. 즉 어떤 나라들이 다른 나라들보다 대기를 더 오염시켜 왔다면, 그리고 그 대기를 더 오염시킬 공간이 제한되어 있다면, 그런 나라들은 사실상 그 수준의 오염에 대한 역사적 권리를 갖는다는 것이다. 물론 어떤 나라도 이런 주장을 아주 분명하게 내놓지는 않고 있다. 그러나 기후 변화 회의에서 전개되어 온 유연성 체제flexibility mechanisms에 관한 논의에는 이런 주장이 함축되어 있다(4장 참조).

초기에는 새로운 문제에 대처하려는 열정에 넘쳐서 남측을 지도해서 온실가스 없는 세계를 만들겠다던 선진국들이 처음의 열정을 잃게 된 이유도 여기에 있다. 미국이 그 지도적 역할을 거부하고 법률적으로 구속력이 있는 협약을 수락하는 전제조건으로 개발도상국들의 조치를 요구하는 것이 그 좋은 예이다. 1997년 유럽연합은 미국과 일본이 비준하지 않는 한 교토의정서를 비준하지 않겠다고 분명히 밝혔다. 그러나 미국이 2001년에 결국 교토의정서에서 탈퇴하기로 결정하자, 유럽연합은 방침을 바꿔 의정서를 비준했다. 그러자 일본도 뒤따라 비준했고, 2004년에는 러시아가 의정서를 비준했다. 이제 교토의정서의 당사국은 141개국이 되었으며, 의정서는 2005년 2월 발효되었다. 그러나 미국의 불참이 다른 국가들의 열의를 식히는 요소로 작용할 가능성이 크다.

이 문제의 모순은 지금까지 북의 선진국들이 환경을 오염시킨 주요한 오염자들이었음에도 불구하고, 그들이 기후 변화의 영향에 대처할 수 있는 더 유리한 입장에 있다(또는 최소한 그들은 그렇게 생각하고 있다)는 것이다. 심한 열파가 닥친다고 해도 냉방이 된 차나 사무실 안에 있으면 되고, 기온이 심하게 내려간다 해도 난방이나 온수 시스템을 조정하기만 하면 되며, 해수면이 상

승할 조짐이 나타난다면 제방이나 댐, 모래언덕을 더 높이면 된
다. 즉 이들에게는 기후 변화가 일어나도 잃을 것이 별로 없다는
생각이 퍼져 있는 것이다. 이런 생각은 미국의 공화당과 이 당을
지원하는 산업계 인사들이 특히 많이 가지고 있는 것 같다. 유럽
은 말로는 조치를 취해야 할 책임을 운운하지만 가끔은 미국의
입장 뒤에 숨는 편이 더 편리할 때도 있다. 몇몇 큰 개발도상국의
입장도 비슷할 것이다. 이들 나라들 역시 이 문제를 정면으로 바
라보는 것보다 이 문제가 내포한 의미를 무시하는 편을 택하려
하고 있다. 반면에 작은 도서국가들과 건조하거나 건조한 편에
속하는 아프리카 국가들, 그리고 해안에 자리한 개발도상국들은
조치를 촉구하고 있다.

이 문제에 대한 논의는 무임승차자에 대한 비난으로 이어지
고 있다. 무임승차자란 자기는 아무 행동도 하지 않으면서 다른
사람들의 행동으로부터 혜택을 누리는 사람이다. 몇몇 선진국들
은 개발도상국들이 기후 변화에 관련된 자신들의 책임을 회피하
면서 북이 취하는 조치에 무임승차하려 한다고 비난하고 있다.
남南은 오히려 무임승차해 온 것은 바로 북이라고 주장한다. 지
금까지 주된 오염자였던 북이 무임승차 주장을 이용해서 남의 개
발 제도에 환경 문제로 압력을 가하고 있다는 것이다. 이런 주장
에 근거해서 개발도상국 출신의 전문가들은 '힘의 우위에 있는
북이 환경 문제를 남에 대한 새로운 지배 도구로 삼아서는 안 된

다'고 주장하고 있다(Khor, 2001: 125).

결말은 어떻게 날 것인가?

지구 곳곳에서 수많은 기상재해가 발생하고, 그 강도도 더욱 높아지고 있는 것이 점점 더 분명해 보인다. 우리는 점점 뜨거워지고 있는 행성에서 살고 있는 것 같다. 이것이 통상적인 추세인지 아닌지는 좀 더 지켜보아야 할 것이다. 그러나 해안 지역이나 취약 지역에 사는 사람들의 수가 증가하고 있다는 사실을 감안할 때, 그 어느 때보다 더 많은 사람들이 기상재해의 영향을 받을 것으로 예측된다. 이 극심한 재해가 인간의 활동 때문에 발생하는 것이 사실이라면 우리는 위험한 불장난을 하고 있는 셈이다. 기상재해가 자연의 변덕 때문이라고 할지라도 그 영향을 최소화하기 위한 대비를 해야 한다. 만약 이것이 하느님의 뜻이라면 제2의 노아와 그 일행들만이 생존자가 될 것이다.

마틴 커Martin Khor는 『세계화에 대한 재고Rethinking Globalisation』에서 개발도상국들은 세계화와 자유화를 환영하는 데 신중할 필요가 있으며, 소규모 생산자들을 보호하고 고객들에게 혜택을 주기 위한 선택적 접근을 해야 한다고 주장하고 있다(Khor, 2001). 동시에 국제 환경전(戰)에서 개발도상국들이 계속

패전해 왔다는 싸움의 성격을 감안할 때, 아마 지금이 개발도상
국들이 자신들의 상황을 평가하고 자신들이 스스로를 돕기 위해
할 수 있는 일이 무엇인가를 생각해 볼 때인 것 같다.

2. 기후의 불안정과 지구온난화: 증거

악마도 성경을 자기 목적에 맞게 인용할 수 있다.
　　　　　－셰익스피어, 『베니스의 상인』 중에서

성경도 악마에게 잘못 인용될 수 있다면, 기후 변화에 관한 과학적 보고서 같은 상대적으로 더 세속적인 문서를 인용자가 자기 목적에 맞게 인용하는 것은 더욱 쉬운 일이 아니겠는가? 유감스럽게도 기후 변화는 보는 사람에 따라 그 내용이 달라질 수 있는 문제인 듯하다.

　앞 장에서 우리는 전세계 곳곳에서 일어난 극심한 기상재해들을 살펴보았다. 물론 이런 재해들은 과학계의 주목을 받았다. 그런 재해들이 과연 기후 변화 때문에 일어난 것일까?

　과학적 연구는 19세기 초부터 수행되어 왔지만, 과학적 연구가 급속히 증가한 것은 20세기 후반이었다. 1827년에 푸리에Fourier는 인간이 기후에 영향을 끼칠 수 있다는 이론을 제기했다. 1896년에는 아레니우스Arrhenius가 화석연료를 태우는 행위와 온난화 간의 관계를 정립하려고 노력했다. 그리고 마침내 1979년에 1차 세계기후회의World Climate Conference가 개최되었다. '이 회의는 인류의 안녕에 해가 되고, 인간 때문에 발생하는 기후 변화를 예측하고 방지할 수 있는…… 전세계 나라들에게 지금 시급하게 필요한 것이 무엇인지 찾아낸다'는 말에서 알 수 있듯이, 여기에서는 유용한 증거들이 논의되었다.

그로부터 10년 후 온실효과에 대한 자문단Advisory Group on the Greenhouse Effect이 결성되었다. 이 자문단은 세계기상기구WMO와 유엔환경계획이 기후 변화에 관한 정부간 협의체IPCC를 결성하는 토대를 마련했다. IPCC에는 지휘부와 사무처가 있다. 지휘부는 위원장과 5명의 부위원장 및 공동위원장, 작업단들의 대표들로 구성된다. 대표는 지역적으로 균형에 맞게 선정하며, 과학적·기술적 자격을 갖춘 전문가들을 포함하도록 되어 있다. 사무처는 제네바에 자리잡고 있으며, 과학실행단(기후 변화의 과학적 측면을 담당), 영향 및 적응 실행단(인간 및 자연 시스템의 기후 변화에 대한 취약성과 적응 방안을 담당), 완화실행단(온실가스 제한 방안, 기후 변화를 완화하는 방안을 담당) 등 3개의 실행단Working Group이 있다. 또 국가별 온실가스 할당 목록을 담당하는 태스크 포스가 있다. 각 실행단과 태스크 포스는 영국과 미국, 네덜란드, 일본에 각각 기술지원단을 두고 있다. 요청이 있을 때는 IPCC가 구체적인 주제에 대한 특별보고서를 만들기도 하지만 자체 연구는 수행하지 않는다. 학자들이 검토하고 발표한 기존의 연구결과를 평가할 뿐이다. 이런 연구의 대부분은 세계기후 연구계획, 지구환경 변화의 인간에 대한 영향을 연구하는 국제 기구의 틀 안에서 이루어진다. 세계기상 감시기구, 지구대기 감시기구, 지구기후 관찰기구, 지구지형 관찰기구, 지구대양 관찰기구의 틀 안에서 수행되는 기존의 모니터링 작업도 이 보고서에 이용된다. 1990년 IPCC는 기후 변화에 관한 1차 평가보고서를 내놓았다. 2차 보고서는 1995년에 발표되었고, 3차 보고서는 2001년에 나왔으며, 4차 보고서가 곧 나올 예정이다.

기후 변화란 무엇인가?

일정한 시기의 기후를 IPCC는 '그 기간 동안 기상의 적정한 구성분자들의 평균 및 그 구성분자들의 통계적 변수'로 정의한다(Houghton et al., 1990: xxxv). 지구의 기후 체계는 대기, 지각, 대양, 빙하, 생물계의 복합적인 상호작용의 결과이며, 태양으로부터 오는 에너지에 의해 추진된다. 태양의 복사열은 단파 복사로 지구의 대기 속으로 들어오는데, 그 일부는 땅에 흡수되고 나머지 일부는 다시 우주 공간으로 반사된다. 지구가 흡수하는 에너지는 파장이 긴 적외선의 형태로 지구 밖으로 나가는 지구복사열과 균형을 이루어야 한다. 이 복사열의 일부는 몇몇 가스에 의해 흡수되었다가 다시 우주공간으로 재방출된다. 지구에서 발산되는 열을 흡수하는 이산화탄소, 메탄, 산화질소 같은 가스들을 온실가스GHGs라 하며, 지구 대기중에 이들 가스가 있기 때문에 온실효과greenhouse effect가 일어난다. 이들 온실가스의 방출은 일부는 자연스런 현상이지만, 일부는 인간의 활동에 그 원인이 있다. 온실가스의 집적이 증가하면 온실효과가 더욱 높아지는데, 이것이 현재 기후 변화 문제에서 중요한 문제가 되고 있다.

가장 중요한 온실가스는 앞에서 언급한 세 가지인데, 그 중에서도 이산화탄소가 가장 큰 비중을 차지한다. 그 밖의 온실가스로는 클로로플루오로카본 같은 함할로겐 탄소화합물($CFCs$, $CFCl_3$, CF_2Cl_2 등), 그리고 이것들을 대신할 수 있는 합성물질(CHF_2Cl, CF_3CH_2F 등), 그리고 과불화탄소$PFCs$, 육불화황SF_6 같은 합성화합물, 수증기, 오존 등을 들 수 있다. 수증기는 온실효과가 매우 크지만 대류권(가장 낮은 대기권)의 수증기 집적도는 기후 체계 자체에 의해 결정된다. 오존은 성층권 오존의 이동이나 비메탄 탄화수소$NMHC$가 산화질소 속에서 광산화함으로써 대류권에 집적되는 온실가스이다. 그래서 산화질소를 대류권 오존의 선구물질이라고 한다.

대기중에서 이 가스들의 수명은 서로 다르다. 수증기의 수명은 약 1주일이며, 메탄과 $HCFC_{22}$는 약 10년, CFC_{11}은 50년, 산화질소는 120년 이상, 이산화탄소는 50년에서 200년까지이다. 이것은 이 가스들의 배출이 감소되더라도 그것이 당장 그 가스들의 집적도에 영향을 미치지는 않는다는 것을 뜻한다. 따라서 대기중의 온실가스 집적도를 안정시키거나 낮추기 위해서는 배출을 대폭 줄이는 것이 중요하다. 이산화탄소의 개별 분자들은 몇 년 이내에 대양이나 생물계에 흡수될지 모르지만, 여기서 말하는 수명은 그 발생원이나 처리 시스템이 바뀌더라도 대기중의 CO_2 수준이 새로운 평형을 찾기까지 걸리는 시간을 가리킨다는 점을 알아야 한다.

대기를 덥힐 수 있는 잠재력 또한 가스마다 다르다. 이 지구온난화지수GWP는 이산화탄소의 복사력과 비교하여 측정되는데, 이산화탄소의 복사력을 1로 표시한다. 이런 기준을 정함으로써 이산화탄소 1kg 방출과 비교한 온실가스 1kg 방출이 갖는 시간이 통합된 온난화 효과를 계산할 수 있다. 그래서 20년 동안의 이산화탄소의 GWP가 1이라면, 메탄의 GWP는 63, 산화질소의 GWP는 270, CFC_{11}의 GWP는 4500이 된다. 100년 동안의 이산화탄소의 GWP가 1이라면, 메탄은 21, 산화질소는 290, CFC_{11}은 3500이 된다. 이와 같이 각 온실가스의 온난화 효과는 이산화탄소 등가 방식으로 비교하여 측정할 수 있다(Houghton et al., 1990). 이 수치는 시간이 흐르면서 대기의 구성비가 변하면 달라질 수 있다.

그러나 기후는 단순한 선적linear 시스템이 아니다. 지구 공전궤도의 변화 또는 태양의 총 복사조도의 변화에 따라 지구가 받는 태양 복사열이 변하면 그것이 기후에 영향을 미친다. 또한 인간이 방출하는 유황이 에어로졸의 형성을 유도하고, 이 에어로졸이 구름의 복사력에 영향을 미쳐 냉각 효과를 가져올 수도 있다. 기후는 또한 행성의 반사율(albedo, 알베도: 태양으로부터의 입사광의 강도에 대한 반사광 강도의 비율—옮긴이)에 의해서도 영향을 받는다. 지구로 들어오는 복사열의 일부는 지구 표면과 대기에 의해서 반사된다. 이 반사의 정도는 물체에 따라 또는 복사열의 파장에 따라 달라진다. 어떤 물체의 반사율은 모든 파장의 복사에 대해 평균을 낸 반사의 정도이다(Jansen, 1999: 36). 수증기로 이루어진 구름은 지구에서 반사되는 복사열을 흡수한다. 그러나 구름은 또한 들어오는 복사열의 일부를 반사하기도 한다. 온실가스가 방출되면 지구의 대기가 더워질 가능성은 그만큼 증가한다. 그러나 각 가스는 다양한 발생원source과 흡수원sink 사이를 순환하는데, 이 순환 과정은 여러 요인의 영향을 받는다. 더욱이 각 가스는 직간접적인 온난화 효과를 가지고 있다. 간접적 효과는 그 가스의 대기중 집적도에 영향을 미치는 화학적 과정들에 의해 좌우된다. 또한 기후에 영향을 미치는 여러 긍정적 또는 부정적 피드백 효과들이 있다. 예를 들면, 지구가 더워지면 증발이 더욱 많이 일어나고 이 때문에 수증기가 증가해서 온난화는 더욱 가속화된다. 이것이 긍정적 피드백 효과이다.

실험실 모델과 예측

20세기에 지구의 평균 표면온도는 섭씨 0.6도(±0.2) 상승했다. 1990년대가 가장 따뜻한 시기였으며, 1998년이 1861년 이후로 가장 더웠던 해로 기록되고 있다. 북반구의 데이터에 기초한 최근 IPCC 보고서에 따르면, 20세기의 기온 상승은 지난 1,000년 동안에 일어난 기온 상승 중 가장 크다고 결론짓고 있다. 적설량은 1960년대 이후 10% 감소했고, 평균 해수면은 20세기에 0.1~0.2미터 상승했다. 북반구의 중상위도 지역은 강수량이 10년마다 0.5~1% 증가했고, 적도 지역은 0.2~0.3% 증가했다. 그러나 강우량은 북반구의 아열대 지역의 경우 10년마다 약 0.3% 감소했다. 아시아와 아프리카에서는 가뭄의 빈도와 강도가 증가해 왔다. 국지적 기후에 영향을 끼치는 엘니뇨 현상이 더 자주 발생했고 더 오래 지속되었다(IPCC-I, 2001). 이 모든 사실에 근거해서 IPCC 보고서는 대기에 측정 가능한 변화가 일어났다고 결론 내리고 있다.

그렇다면 이것은 인간의 활동 때문일까? IPCC 보고서는 1750년 이후로 대기중 이산화탄소 집적도가 31% 증가했는데, 이 같이 큰 폭의 상승은 지난 2,000만 년 동안 없었을 것이라고 밝히고 있다. 인간이 방출하는 이산화탄소의 약 75%는 화석연료를 태울 때 발생하고, 나머지는 토지 이용의 변화나 산림 황폐

화 때문에 발생한다. 메탄가스 집적도도 1750년 이후로 151%
증가했는데, 이 역시 지난 42만 년 동안 없었던 일이다. 메탄가
스 방출량의 절반 가량은 인위적 배출원(논벼 경작, 동물의 반추,
화석연료의 사용 등) 때문에 발생한 것이다. 산화질소 집적도도
1750년 이후 17% 증가했고, 그중 약 3분의 1이 인간 때문에 증
가한 것이다. 함할로겐 탄소화합물은 1995년 이후 감소했지만
그 대체물질들은 증가하고 있다. 대류권의 오존 집적도는 1750
년 이래 36% 증가했는데, 이것은 오존을 형성하는 가스(선구물
질)들이 증가했기 때문이다.

　이 가스들은 기후에 어떻게 영향을 미치는가? 이 가스들이
복사에 끼치는 영향에 대해서는 많이 알려져 있지만, 화석연료와
바이오매스(열자원으로 쓰이는 식물체 및 동물 폐기물)를 태울 때 나
오는 유기 탄소 및 검은 탄소가 기후에 미치는 영향, 에어로졸과
태양의 온도 상승의 간접적 효과에 대해서는 잘 알려져 있지 않
다. 이 밖에도 성층권 오존층의 파괴, 황산염과 에어로졸의 축적,
바이오매스의 연소 등으로 인한 냉각 효과 등이 있지만, 이에 대
한 이해도 부족한 편이다. 그러나 오존층 파괴에 대해서는 관심
이 높아지고 있어 그 냉각 효과는 일시적일 것으로 보인다. IPCC
보고서는 이렇게 결론을 내리고 있다. "새로 나타난 증거를 검토
하고 남아 있는 불확실성을 고려할 때, 지난 50년 동안에 관찰된
온난화는 주로 온실가스가 증가했기 때문인 것 같다(66~90%).

<표 1> 주요 온실가스들의 대기중 집적도 상승

가스	1750년 이후 집적도 상승	설 명
CO_2	31%	최소한 42만 년 만의 최고 상승
CH_4	151%	42만 년 만의 최고치
N_2O	17%	최소한 1만 년 만의 최고치

출처: IPCC-I 2001.

또한 20세기에 일어난 온난화는 바닷물을 증가시키고 지상의 얼음을 크게 감소시켜 해수면 상승에 크게 기여했을 가능성(90~99%)이 아주 높다"(IPCC-I, 2001: 10).

이런 가스들이 계속 축적된다면 장차 기후에 어떤 영향을 미칠 것인가? 가스 배출 추세에 관한 정보를 이용해서 미래의 데이터를 예측하는 많은 모델이 있다. 이 모델들은 지구 표면의 평균 온도가 1990~2100년 사이에 섭씨 1.4~5.8도 상승할 것으로 예상하고 있다. 또한 강수량은 북반구의 중위도와 고위도 지역에서는 상승할 가능성(66~90%)이 높고, 저위도 지역에서는 들쑥날쑥할 것이다. 각 연도의 강수량은 더욱 불확실해질 것이다. 이 보고서는 극단적인 기상재해의 가능성에 대해서는 더욱 신중한 태도를 보이면서도, 최고 기온과 최저 기온은 더욱 심해지고, 더운 날이 더 많아지고 추운 날은 더 적어질 것이며, 세계 곳곳에서 집중호우가 더 많이 쏟아질 가능성(90~99%)이 높고, 적도의 사이클론과 가뭄에 대해서는 예측이 불확실하다(그 부분적인 이유는 데이터 부족이다)고 말하고 있다. 지구의 해수면은 1990년에서 2100년 사이에 0.09~0.88미터 상승할 것으로 예상된다. 또한 대양의 열염분순환(더운물을 북대서양으로 운반해 주는 활동)이 더뎌지고, 2100년 이후에는 심지어 정지될 수도 있다고 예상하고 있다. 그렇게 된다면 지구의 전반적인 기후는 막대한 영향을 받을 것이다.

실험실 예측의 의미

IPCC가 제공하는 정보는 사실과 추측을 함께 포함하고 있다. 사실에 대해서는 일반적으로 논란이 적지만, 추측에 대해서는 많은 논란이 제기되고 있다. 기후 체계는 매우 복잡하며, 많은 상호관련된 원인들에 의해 영향을 받는다. 어떤 예측을 하기 위해서는 많은 과학적 자료에서 얻는 정교한 데이터가 필요하며, 지식이 부족한 부분은 가정과 이론으로 채워야 한다. 이 같은 데이터는 세계 각지의 과학자들과 정책입안자들이 폭넓게 합의해 결정된다. 이렇게 해서 만들어진 데이터가 그 시스템 밖의 사람들에게 어느 정도의 확신을 줄 수 있을까?

　　회의론자들은 부족한 정보에 근거해서 만들어진 상황을 믿을 수 없다고 주장한다. 특히 그들은 IPCC 보고서가 인간 때문에 생겨난 각종 가스 배출의 냉각 효과와 복잡한 피드백 고리에 대해서는 주목을 하지 않고 있으며, IPCC의 모델은 내포된 불확실성을 최소화하는 경향이 있는, 미래에 대한 추측에 불과하다고 지적하고 있다. 그들은 또 인간이 만든 가스 배출 총량은 자연적인 방출량에 비해 매우 적으며, 인간이 배출하는 적은 양의 가스가 지구의 대기를 교란시킬 수 있다고 생각하는 것은 인간의 오만이라고 주장한다. 그들은 IPCC의 보고서가 일치된 견해를 제시하고 있으므로 진정한 과학적 보고서가 아니라는 점, 보고서의 문장이 긴 토의와 타협의 산물이라는 점을 내세우고 있다(Priem, 1995; 그 밖에 the work of the European Science Foun dation; Boehmer-Christiansen, 1999 참조).

이 같은 견해는 기후 변화에 대처하는 정책이 경제 성장에 부정적인 영향을 끼친다고 보는 기업가들에 의해 채택되고 있다(227~236쪽 참조). 많은 국가들에서 경제 문제를 다루는 부처들이 기업가들과 의견을 같이하는 경향을 보이고 있는데, 결국 기업가들이 국가 정책에 압도적인 영향력을 행사하고 있다. 다소 논란이 있긴 했지만(〈박스 20〉 참조), 대부분의 개발도상국들은 IPCC의 결론을 받아들이고 있다. 한편 일부 환경단체들은 IPCC가 너무 조심스런 결론을 내리고 있다고 주장한다. IPCC의 예측이 계속 달라지고 있는 것 또한 사실이다. 그러나 IPCC는 그 결

<표 2> IPCC 1차 보고서에 나타난 서로 다른 2100년도 예상치(1990년 기준)

	1990[a]	1996[b]	2001[c]	설 명
온도 상승 (섭씨)	3	1.0~3.5	1.4~5.8	2001 보고서에서는 SO_2의 방출이 줄어들었기 때문
해수면 상승 (미터)	0.65	0.13~0.94	0.09~0.88	개선된 모델의 결과

[a] Houghton et al., 1990.　[b] Houghton et al., 1996.　[c] IPCC-I 2001.

과가 수정된 이유를 설명하고 있다(<표 2> 참조).

미래를 예측한다는 것은 쉬운 일이 아니다. 현재의 상황을 기초로 해서 미래를 예측하는 통상적인 시나리오 같은 것은 존재할 수 없다. 그래서 IPCC는 새로운 접근법을 채택했다. 그들은 가능한 미래 시나리오 4개를 개발했다. A1 시나리오는 급속한 경제 성장, 낮은 인구 증가, 현대적 기술의 급속한 발전, 그리고 세계 각 지역의 평준화를 상정하고 있다. A2 시나리오는 세계 각 지역의 형편이 크게 차이가 나는 불평등한 세계를 상정하고 있다. B1 시나리오는 세계 각지의 형편이 차츰 같아지는 세계를 상정하고 있지만, 서비스와 정보, 그리고 사회적, 환경적, 경제적으로 평등하고 지속가능한 지구촌을 더 강조하고 있다. B2 시나리오는 지역별 해결책, 기술변화의 다양성, 완만한 인구 증가, 완만한 경제 성장에 초점을 맞추고 있다. 이와 같이 예측할 수 있는 미래가 다양하기 때문에 서로 다른 가스 배출 모델이 개발되었는

데, 시나리오는 모두 40개나 된다. 이 각각의 시나리오에서 온실가스 배출을 줄이는 것이 가능하다. 그러나 그것이 사회에 미치는 영향은 서로 다를 것이다(Nakićenović et al., 2000).

IPCC 3차 보고서(2001)는 무슨 내용을 담고 있는가? 이 보고서는 어느 정도의 확신을 가지고, 온실가스의 배출이 전례 없이 증가했으며, 이 가스들은 온난화 효과를 일으킬 수 있는 것으로 알려져 있고, 다른 가스들의 냉각 효과는 온실가스의 온난화 효과보다 미미하며, 지금까지 일어난 대기의 변화가 자연적인 배출 때문인 것 같지는 않다고 말하고 있다. 우리는 가치 있는 증거들을 근거로, 기후 변화 문제가 존재하며, 기후 변화는 되돌릴 수 없는 것이라고 결론을 내렸다. 그러나 회의론자들이 불확실성은 폭넓게 퍼져 있다고 지적하고, 인과관계가 입증되지 않았다고 주장할 만한 근거 역시 충분히 많은 것 또한 사실이다.

기후 변화에 관심을 갖는 이유는 기후 변화의 잠재적 영향에 따라 서로 다르다. 독특하고 위험에 처한 시스템들은 기후 변화에 매우 민감해서 이미 영향을 받고 있다. 기상재해는 증가하고 있고, 이런 재해는 사람들과 환경에 심각한 영향을 끼치고 있다. 그러나 그 영향이 균등하게 배분되고 있는 것은 아니다. 상대적으로 적은 기온 상승에도 심한 피해를 입는 지역이 있는가 하면, 기온 상승이 그보다 더 크게 일어나야 심각한 피해를 입는 지역도 있다. 이렇게 볼 때, 기온 상승이 적을 때는 영향이 부정적일 수도 긍정적일 수도 있지만, 기온 상승이 더 클 때는 대체로 해로울 것으로 예상된다.

발생원과 흡수원

문제는 발생원source과 흡수원sink에 대한 혼동으로 더욱 복잡해진다. 온실가스는 발생원에서 방출되고 흡수원에 의해 흡수된다. 그러나 소멸하는 흡수원은 온실가스를 방출한다. 산업활동과 관련된 발생원에 대해서는 비교적 쉽게 이해할 수 있지만, 흡수원은 상대적으로 이해하기 어렵다.

먼저, 온실가스의 발생원에 대해 논의해 보자. 온실가스는 여러 종류가 있지만, 실제로 문제가 되는 것은 여섯 가지이다. 이 가스들은 에너지 부문(에너지 산업, 제조 건설업, 교통 등)에서 연료를 연소할 때 방출되고, 또 고체연료, 기름, 천연가스에서 자연 배출되며, 광산품이나 화공제품, 금속제품과 관련된 공정, 함할로겐 탄소화합물 및 육불화황, 솔벤트의 생산과 소비 그리고 다른 생산품의 사용 과정에서도 방출된다. 또 농업 부문에서는 장용성腸溶性 발효, 퇴비 조성, 벼 경작, 농지 토양, 초지의 의도적 소각, 농업 쓰레기의 소각 등 때문에 방출되며, 그 밖에도 땅에 방치된 고체 쓰레기, 폐수 취급, 쓰레기 소각 등으로 인해서도 방출된다. 특히 이산화탄소는 그 대부분이 각 부문에서 화석연료를 연소하고 에너지를 사용하며, 쓰레기를 소각함으로써 발생하는데, 산림을 벌채할 때도 발생한다. 메탄은 주로 채굴과 장용성 발효, 퇴비 조성, 논벼 경작, 쓰레기 처리 과정 등을 통해 발생한다.

흡수원sink은 무엇인가? 앞에서도 말했듯이, 탄소와 몇몇 다른 온실가스들은 생물지구화학적 순환biogeochemical cycles을 한다. 예를 들면 탄소는 육지와 담수계, 대양과 대기를 순환한다. 인간의 활동 역시 탄소의 순환에 영향을 끼친다. 가스의 방출량을 정확하게 예측하기 위해서는 흡수원이 얼마나 많은 가스를 흡수하고 방출하는가를 평가하는 것이 중요하다.

흡수원이 실제로 무엇을 의미하며, 그것이 기후 변화 논의에 어떤 도움이 되는지 이해하는 사람이 극소수인 것이 명백해지자, IPCC는 토지 이용, 토지 이용의 변화, 숲에 대한 보고서를 준비할 필요가 있었다(Watson et al., 2000). IPCC가 준비한 보고서는 주요 문제들을 비교적 자세하게 다루고 있으며, 중요한 용어들에 대한 정의도 소개하고 있다. 이 보고서는 흡수원을 온실가스, 에어로졸 또는 온실가스의 선구물질을 대기에서 제거하는 과정이나 체제라고 정의하고 있다. 카본 풀carbon pool은 탄소를 축적하고 방출할 수 있는 저장고이고, 카본 스톡carbon stock은 특정 시점에 특정 풀에 저장되어 있는 탄소의 절대량이다. 또한 카본 플

럭스carbon flux는 탄소가 하나의 풀에서 다른 풀로 이동하는 것을 가리킨다.

이 보고서는 1850~1998년 기간 동안에 화석연료 소각과 시멘트 생산으로 270기가 톤(1기가=10억)의 탄소가 방출되었다고 추산하고 있다. 같은 기간에 토지 이용의 변화로 135기가 톤의 탄소가 방출되었다. 그러나 육지의 생태계가 상당한 양의 탄소를 흡수했으므로 이 시기에 실제로 늘어난 이산화탄소의 발생원은 작은 것으로 나타나고 있다. 하지만 그 정확한 숫자는 밝히지 못하고 있다. 이 보고서는 또 기후조약(〈박스 10〉 참조)에서 논의된 것과 같은 토지 이용의 변화가 어떻게 발전해야 하는지에 대해서도 언급하고 있다. 흡수원은 그것을 어떻게 설명하느냐가 중요하다. 이론상으로는 모든 식물과 토양이 흡수원의 기능을 하지만, 나무가 썩고 죽듯이 흡수원은 영구적인 것이 아니다. 이 흡수원들을 실제로 어떻게 계산할 수 있을까? 다음 장들에서 볼 수 있듯이, 흡수원의 개념은 1990년대 후반의 협상에서 중요한 쟁점이었고, 지금도 가장 격렬한 논의가 진행되는 문제이다.

영향의 배분에 관한 불확실성

IPCC 보고서는 또한 기후 변화가 지구 전체에 어떤 의미를 가지

<표 3> 지역별 적응력

	아프리카	아시아	오스트레일리아와 뉴질랜드	유럽	라틴 아메리카	북아메리카	소도서 국가
적응력	낮음	남아시아는 낮음, 동남아시아는 더 높음	원주민을 제외하면 높음	높음, 남유럽은 다소 낮음	낮음	일부 지역사회 외에는 높음	낮음
취약성	높음	남아시아는 높음, 동남아시아는 더 낮음	원주민을 제외하면 낮음	낮음, 남유럽은 다소 높음	높음	일부 지역사회 외에는 낮음	높음
물에 의한 압박	높음	높음	높음	곳에 따라 다름	곳에 따라 다름	곳에 따라 다름	높음
식량 안전	낮음	낮음	높으나 기온이 상승하면 낮음	곳에 따라 다름	낮음	곳에 따라 다름	낮음
생물 다양성 상실	높음	높음	높음	생물 지대의 이동	높음	특정 시스템의 경우 높음	산호초, 홍수림 에서는 높음
해안지역사회에 미치는 영향	상당히 큼	—	—	—	상당히 큼	—	높음
질병	증가	증가	—	—	증가	증가할 듯	—
기상재해	—	사이클론 증가	사이클론 증가	홍수 증가	사이클론, 홍수 증가	—	—

출처 : Watson et al., 1998.

는지도 밝히고 있다. 지역의 기후에서 평균이 의미하는 바를 설명하기는 훨씬 더 어렵다. 중요한 문제는 기후 변화의 영향이 어느 지역에서 느껴지며 기후 변화에 가장 취약한 사람들은 누구인가 하는 것이다.

IPCC 2차 보고서(2001: 6)는 이렇게 말하고 있다. "취약성이란 어떤 시스템이 변덕스럽거나 극단적인 기상 등 기후 변화의 악영향에 민감한 정도 또는 그에 대처할 수 없는 정도를 말한다. 또한 어떤 시스템이 영향을 받는 기후 변화의 성격, 크기, 빈도의 기능이며, 그 시스템의 민감도, 적응 능력이다." 이 보고서는 이어 가난한 사람들이 자원이 더 적고 대처 능력이 더 떨어지므로 기후 변화와 더위에 관련된 스트레스의 영향에 가장 취약하다고 지적하고 있다. 또한 일어날 수 있는 피해의 종류와 그러한 피해의 금전적 가치를 실제로 평가하는 데 어려움이 많다고 지적하면서, 보고서는 지구의 평균기온이 상승하면 많은 개발도상국들이 경제적으로 큰 피해를 입을 가능성이 크다고 결론짓고 있다. 기온 상승이 미세할 경우 선진국은 경제적 이득을 얻을 수도 있고 경제적 손실을 입을 수도 있다. 그러나 기온 상승이 커질 경우 선진국들도 경제적 손실을 입게 될 것이다. 따라서 미세한 온도 상승은 빈국과 부국 간의 소득 격차를 더욱 벌어지게 할 가능성이 있다. 생명과 생태계의 피해는 개발도상국들이 가장 클 것으로 예상되고 있다. 지구 전체 인구의 약 30%(17억 명)가 현재 물로 인해 고통을 겪고 있는데, 2025년쯤에는 그 수가 50억 명으로 증가할 것으로 예상된다. 이런 사태는 이들 지역의 식량생산 체계와, 육지와 강의 생태계에 영향을 미칠 것이다. 사이클론과 극심한 기상재해는 재해에 취약한 사람들을 더 강하게 압박할 것이다.

그렇다면 재정적으로 누가 더 많은 피해를 입을까? 부자들이 잃을 것이 더 많다는 것은 분명하다. IPCC 2차 보고서(2001: 13)는 기상재해로 입은 경제적 손실이 1950년대에 한 해 평균 39억 달러에서 1990년대에는 한 해 평균 400억 달러로 10배 증가했으며, 그 손실의 4분의 3이 선진국에서 발생했다고 보고하고 있다. 이 같은 손실액은 선진국들의 부, 인구, 자산의 증가를 반영하고 있다. 역설적이게도 해안 마을이 부유해짐에 따라 그런 마을의 손실액 또한 더 커지고 있다. 그러나 생명과 재산상의 손실이 그 소유주에게는 치명적이지 않은 것으로 보인다.

누구에게 책임이 있으며, 어떤 조치를 취할 수 있는가?

인간이 만들어 낸 온실가스는 대부분 선진국들의 산업, 건설 및 교통 부문에서 에너지를 생산하고 사용하는 과정에서, 그리고 농업 부분에서는 토지 이용 과정에서 방출된다. 온실가스의 방출

정도는 대부분 국가의 발전 정도와 밀접하게 관련되어 있다. 이런 일반적인 사실들은 잘 알려져 있지만 국가별 자료는 격렬한 논쟁의 대상이 되고 있는데, 이는 측정할 때 무엇을 포함시키고 어떤 측정 방법을 사용하느냐에 따라 달라지기 때문이다. 선진국들이 자체 발표한 1990년도 방출량은 〈표 4〉와 같다.

온실가스의 대부분은 발전소, 산업 현장, 가정, 교통기관 등에서 화석연료(석탄, 가스, 기름)를 연소할때 방출된다. 유전과 가스전에서도 온실가스가 방출되며, 동물의 반추(장용성 발효), 논벼 경작, 농사용 토양, 들판과 초원 태우기, 폐기물 처리 등을 통해서도 온실가스가 방출된다. 이에 대한 해결책은 더 좋은 전력 생산 기술을 개발하고, 재생가능한 자원이나 핵발전(이것을 발전 방식으로 받아들이는 경우) 같은 탄소가 적거나 없는 에너지원으로 바꾸는 것이다. 산업계는 더 좋은 기술을 사용함으로써 에너지 효율을 크게 높일 수 있다. 더욱 효율적인 교통, 더 좋은 대중교통 체계, 그리고 교통 부문에서의 연료 전환 등이 취할 수 있는 방안이 될 것이다. 동물 사료를 바꾸고, 동물 관리 체계를 개선하고, 논벼 경작 대신 건식 벼 경작법을 채택하며, 쓰레기 매립지에서 메탄을 회수하는 것도 온실가스 방출을 줄이는 방법이다. 건축 부문에서는 빌딩 설계와 빌딩에 사용되는 재료와 기기들을 개선하는 방법을 생각해 볼 수 있다. 산업계에서 교통, 에너지, 자원의 효율을 개선하고, 농업 부문에서 발생하는 메탄을 회수하는

<표 4> 선진국들의 이산화탄소 배출(1990년)

	이산화탄소 배출(기가그램)	선진국 배출총량에 대한 백분율
오스트레일리아	288,965	2.1
오스트리아	59,200	0.4
벨기에	113,405	0.8
불가리아	82,990	0.6
캐나다	457,441	3.3
체코공화국	169,514	1.2
덴마크	52,100	0.4
에스토니아	37,797	0.3
핀란드	53,900	0.4
프랑스	366,536	2.7
독일	1,012,443	7.4
그리스	82,100	0.6
헝가리	71,673	0.5
아이슬란드	2,172	0.0
아일랜드	30,179	0.2
이탈리아	428,941	3.1
일본	1,173,360	8.5
라트비아	22,976	0.2
리히텐슈타인	208	0.0
룩셈부르크	11,343	0.1
모나코	71	0.0
네덜란드	167,600	1.2
뉴질랜드	25,530	0.2
노르웨이	35,533	0.3
폴란드	414,930	3.0
포르투갈	42,148	0.3
루마니아	171,103	1.2
러시아	2,388,720	17.4
슬로바키아	58,278	0.4
스페인	260,654	1.9
스웨덴	61,256	0.4
스위스	43,600	0.3
영국	584,078	4.3
미국	4,957,022	36.1
총계	13,728,306	100.0

출처: 각국이 기후변화총회에 최초로 보낸 자료(토지 이용 변화와 산림에 관련된 자료는 빠져 있음).
1990년도 자료는 교토의정서와 관련하여 사용되었음.

방법, 에너지 공급 체계를 개선하고 전환 효율을 높이는 방법도 생각해 볼 수 있다(IPCC-III, 2001).

조치를 취해야 할 이유

조치를 취해야 할 이유가 있는가? 그렇다면 누가 먼저 실천에 옮겨야 하는가? 이 문제는 세계 각 지역별로 생각해 볼 수 있다. 작은 섬나라들의 경우 대답은 명확하다. 그들의 생존 자체가 걸려 있으므로 이런 나라들에게 기후 변화는 심각한 문제이다. 아프리카 대륙의 경우, 이 문제는 사람들의 물과 식량 안전에 또 다른 위협이 된다. 정책 평가가 그 발전 과정에 더 큰 영향을 미치는 것으로 여겨지는 남아프리카를 제외한 모든 나라들에게 어떤 조치를 취해야 할 필요성은 명백한 듯 보인다(190~191쪽 참조). 라틴 아메리카와 카리브 해 연안 지역에서는 더 부유한 국가들이 남아프리카와 같은 딜레마에 직면해 있다. 1인당 방출량과 1인당 국민소득이 중간 이하인 중국(186~187쪽 참조)과 인도(188~190쪽 참조)의 경우, 두 나라 모두 기후 변화에 심각한 영향을 받을 것으로 보인다. 하지만 두 나라 정부는 기후 정책에서 본질적으로 기다려 보자는 태도를 취하고 있다. 그러나 두 나라는 그들 나름의 에너지 및 산림 정책을 추구하고 있다. 선진국들 대부분

은 기후 변화의 과학적 근거와 조치를 취할 경우 거둘 수 있는 효
과를 분명히 인식하고 있다. 그러나 선택은 쉽지 않다. 다만 현재
미국 정부만이 분명한 선택을 하고 있다. 미국 정부는 기후 변화
가 그 나라에 미치는 영향이 기후 변화의 위험을 감소시키기 위
해 취하는 조치로 야기된 결과를 정당화시키지 못한다고 판단했
다(169~177쪽 참조). 조지 W. 부시는 기후 변화를 둘러싼 논의
에서 승자가 되겠다는 도박을 하고 있는 것이다.

만약 우리가 당장의 국가 및 개인 이익을 고려하지 않는다
면, 조치를 취할 이유가 있는가? 대답은 그렇다이다. 과학적인
연구들은 귀중하고 가치 있는 시스템들이 기후 변화에 의해 심각
한 영향을 받거나 영원히 상실될 가능성이 높다는 것을 보여 주
고 있다. 그런 시스템들 가운데는 빙하계와 산호초도 포함된다.
분배의 공정성을 둘러싼 논쟁이 국가간에 첨예하게 진행되고 있
는 것은 사실이지만, 기후 변화가 세계에 미치는 총체적 영향은
파괴적이며, 대규모 단절현상discontinuities이 일어날 수도 있다.
온실가스가 현재와 같이 계속 방출된다면, 열염분순환 단절이나
남극 서부 빙판의 붕괴 같은 단절현상을 불러오게 될 것이다
(Nakićenović et al., 2000〔IPCC〕).

결론

전세계적으로 온실가스의 방출이 증가하고, 극심한 기상재해 또한 증가하고 있는 것은 분명하다. 이 두 현상 사이에 연관성이 있을까? IPCC는 과거에 있었던 지구온난화와 해수면 상승이 오로지 자연적인 원인에 의해서만 일어난 것은 아니라고 자신 있게 주장하고 있다. 자료를 종합한 모델들은 방출량의 증가가 지구온난화를 불러왔고 또 앞으로 불러올 것임을 보여 주고 있다. 이러한 모델들의 결론은 최근 수십 년간 수집된 실제 데이터와 일치하는 경향을 보이고 있다. 이런 사실 때문에 모델의 예측은 더욱더 신뢰를 얻고 있다.

영국 부총리 존 프레스콧(2000)은 이렇게 말했다. "언제나 우리가 충분히 이해하지 못하는 일들이 있을 것이다. 그러나 그것이 행동을 연기하는 구실로 이용되어서는 안 된다.…… 과학계의 압도적인 견해는 인간의 활동이 기온 변화를 일으키고 있으며, 이런 추세가 계속될 경우 해수면이 높아지고 기상재해가 늘어난다는 것이다. 다시 말해서 홍수와 가뭄이 더 많이 찾아온다는 것이다." 몇몇 정부와 환경단체들이 기후 변화의 심각성을 분명히 인식하고 있는 것은 사실이지만, 영국 석유회사 사장 존 브라운(Pew Centre/IHT: 2000)의 다음과 같은 말을 소개하는 것이 아마 더 시사적일 것이다. "우리는 기후 변화와 같은 중요한 문제에 관한 증가하는 과학적 증거들을 무시할 수 없다. 과학이 미래의 불확실한 위험에 대비하라고 미리 경고하고 있는지도 모른다. 모든 과학은 잠정적이다. 그러나 여러분이 다른 일에서도 그러하듯이, 위험이 예측되면 그에 대비하는 조치를 취해야 한다." 세계지속가능발전기업협의회WBCSD의 데이브 무어크로프트 (Pew Centre/IHT: 2000)까지도 이렇게 주장하고 있다. "지구온난화를 둘러싼 불확실성과 기후 변화의 영향은 두 가지 가능성을 제시한다. 하나는 추측이 위험을 과장하고 있을 가능성이고, 또 하나는 위험이 우리가 상상하는 것보다 훨씬 더 클지도 모른다는 것이다. 이것은 거액의 돈이 걸린 도박과 매우 비슷하다. 큰돈이 걸린 도박판과 마찬가지로 기후 변화는 심각한 문제이다. 더욱이 이 문제는 어느 한 나라가 노력한다고 해결할 수 있는 문제가 아니다." 이 문제를 승자와 패자가 나오는 승부로 보는 사람들은 현재의 과학에 기초해서 자신들이 승자가 되는 도박을 벌이고 싶어할 것이다. 그러나 그 도박이 실패할 경우, 바로 그들이 가장 큰 피해를 입을지도 모른다. 누가 알겠는가?

3. 기후 변화 협상: 낙관주의에서 실용주의까지

초기의 낙관론

기후 변화 문제가 이렇게 명백히 심각하다면, 지구공동체는 지금까지 이 문제에 어떻게 대처해 왔는가? 기후학자들이 이 문제를 제기하자, 많은 선진국 정부들은 서서히 그러나 아주 낙관적으로 이 문제를 주요한 행동을 요구하는 주요한 문제로 채택했다. 이 초기의 낙관주의는 많은 고위급 회담, 국제 목표, 그리고 협상 원안 등에 반영되었다. 낙관주의는 또한 취약한 개발도상국들을 도와야 한다는 강한 책임감도 반영했다. 그러나 시간이 지나면서 국민의 지지가 부족하고, 사실상 국내 목표를 달성하는 데 어려움이 따랐다. 선진국들은 자신들의 약속을 축소하기 시작했고, 개발도상국들은 북측을 불신해 온 자신들의 태도가 옳았다고 느끼기 시작했다. 이처럼 1990년대에 전개된 사건들은 다면적이고 복합적이다. 이 장에서는 그 사건들을 연대순으로 간단히 서술하고자 한다. 다양한 문제들에 대한 세부사항은 뒷장들에서 다룬다.

1979년에 열린 1차 세계기후회의World Climate Conference에서는 기후 변화가 인류에게 심각한 위협이 되고 있다고 결론을 내렸다. 그 후 10년 동안 이 문제를 논의하기 위한 회의가 몇 차례 열렸다. 1988년 토론토에서는 46개국에서 온 과학자와 정책입안자들 300명이 이 문제를 논의하고 "인류는 의도되지 않고 통제되지 않는, 그리고 전세계에 걸친 실험을 시행하고 있으며, 그 궁극적인 결과는 전세계적인 핵전쟁에 버금갈 것"이라고 결론을 내렸다. 이 회의는 먼저 첫 단계로 이산화탄소 배출량을 2005년까지 1988년 배출량의 최소한 20%를 줄일 것을 각 나라에 촉구했다. 이듬해에 네덜란드 총리 루트 루버스는 기후 변화를 논의하기 위해 몇몇 나라의 수반을 초청했다. 이 문제가 최고의 정치적 의제가 되었던 것은 이 회의에서였다. 그 해 늦게 67개국의 환경장관들이 네덜란드 노르트위크에 모여 선진국들의 이산화탄소 배출을 줄이는 것뿐만 아니라 개발도상국들이 배출을 줄일 수 있도록 도움을 제공하기 위한 조치를 취하기로 합의했다(〈박스 1〉 참조).

1989년 노르트위크 장관회의 합의사항

노르트위크에서 채택된 성명은 다음과 같다. '산업화된 국가들은 그들이 온실가스 집적도 상승에 기여한 사실과 그들의 능력을 고려할 때 여러 가지 구체적 책무를 지니고 있다. 1) 그들은 국내에서 먼저 실천을 시작함으로써 모범을 보여야 한다. 2) 그들은 대기 보호와 기후 변화에 적응하는 것이 감당하기 힘든 짐이 될 것이 분명한 국가들이 행동을 취할 수 있도록 재정적 그리고 그 밖의 방법으로 지원해야 한다. 3) 그들은 온실가스의 배출을 줄여야 하고, 또한 개발도상국들이 지속가능한 발전을 도모할 수 있도록 배려해야 한다'(제7항).

이 성명은 또한 다음과 같은 내용을 담고 있다.

- 각 나라에 개별적으로 그리고 합동으로 정책과 조치를 채택하도록 촉구한다.
- 선진국의 이산화탄소 배출을 2000년까지 1990년 수준으로 안정시킬 필요가 있음을 인정한다.
- 선진국의 이산화탄소 배출량을 2005년까지 20% 추가 감소하는 데 대한 지지를 촉구한다.
- 개발도상국들 또한 '그들의 개발 요건을 고려해 그들의 재정적, 기술적 능력의 한도 내에서' 정책과 조치를 채택해야 한다는 데 합의했다.
- 개발도상국들은 재정적, 기술적 도움을 받을 필요가 있으며,

몰타 정부가 제안하고 많은 나라들이 지지한 제안에 따라,
유엔총회UNGA는 기후 변화에 관한 조약 체결을 위한 협상을 용
이하게 하기 위한 절차를 마련하기로 결정했다. 분위기는 매우
낙관적이었다. 네덜란드는 1990년도 수준과 대비해서 2000년까
지 이산화탄소 배출을 안정시킬 일방적인 목표를 채택했다
(180~182쪽 참조). 이 무렵 유럽공동체도 2000년까지 공동체 전
체의 배출량을 안정시키기 위해 공동 목표를 채택하기로 결정했
다(204~207쪽 참조). 하지만 덜 발전된 유럽공동체 회원국들은
그처럼 열성적이지 못했으며, 더 발전된 국가들이 자신들의 짐을
덜어 주기 위해 특별한 조치를 취할 것으로 이해하고 있었다(〈표
8〉 참조). 다른 몇몇 국가들도 선례를 따랐고, 그래서 1992년쯤에
는 OECD 회원국 26개국 가운데 24개국이 국내 목표를 세워 놓
고 있었다(〈표 7〉, 〈표 8〉 참조). 국내 목표를 세워 놓지 않은 나라
는 미국과 터키 두 나라뿐이었다.

이 무렵 기후 변화의 문제는 온실가스 배출과 흡수원 감소의 문제로 한정되었다. 따라서 해결책은 온실가스의 배출을 줄이고 흡수원을 늘리는 것이었다. 당시 유럽이 이 문제에 열의를 보였던 것은 일단 문제가 명확해지면 그것을 해결할 기술을 개발할 수 있으리라는 낙관주의가 저변에 깔려 있었기 때문이었다.

1990년에서 1992년 사이에 조약 원안을 협상하기 위한 회의가 여섯 차례 열렸다. 여기에서 어떤 원칙이 포함되어야 할 것인가를 놓고 열띤 토론이 벌어졌다. 이런 토론은 어스 서밋Earth Summit(1992년 브라질 리우데자네이루에서 열린 환경회의—옮긴이) 협상과 관련된 다른 회의 석상에서도 벌어졌다. 개발도상국들은 원칙을 선호했는데, 원칙이 미래에 내려질 결정들을 결정할 것이기 때문이었다. 그러나 선진국들은 원칙을 덜 선호했다. 그들은 각 문제를 독립적으로 검토하고 싶어했고, 어떤 특정한 원칙이나 선례에 구속받는 것을 원치 않았다(123~124쪽 참조).

또한 선진국들의 실질적인 약속에 대해서도 오랫동안 토론했다. 당시 많은 선진국들은 의욕적인 목표를 정하는 것에 찬성했다(〈표 7〉 참조). 비정부기구들NGOs과 과학계도 그런 약속을 지지했다. 하지만 미국 정부는 그런 약속이 행동의 유연성을 감소시킨다고 주장하면서 어떤 양적인 약속을 하는 것에도 단호하게 반대했다(169~177쪽 참조). 그러나 다른 나라들은 그런 약속을 원했다. 산업계도 그런 높은 목표를 정하는 데 반대했다

(277~236쪽 참조). 결국 영국이 모호한 언어로 양적 약속을 표현하는 원안을 마련하자고 제안했는데, 그것은 사실상 어떤 목표도 정하지 않는 것이었다(〈박스 2〉 참조). 개발도상국들에게 어떤 형태의 원조를 제공할 것인가에 대해서도 상당한 논쟁이 계속되었다(131~152쪽 참조). 마침내 1992년 5월 기후 변화에 관한 유엔 기본협약Framework Convention on Climate Change이 채택되었고, 이 협약은 리우에서 유엔환경개발회의가 열리는 동안 서명을 받기 위해 공개되었다.

기후 변화 조약과 그 조항들: 모호하지만 선례를 만들다

모든 조약이 그렇듯, 이 문서 역시 서문과 목적, 정의, 각국의 책무를 결정하는 토대가 될 원칙, 일련의 의무, 조약 내용을 실천하도록 도울 기관들의 설립, 그리고 몇몇 다른 기준들을 담고 있다.

협약의 합법성과 신뢰성을 확보하기 위해서 협약 서문은 기후 변화가 인류의 공동 관심사라고 선언하고 있는데, 그렇게 함으로써 지구인이니 유산이니 하는 정치적 용어들을 피하고 있다. 서문은 유엔헌장, 인간 환경에 대한 스톡홀름 선언, 2차 세계기후회의 장관 선언에 담긴 원칙들을 상기시키고, 그럼으로써 전지구적 협상의 필요성을 강조하고 있다. 서문은 또 모든 국가는 자체 관할구역 안에서 조치를 취할 주권을 갖고 있으나, 국내의 조치가 다른 나라 국민들에게 손해나 피해를 주지 않도록 해야 할 책무도 지닌다고 상기시키고 있다. 서문은 또한 대기중 온실가스 GHG 집적에 가장 큰 원인을 제공한 것은 선진국들이며, 개발도상국들의 1인당 배출량은 아직 매우 낮다고 지적하고 있다. 서문은 또한 모든 나라가 법률과 기준을 채택할 것을 촉구하면서도, 그 법과 기준은 개별 국가의 경제 성장 정도를 반영하게 될 것임을 인정하고 있다.

협약은 지구공동체를 개발도상국, 선진국, 그리고 구동구권 국가 등 세 그룹으로 나누고 있다. 그런 다음 그에 따라 의무와 원칙을 할당하고 있다.

이 협약은 또한 토론을 명확하게 하기 위해 많은 용어들을 정의하고 있는데, 예를 들면 다음과 같다. 기후 변화의 악영향이란 시스템의 구성, 탄력성 또는 생산성에 심각한 해로운 결과를 초래하는 기후 변화가 가져온 물리적 환경의 변화를 말한다. 기후 변화는 인간의 활동에서 직간접 원인을 찾을 수 있는 변화이고, 온실가스는 적외선 복사를 흡수하고 재방출하는 대기중의 모든 가스를 말한다. 발생원은 이들 온실가스들과 에어로졸 또는 온실가스 선구물질들을 방출하는 과정이나 활동이며, 흡수원은 그런 가스들과 에어로졸, 선구물질들을 흡수하거나 제거하는 과정, 활동 또는 메커니즘이다.

목표에 대한 모호한 원문: 이것은 실제로 무엇을 말하는가?

기후협약FCCC은 선진국들의 목표를 담고 있다. 그러나 그 표현이 모호하다. 4조 2항 a와 b는 다음과 같다.

2. 부속서 I에 포함된 선진국 당사국들과 다른 당사국들은 다음에 규정된 대로 약속한다.

(a) 각 당사국들은 인간 때문에 발생하는 온실가스 배출을 제한하고, 온실가스 흡수원과 저장소를 보호하고 향상시킴으로써 기후 변화를 완화하는 국가 정책[1]을 채택하고 상응하는 조치를 취할 것이다. 이 정책과 조치들은 선진국들이 협약의 목적에 순응해서 인간에 의한 온실가스 배출의 장기적 추세를 완화하는 데 앞장서고, 1990년대 말까지 몬트리올 의정서에 의해 통제되지 않는 인간에 의한 이산화탄소 및 기타 온실가스 배출을 이전 수준으로 복귀시키는 것이 그런 완화에 기여할 것임을 인지하며, 당사국들의 출발점과 접근 방식, 경제 구조, 자원 토대, 강력하고 지속가능한 경제 발전을 유지할 필요성, 이용할 수 있는 기술과 기타 각각의 실정 등의 차이와 당사국들 각각이 이 목적에 관한 지구적 노력에 공평하고 적절한 기여를 할 필요성을 고려하고 있다는 것을 보여 줄 것이다. 당사국들은 그런 정책과 조치들을 다른 당사국들과 공동으로 이행할 수 있고, 다른 당사국들이

협약의 목적 달성, 특히 이 항목에 서술된 목적 달성에
기여하는 것을 도울 수 있다.

(b) 이 목적을 진전시키기 위해, 각 당사국들은 협약이 발효
된 후 6개월 이내에 그리고 그후 주기적으로, 12항의 규
정에 따라 위 a항에서 언급된 정책과 조치에 대한 상세
한 정보, 그리고 인간에 의한 이산화탄소, 그리고 몬트
리올 의정서에 의해 통제되지 않는 다른 온실가스들의
배출을 개별적으로 또는 공동으로 1990년도 수준으로
복귀시키려는 목적을 가지고, a항에 언급된 기간 동안
에 몬트리올 의정서에 의해 통제되지 않는 온실가스들
의 발생원에 의한 방출과 흡수원에 의한 제거 예상치를
통보해야 한다. 이 정보는 7항의 규정에 따라 1차 당사
국 총회에서, 그리고 그후 주기적으로 검토될 것이다.

[1] 지역 경제통합기구들이 채택한 정책과 조치도 포함된다.

협약은 그 특정한 장기 목표를 분명히 제시할 수 없었으므로
좀 더 일반적인 목적에 합의했다. 그 원문은 다음과 같다.

이 협약과 당사국 총회가 채택하는 어떤 관련 입법장치의 궁극
적 목적은 협약의 관련 규정에 따라서 대기중 온실가스 집적도를
기후 체계에 대한 인간의 위험한 간섭을 방지하는 수준으로 안정

시키는 것이다. 이런 수준은 생태계가 자연적으로 기후 변화에 적응하도록 하고, 식량생산이 위협받지 않도록 보장하며, 경제발전이 지속가능한 방식으로 진행될 수 있도록 충분한 시간의 틀 안에서 성취되어야 한다.

많은 협상을 거친 후 다섯 세트의 원칙이 조약에서 채택되었다. 이 원칙들은 당사국들에게 공평한 행동을 요구하고, 선진국과 개발도상국에게 공통적으로 그러나 서로 다른 책무를 제시함과 동시에 선진국들에게 이 문제에 대처하는 데 앞장설 것을 요구하고 있다. 조약은 또 각국에게 가장 취약한 나라들의 특수한 사정을 고려할 것을 촉구하고 있다. 현대의 많은 환경조약들과 마찬가지로, 이 협약은 당사국들이 문제의 결정적 증거를 기다리지 말고, 문제에 적극적으로 개입하거나 혹은 문제가 발생하지 않도록 미리 조치를 취해야 한다는 것을 포함하고 있는 예방적인 원칙을 채택할 것을 권하고 있다. 왜냐하면 문제가 발생할 경우 돌이킬 수 없을 가능성이 크기 때문이다. 한 걸음 더 나아가 협약은 각 당사국은 지속가능한 발전을 추진할 권리가 있으며, 경제발전은 조치를 취하는 데 중요한 필요조건이라고 선언하고 있다. 마지막으로 협약은 모든 당사국들에게 공개적이고 보완적인 국제 경제 체제를 장려하도록 촉구하고 있다.

다음 항목은 각국의 의무를 서술하고 있다. 모든 나라에 자국의 배출량과 흡수원 목록을 제출하고, 국가가 채택한 정책과 취한 조치들을 보고할 것을 촉구하고 있다. 또 모든 나라가 지속 가능한 발전, 적응, 교육, 훈련, 국민의 인식과 관련해서 과학과 기술 분야에서 협력할 것을 촉구하고 있다. 그리고 또 선진국들 (협약 부속서 I에 열거되어 있음)이 2000년까지 세 가지 온실가스 (CO_2, CH_4, N_2O)의 배출을 1990년도 수준으로 줄이는 조치를 채택할 것을 요구하고 있다(〈박스 2〉 참조).

이 조항은 선진국들이 '새로운 추가' 재정 자원을 개발도상국들에 제공하여, 개발도상국들이 온실가스 배출 수준과 정책에 대한 보고서를 마련하고 그 정책을 수행하는 데 드는 '합의된 고정 증가 비용'에 충당할 수 있도록 도와줄 것을 촉구하고 있다. 선진국들이 특히 취약한 개발도상국들을 특별히 도울 것과 그런 나라들에 기술을 전수할 것을 요구하고 있다.

모든 나라들은 자신들의 가스 배출과 미래의 배출 예측에 관한 국가 보고서를 마련할 의무가 있으며, 온실가스 배출을 다루는 정책과 조치를 마련하도록 요구 받고 있다. 협약은 또한 모든 국가들이 기후 체계에 대한 연구와 체계적 관찰에 협력하고 교육과 훈련, 그리고 기후 변화와 관련된 중요 문제에 대한 국민의 인식을 증진할 것을 요구하고 있다. 그러나 개발도상국들의 의무는 다른 나라들로부터 받는 도움에 좌우되도록 되어 있다(〈박스 3〉 참조).

협약 내용을 좀 더 쉽게 실천하기 위해서, 준비를 지원하고 다른 단체들의 활동을 조정하기 위한 사무국이 설치되었다. 그리고 당사국 총회를 1년에 한 번씩 열어 조약이 발효된 후에 관련된 결정을 하도록 했다. 또한 과학적, 기술적 자문을 해 주고 협약 실천을 지원하는 보조기구가 두 개 있다. 대여나 양보를 통한 자원의 이전을 지원하기 위한 재정 메커니즘이 설립되었는데, 이 기구는 세계은행이 유엔개발계획UNDP, 유엔환경계획UNEP과 협력하여 창설한 기구인 지구환경기금Global Environment Facility에 임시로 자리를 잡았다. 협약 실천에 관련된 문제들을 다루기 위해 다자간 협의 절차가 필요했다. 분쟁이 일어날 경우 당사국들은 당사국간의 직접적인 조정, 국제사법재판소, 조정위원회 가운데 하나를 선택할 수 있도록 규정되어 있다.

당사국들은 조약을 수정하고 부칙을 추가하고, 또는 원안 수정을 위해 협상을 벌일 수 있다. 각국의 투표권은 한 표이다(유럽연합은 회원국 수만큼의 투표권이 있지만, 유럽연합이 단체로 투표권을 행사할 수도 있고 회원국들이 각자 투표권을 행사할 수도 있다). 협약은 최소한 50개국이 비준하거나 동의하면 발효될 수 있다. 하지만 협약이 발효되면, 어떤 당사국도 협약의 시행을 유보할 수 없다.

협약이 포괄적인 성격을 띠고 있는 데다 그 원칙이 모호하고 목표와 약속이 미약했으므로, 기후 문제가 심각하다고 생각하는 대부분의 국가들은 이 협약을 비준하는 데 즉각적인 위협이 따른다고 생각하지 않았다. 그러나 그 원칙이 아무리 모호하고 목표를 서술한 어구가 아무리 약하다 해도, 협약은 그래도 모든 당사국들에게 희망을 주었다. 각국이 이 조약을 신속히 비준했는데, 가장 먼저 비준한 나라는 미국이었다. 협약은 1994년에 발효되었고, 1차 당사국 총회(비준국들만 참가)가 1995년에 열렸다.

공통된, 그러나 차이가 있는 접근: 선진국들이 앞장서다

선진국들이 앞장서겠다고 나섬으로써 기후 변화에 대처하는 조치의 초석이 놓여졌다. 선진국들은 서둘러 선진국들의 가스 배출

을 줄이고 개발도상국들의 가스 배출은 증가할 수도 있다는 사실
을 받아들이며, 개발도상국들이 현대적인 기술을 채택하고 기후
변화의 문제에 적응하는 것을 도울 필요성을 인식하는 듯했다.
1989년에 열린 노르트위크 회의에서 이 같은 선진국들의 뜻이
제7조에 반영되었다(《박스 4》 참조). 몇 달 후, 유럽 유엔경제위원
회의 환경장관들은 그들이 "이 문제들을 해결하기 위한 노력에
앞장서고, 개발도상국들의 환경 및 개발 노력을 도울 준비가 되
어 있다"는 결론을 내렸다. 두 달 후에 열린 1990년 2차 세계기
후회의에서는 다음과 같이 합의했다.

> 선진국들은 공평성 그리고 공통적이지만 서로 다른 각국의 책임이
> 라는 원칙이 기후 변화에 대한 전 지구적 대응의 토대가 되어야 한다
> 는 점을 더욱 깊이 인식하고 앞장을 서야 한다. 전세계 순 가스 배출에
> 서 차지하는 그들의 몫을 줄이기 위한 행동에 나서야 하며, 개발도상
> 국들이 국가 발전 목표와 목적에 저해되지 않고 적절하게 기후 변화에
> 대응할 수 있도록 개발도상국들과 협력하고 그 협력을 강화해야 한다.
> 개발도상국들은 가능한 범위 안에서 외채 부담과 그들의 경제 상황에
> 관련된 문제를 고려하면서, 가스 배출을 줄이는 행동에 나서야 한다.

이런 구상은 협약의 몇몇 조항에도 포함되었다(《박스 4》 참
조).

부분적으로는 성장에 대해서 자신들의 권리를 보장해 주었

선진국들의 솔선수범

기후협약 3조 1항은 이렇게 되어 있다. '당사국들은 공평성의 토대 아래서, 그리고 그들의 공통된 그러나 서로 다른 책임과 각각의 능력에 따라서, 인류의 현재 및 미래 세대의 안녕을 위해 기후 체계를 보호해야 한다. 따라서 선진국 당사국들은 기후 변화와 기후 변화의 악영향과 싸우는 일에 앞장서야 한다.'

4조 1항은 선진국 당사국들이 국가 정책과 조치를 취할 것이며, 이 '정책과 조치는 선진국들이 협약의 목적에 부응해서 인간에 의한 가스 배출의 장기적 경향을 완화하는 데 앞장서고 있음을 입증할 것'이라고 말하고 있다.

몇몇 조항은 선진국들이 배출 목록 작성과 배출 제한 및 적응 조치에서 개발도상국들을 도와야 한다고 말하고 있다. 이런 여러 조항들의 내용으로 보아 선진국들이 개발도상국들의 성장 열망을 수용하고 있다는 추론이 가능하다. 전문은 이렇게 되어 있다. '역사적으로 그리고 현재의 지구 온실가스 배출의 가장 큰 몫은 선진국들에서 유래되었다. 개발도상국들의 1인당 배출량은 아직도 상대적으로 적으며, 따라서 개발도상국들의 배출량 쿼터는 그들의 사회적 욕구 및 개발 욕구에 맞춰 증가될 것이다.'

기 때문에—이런 보장은 1997년 코피 아난 유엔 사무총장이 추
인했고, 클린턴 미국 대통령도 1998년 1월 28일 방송된 시정연
설에서 추인했다—개발도상국들은 처음에 협상 테이블로 이끌려
갔고 이후 계속 협상에 임했다. 이것은 단순한 이타주의가 아니
었다. 왜냐하면 그 과정에서 선진국들은 '빚'과 '오염자 지불 원
칙'에서 벗어날 수 있었고, 또 국제협상에서 '나쁜 놈'에서 '좋
은 사람'으로 변모할 수 있었기 때문이다.

일시적인 열기 하락

얼마 지나지 않아 경제학자들과 산업가들이 그런 협상 과정에 임
함으로써 잠재적인 결과에 대해 눈을 뜨는 것 같았다. 많은 나라
들이 기술이 있긴 하지만 매우 비싸다는 것, 사회와 그 생산 및
소비 패턴을 재편하는 일이 지극히 어려우리라는 것을 깨닫기 시
작했다.

　1994년 네덜란드와 몇몇 다른 나라는 합당한 조치들을 취했
음에도 불구하고 그 해에 가스 배출이 안정될 수 없다는 것을 깨
달았다(〈표7〉 참조). 노르웨이 국민들은 이미 많은 수력발전을 이
용하고 있었는데, 상당히 효율적인 나라에서 가스 배출을 줄인다
는 것이 쉽지 않을 것이라고 느꼈다. 노르웨이 정부는 어떤 나라

가 부분적으로 다른 나라들에서 조치를 시행함으로써 그 나라의 목표치를 채울 수 있는 체제를 국제 사회가 허용해 주기를 희망했다. 유럽연합에서 기후 변화 목표량을 회원국들에게 공평하게 분배하려는 시도는 실패했고, 탄소세carbon tax 같은 경제 도구를 채택한다는 생각은 실현되지 못했다(204~207쪽 참조). 시행되어야 할 정책 목록에 새로운 조치들이 추가되었다. 미국에서는 효율을 높일 수 있는 상당한 잠재력이 있긴 하지만 그렇게 하는 데는 매우 많은 비용이 소요될 것이라는 연구 결과가 나왔다.

그러는 동안 산업과 기업계가 조직화되기 시작했다. 석유 로비 세력은 어떠한 변화에도 저항했다. 업계의 이익을 옹호하는 인사들이 다수 국제 협상에도 참가했고, 그들은 협상에 영향을 끼치기 위해 적극적으로 활동했다. 환경 NGO들의 과업은 매우 힘든 일이었다. 행동의 필요성은 확신하고 있었지만, 기후 변화 문제의 성격이 매우 추상적이었기 때문에 국민들에게 행동을 해야 할 필요성을 확신시키는 것은 어려웠다(220~227쪽 참조). 과학자들 가운데는 IPCC 보고서를 신랄하게 공격하는 사람들도 더러 있었는데, 그들은 IPCC 보고서가 과학적인 평가보다는 정치적 평가를 반영하고 있다고 주장했다(60~64쪽 참조).

이렇게 되자 북측 국가들에서 가스 배출을 줄이는 조치를 취하려는 의지가 약화되기 시작했다. 1992년 클린턴-고어 팀이 집권하자, 사람들은 구속력이 있는 약속이 나올 수 있을 것이라는 희망을 가졌다. 고어는 자신의 책 『균형 잡힌 지구Earth in Balance』를 통해 전세계에 환경 문제에 대한 진보적인 견해를 밝힌 바 있었다(Gore, 1992). 하지만 이에 대해 민주당원들은 동정적이었지만, 공화당으로부터는 제한적인 지지만을 이끌어 낼 수 있었을 뿐이다. 유럽연합의 생각은 각국 정부로 하여금 필요한 조치를 취하도록 하기 위해서는 법적으로 구속력이 있는 목표치가 필요하다는 것이었다. 그러나 미국 정부는 정책과 조치에 대한 논의는 즐겼지만, 목표치와 각국 정부들에게 필요한 유연성을 주기위한 계획표에 대해서는 얘기하려 하지 않았다. 이렇게 되자 유럽연합 국가들은 다시 그들의 노력을 정책과 조치에 집중시키게되었다(Wettestad, 2000; Yamin, 2000).

1995년 1차 당사국 총회가 개최되기까지는 공동이행Joint Implementation이라는 문제가 많은 주목을 받았다. 공동이행이라는 개념은 선진국들이 가스 배출을 가장 비용을 덜 들이고 줄일 수 있는, 지구상의 어느 지역에서든 가스 배출을 줄이는 프로젝트를 시작하도록 허용하기 위해 개발된 개념이었다. 이것은 온실가스 배출을 반드시 국내에서만 줄여야 하는 것이 아니고, 대신 다른 나라에서 그런 프로젝트를 실천하고 가스 배출을 줄였다는 공적을 인정받을 수 있다는 것을 뜻한다(더 자세한 것은 131~145쪽 참조). 중앙아메리카의 몇 나라를 제외한 대부분의 개발도상 국들이 이 원칙에 반대했다. 그러나 일부 국가들이 이 아이디어를 시험해 보는 데 흥미를 보이면서, 개발도상국들은 공동이행을 시험해 보는 데 합의할 수밖에 없었다. 이 단계에서는 어떤 공적도 인정되지 않고, 자원하는 나라들만이 참가하도록 했다. 이 단계를 '공동이행 시범사업Activities Implemented Jointly'이라고 불렀다. 경제학자들은 이런 타협을 만족스럽게 생각하지 않았다. 이런 식의 실천으로는 공적 인정 시스템이 실제로 얼마나 효과적일 것인지, 또 공동이행이 어느 정도의 비용절감 효과를 가져올 것인지를 평가할 수 없다는 것이었다. 협약은 행동을 어떤 직접적 혜택과도 연계시키지 않았기 때문에 업계가 행동을 취할 만한 동기가 없었다. 동시에 개발도상국들은 '자원'이라는 단어를 사용함으로써 그들의 단결을 어느 정도 와해시켰다고 느꼈고, 또 시험 단계가 시작되면 본격적인 공동이행이 뒤따를 것이 거의 확실하다고 두려워했다.

많은 유럽 국가들은 법적 구속력을 갖는 목표치와 시간표의 필요성을 강하게 느꼈다. 그런 것들이 있어야 모든 나라들에 조치를 취해야 한다는 압력을 비슷하게 줄 수 있기 때문이었다. 개발도상국들도 원칙적으로는 그것을 바랐지만, 일부 석유 수출국들은 그것이 그들의 수출량에 영향을 끼치지 않을까 두려워했다. 더욱 빠르게 발전하고 있는 개발도상국들도 선진국들이 목표치를 할당받으면 결국에는 자기네들에게도 목표치가 할당되지 않을까 두려워했다. 한편 생존 자체를 두려워하고 있던 작은 도서 국가들은 선진국들에게 3개 주요 온실가스 배출을 2005년까지 20% 줄이도록 촉구하는 의정서 초안을 준비했다. 환경 NGO들은 이 제의를 지지했고, 서서히 G77 국가들 사이에 이 제의의 실천을 촉구하는 압력이 조성되기 시작했다. 더 크고 더 빠른 속도로 발전하고 있던 개발도상국들은 처음에는 소도서국가동맹 AOSIS 의정서와 EU의 제의에 대해 미심쩍어했다. 하지만 1995년에 인도 정부가 그 제의를 지지하는 성명서를 내놓자 이틀도 지나기 전에 대부분의 개발도상국들이 이 성명서를 지지하게 되었다. 이렇게 해서 '그린 G77'이 탄생했다. OPEC 국가들은 G77에서 소외당하지 않으려고 인도의 성명서를 지지하기로 결정했다(Mwandosya, 1999). EU와 G77의 이 같은 연합은 미국에게 압력을 가중시켰다. 그 무렵 백악관은 이 제의에 찬성할 의향이 있었지만, 상원이 목표치 설정에 반대한다는 것을 알고 있었다(6장 참조). 지구촌 전체의 압력, 그리고 미국 내 NGO와 연구 단체들이 이 제안을 지지하자, 이에 영향을 받은 클린턴-고어 정부는 '베를린 위임Berlin Mandate'이라고 지칭된 결정을 받아들이기로 했다. 이 제안은 선진국들이 구체적 시간의 틀을 위해 배출 관련 목표치를 채택할 것을 촉구했다. 이것은 중요한 성과였고, 그 목표치를 정하는 과정이 2년은 걸릴 것으로 예상했다. 국제적으로 이러한 성과가 있었지만, 각국의 국내에서는 기후 변화 문제를 다루는 정책이 채택될 경우 초래될 결과에 대한 두려움이 증가하고 있었다.

1996년에는 정책 결정 과정이 더욱 더뎌졌고, 2차 당사국 총회도 별 효과가 없었다. 한편 IPCC 2차 보고서는 조치를 취해야 할 정당성을 더욱 강화시켜 주었다. 2차 당사국 총회와 관련해서 특히 지적해야 할 점은 미국이 갑자기 입장을 바꿨다는 사실이다. 미국은 정책과 조치를 선호하던 기존의 입장을 갑자기 바꾸고, 그 대신 기후 변화에 대처하는 가장 비용효율적인 방법이라면서 목표치 설정을 지지하기 시작했다. 배출권 거래제emission trading에 대한 연구논문이 쏟아져 나왔고(140~145쪽 참조), EU 안에서는 이에 대한 논의가 서둘러 진행되었다. 미국 이외에 어떤 나라도 이 개념을 실천한 경험이 없었고, 미국도 그 경험은 유황 배출에 국한되어 있었다. 그럼에도 불구하고 1년 후 이 문제는 다른 모든 나라들의 의제에 올랐을 뿐만 아니라, 기후협약에 관한 교토의정서의 한 조항으로도 채택되었다(101~108쪽 참조).

3차 당사국 총회가 열리기 몇 달 전인 1997년 6월, 미국 상원의원인 버드와 하겔이 버드-하겔 결의안Byrd-Hagel Resolution을 제출했다. 이 결의안은 주요 선진국들이 협상에 깊이 참여할 때까지 구속력이 있는 양적 목표치를 받아들이지 말 것을 미국에 촉구하는 내용이었다. 그런 조치가 미국에게 막대한 비용 증가를 가져오기 때문이라는 것이었다. 이 결의안은 미국 상원에서 채택되었고(〈박스 5〉 참조), 그 내용 중에는 자발적인 약속에 동의하도

버드-하겔 결의안과 하겔 상원의원의 연설

1997년 6월 22일, 버드-하겔 결의안(상원결의안 98호)이 상원에 제출되었다. 이 결의안에는 다음과 같은 내용이 포함되어 있다.

개발도상국들에게 특혜를 주는 것은 기후 변화에 대한 지구 전체의 행동 필요성과 합치하지 않으며 환경적으로 적절치 않다.

상원은 현재 협상중인 제안이 부속서 I 당사국들과 개발도상국들 간의 대우에 차이를 두고, 또 요구되는 배출 감소 수준에도 차이를 인정하고 있기 때문에, 상당한 일자리 감소, 교역상의 불이익, 에너지 비용과 소비자 비용의 증가 등 미국 경제에 심각한 피해를 줄 수 있다고 믿는다.

따라서 다음과 같이 결의한다.

(1) 미국은 1997년 12월 또는 그 이후에 다음과 같은 내용이 담긴 1992년의 기후 변화에 관한 유엔 기본협약에 관련된 어떤 의정서나 기타 합의에 조인해서는 안 된다.

Ⓐ 부속서 I 당사국들에게 온실가스 배출을 제한하거나 줄이겠다는 새로운 약속을 강요하는 내용, 그 의정서나 합의가 같은 기간 동안에 개발도상국에도 같은 내용을 강요한다면 예외로 한다.

Ⓑ 미국 경제에 심각한 피해를 줄 수 있는 내용.

Ⓒ 어떤 의정서나 기타 합의에 대한 자문이나 동의를 상원

에 요구할 경우, 그 의정서나 합의를 실천하기 위해 필요한 법률이나 규정에 대한 세세한 설명과 그 의정서나 합의의 실천으로 인해 소요될 자세한 재정비용 및 그 실천이 미국 경제에 미칠 다른 영향에 대한 분석을 함께 제출해야 한다.

미국 상원은 이 결의안을 1997년 7월 90대 0으로 채택했다. 1997년 10월 하겔 상원의원은 하원에서 연설했는데, 그 요지는 다음과 같다. "많은 내 동료들과 본 의원은 현재 진행되고 있는 협상이 미국 경제의 발목을 잡아 일자리를 줄이고 경제 성장률을 낮추며, 우리 자녀들과 미래 세대들의 생활수준을 낮추는 등의 피해를 초래할까 두려워하고 있습니다. 이 조약은 온실가스를 현저하게 줄이지도 못하면서 이런 피해만을 가져올 것입니다. 왜냐하면 앞으로 세계에서 가장 많은 온실가스 배출국이 될 나라들, 즉 중국, 인도, 멕시코, 한국 등 130여 개국의 개발도상국들을 제외하고 있기 때문입니다." 하겔 상원의원은 또 이 조약이 불확실한 과학적 지식에 기초하고 있고, 미국 주권을 침해할 뿐 아니라 미국의 안보를 위협하기 때문에 결함이 있다고 주장하고 있다. 미군은 미국 내에서 화석연료의 중요한 사용자이기 때문에 미국 안보가 위협받는다는 것이다.

출처: 1997년 10월 3일자 미국 의회기록.

록 개발도상국들을 더 강하게 압박해야 한다는 내용이 포함되어 있었다.

이 결의안은 협약 내용에 따르면 개발도상국들이 행동을 취하는 데서 제외되어 있으며, 장차 온실가스의 최대 배출국들이 될 나라들에게 아무런 책임을 부과하지 않았다고 주장하고 있다. 그러나 이것은 사실과 다르다. 모든 나라들은 기후협약에 따라 행동을 하도록 되어 있다. 교토의정서만이 이 의정서를 비준하는 선진국들의 의무가 양적 목표치로 측정될 수 있게 되어 있다 (101~108쪽 참조). 의정서는 다음 회계연도에 개발도상국들의 목표치가 책정되지 않을 것임을 함축하고 있지 않다. 미 상원의 결의안은 개발도상국들에서 에너지를 보존하고 재생가능한 에너지를 개발하기 위해 취하고 있는 실질적인 조치들을 무시하고 있다 (186~190쪽 참조). 더욱이 중국과 인도가 미래에 총량 면에서 많은 가스를 배출하게 될지 몰라도, 미국의 1인당 가스 배출량은 이미 매우 높아져 있는 실정이다.

1997년 12월, 3차 당사국 총회가 교토에서 개최되었다. 유럽연합은 유럽연합 국가 환경장관위원회의 결정을 가지고 이 회의에 참석했는데, 이 결정은 유럽연합이 선진국들이 2010년까지 이산화탄소, 메탄, 산화질소의 배출을 1990년보다 15% 줄인다는 강한 구속력을 갖는 목표치를 설정하기 위해 협상하는 것을 허용한다는 것이었다. 미국은 현 상태 이상의 목표에 동의하지 않을 것이라는 뜻을 밝혔다. 회의 주최국인 일본은 협상에서 리더십을 발휘해야 할 필요성과, 이미 매우 에너지 효율적인 경제인 일본에게 그런 리더십이 받아들일 수 없는 비용과 어쩌면 새로운 핵발전소 건설과 같은 더욱 받아들일 수 없는 결정을 초래할지도 모른다는 두려움 사이에서 갈팡질팡했다. 미국 부통령 고어는 미국의 입장을 밀어붙이기 위해 교토에 왔다. 주로 선진국들간의 열띤 협상이 진행된 후에, 그리고 공식 회의기간이 끝나고도 한참 지나고 몇몇 나라 대표들은 자기 나라로 돌아가고 난후에야 기후 변화에 관한 유엔 기본협약에 관한 교토의정서Kyoto Protocol가 채택되었다.

3차 당사국 총회: 교토의정서

교토의정서는 모든 선진국들이 고려하도록 권장 받는 정책 및 조치들의 메뉴를 제시하고 있다. 이 의정서에는 에너지 효율 정책, 흡수원과 저장소의 보호, 지속가능한 산림 정책, 조림 및 재식림, 지속가능한 농업, 재생가능한 에너지의 연구와 사용, 탄소 격리, 환경적으로 건전한 기술, 시장 불완전성 및 그릇된 보조금의 점진적 제거, 관련 부문의 개선 독려, 교통 부문의 가스 배출 통제, 메탄가스 배출 통제 등이 포함되어 있다. 당사국들은 이런 분야에서 서로 협력해야 하고, 또한 당사국들이 항공 및 해운의 '벙커 연료'에 관련된 정책, 다시 말해서 해운회사와 항공사들이 운영하는 국제 교통에 사용되는 연료에 대한 정책도 개발해야 한다고 분명히 명시되어 있다.

의정서는 또 가장 중요한 항목, 즉 채택된 목표치에 대해서도 언급하고 있다. 협상 결과 선진국들이 공동으로 2008년부터 2012년까지 6개 온실가스의 순 배출량(발생원에서 배출되는 양에서 흡수원에 의해 제거되는 양을 뺀 양)을 1990년도 배출 수준을 기준으로 5.2% 줄이기로 합의했다(추가된 3개 온실가스의 기준연도는 각국이 원하는 바에 따라 1990년 또는 1995년으로 할 수 있었다). 6개 가스는 이산화탄소, 메탄, 산화질소 외에 새로 추가된 하이드로플루오로카본HFCs, 육불화황SF6, 과불화탄소PFCs 등이다. 의정서는 각 가스에 대한 개별적인 목표치를 설정하지 않고 이산화탄소로 환산된 모든 온실가스들의 종합적인 목표치를 설정하고 있다. 〈표 5〉에 각국이 줄여야 할 가스 배출량이 제시되어 있는데, 이것은 〈표 4〉에 제시된 가스 배출량과 관련되어 있다.

5.2%라는 숫자는 모두에게 의외였다. 많은 선진국들은 어떤 목표치도 설정되지 않을 것으로 예상했고, 많은 개발도상국들과 환경주의자들은 더욱 높은 목표치가 설정되기를 바라고 있었다. 어느 개발도상국 출신의 인사는 이렇게 간단히 말했다. "우리가 5.2% 줄이자는 데 합의한 이유를 아무도 모르고 있다."

〈표 5〉 교토의정서에 따른 선진국의 약속

	약속(배출량의 변화 %)*
유럽연합 국가, 불가리아, 체코, 에스토니아, 라트비아, 리히텐슈타인, 리투아니아, 모나코, 루마니아, 슬로바키아, 슬로베니아, 스위스	−8
미국	−7
캐나다, 일본, 폴란드, 헝가리	−6
크로아티아	−5
뉴질랜드, 우크라이나, 러시아	0
노르웨이	+1
오스트레일리아	+8
아이슬란드	+10

*회계연도 2008~2012 기간의 약속: 기준연도 1990년(새로 추가된 3개 가스의 경우는 1995년).

처음에 협상은 미국, 유럽연합, 일본이 조치를 취할 의향을 가지고 있느냐 하는 문제를 중심으로 진행되었다. 그러다가 노르웨이와 오스트레일리아, 아이슬란드가 가스 배출을 늘릴 수 있는 권리를 요구하자, 이 문제를 놓고 열띤 논의가 벌어졌다. 결국 이들 국가들에게는 제한된 범위 안에서 가스 배출을 늘릴 수 있도록 허용되었다. 양적 약속을 받아 내는 것이 아무런 약속을 받지 못하는 것보다는 낫다고 생각되었기 때문이다.

유럽연합은 −8%라는 공동 목표치를 갖고 있지만, 유럽연합 회원국들이 협정을 비준할 경우 각 회원국들의 목표치는 〈표

6)에서 보는 것처럼 세분될 것으로 보인다. 이 목표치들은 각국의 목표치를 정하는 트립틱triptych 방식에 기초한 최초의 제안을 기초로 하고(160~164쪽 참조), 그 후 이어진 내부 협상의 결과로 결정된 것이다. 따라서 핵발전에 크게 의존하기 때문에 온실가스 배출량이 낮은 프랑스는 2010년까지 현재의 배출량을 유지하는 것이 허용되었다. 포르투갈, 스페인, 그리스는 유럽연합 안에서 상대적으로 개발 수준이 낮은 것을 감안해서 배출량을 늘리는 것이 허용되었다.

'순배출net emissions' 이라는 개념은 각국이 3조의 양적 목표량을 달성할 때 1990년 이후의 조림, 재식림, 벌채, 그리고 그 밖의 합의된 토지 이용, 토지 이용의 변화 및 산림 활동을 계산에 넣도록 허용하고 있다. 이 목적을 위해서 각국은 1990년 이후의 탄소 재고 및 그 재고의 변화에 관한 데이터를 제출하도록 되어 있다.

경제가 급변하고 있는 국가들에 대해서는 기준연도와 이행에서 어느 정도의 유연성을 허용했고, 또한 새로 추가된 3개 가스에 대해서는 기준연도를 1995년으로 하도록 했다. 따라서 2005년까지 당사국들이 의정서의 목표를 달성하는 데 뚜렷한 성과를 보여주리라 기대했다.

제4조는 여러 나라가 목표치를 공동으로 책정할 수도 있다고 되어 있다. 이 조항은 유럽연합의 특수한 사정을 고려한 것이

<표 6> 의정서가 비준될 경우 유럽연합 회원국들의 예상되는 약속

	예상되는 약속(배출량 변화 %)*
벨기에	−7.5
덴마크	−21.0
독일	−21.0
그리스	+25.0
스페인	+15.0
프랑스	0.0
아일랜드	+13.0
이탈리아	−6.5
룩셈부르크	−28.0
네덜란드	−6.0
오스트리아	−13.0
포르투갈	+27.0
핀란드	0.0
스웨덴	4.0
영국	−12.5
유럽연합 전체	−8.0

* 1998년 6월의 위원회 결정을 기초로 함. 기준연도 1990년.

지만, 이것은 유럽연합에만 해당되는 것은 아니다. 의정서는 각
국이 '유연성 체제flexible mechanism'를 통해 그들의 목표치를
달성하는 것을 허용하고 있다. 그런 체제로는 공동이행, 배출권
거래제, 청정개발체제CDM(Clean Development Mechanism) 등이

있다. 공동이행은 어느 선진국이 동유럽이나 중부 유럽의 어느 나라에 투자하고 그 대가로 배출 실적을 챙기는 것이다. 즉 그런 후진국에 투자해 그 나라에서 배출이 감소할 경우 그 배출 감소가 투자한 나라의 몫으로 돌아가는 것이다. 배출권 거래제는 마지막 순간에 삽입된 것인데, 각국의 배출 목표치(의정서에서는 이것을 '할당량'이라고 부르고 있다)를 거래할 수 있도록 하는 것이다. 어떤 나라가 할당량보다 가스를 더 적게 배출할 경우, 그 나라는 나머지 할당량을 다른 나라에 팔 수 있다. 청정개발체제는 선진국이나 선진국의 회사가 개발도상국의 지속가능한 개발 프로젝트에 투자하고 그 대신 배출에 관련된 실적을 차지하는 것이다.

당사국들은 또한 배출량을 계산하는 국가적 시스템을 개발하고, 필요한 정보 이외의 추가 정보를 사무국에 제출하며, 또 그런 정보를 전문가들로 구성된 연구팀이 검토할 수 있도록 해야 한다.

개발도상국을 포함한 모든 나라는 비교방법론을 이용해서 통계의 질을 향상시키는 비용효율적인 프로그램과, 기후 변화를 완화시키고 그에 적응하는 국가적 프로그램을 개발하고, 또 그 프로그램들을 사무국에 보고해야만 했다.

각국은 기술 및 과학, 교육과 훈련 프로그램을 개발하는 데 서로 협력하리라고 예상된다. 그리고 선진국들은 개발도상국들이 의무를 이행함으로써 증가되는 비용을 감당할 수 있도록 추가로 재정을 지원할 것으로 기대된다.

　이행 과정을 용이하게 하기 위해서 협약 당사국 총회가 의정서 당사국 모임의 역할을 할 수 있도록 했고, 협약의 다른 기구들도 의정서의 이행을 도울 수 있게 했다. 의정서와 관련된 가장 중요한 사실은 최소한 55개국이 비준할 때까지 의정서의 발효가 지연된다는 사실이다. 이 55개국에는 1990년에 선진국이 배출한 이산화탄소 총량의 최소한 55%를 배출한 나라들이 포함되어야 한다(〈표 4〉 참조). 이것은 최소한 유럽연합(배출의 24.2%)과 러시아(17.4%), 일본(8.5%), 그리고 다른 작은 나라들 가운데 몇 나라가 비준하거나, 아니면 유럽연합과 러시아, 미국(36.1%)을 제외한 다른 모든 나라들과 일본이 비준해야 의정서가 발효된다는 것을 의미한다. 이 모든 문제에서 벨로루시와 리투아니아, 우크라이나의 역할이 어떤 것인지는 분명치 않다. 이들 나라들의 1990년도 가스 배출량은 비준 관련 조항의 기초 정보를 담고 있는 서류에 기록되어 있지 않기 때문이다.

　유럽연합의 일부 회원국들은 미국과 일본이 비준하지 않는 한 자기들도 교토의정서에 비준할 뜻이 없음을 분명히 했다. 일본은 다수의 내부 인사들에 따르면 교토에서 결정된 어려운 목표치를 지지하는 방향으로 입장을 정한 듯하다고 했다. 그 주요한 이유는 일본이 교토의정서를 합의한 회의를 주재한 나라였기 때문이다. 그러나 일본 역시 미국이 비준하지 않으면 비준하지 않겠다고 했다. 이러한 사실은 곧 선진국들은 주요 개발도상국들이 여기에 참여해서 그들이 이 문제 해결에 어떻게 기여할 것인가를 분명히 밝히지 않는 한 의정서를 비준할 뜻이 없다는 것을 뜻한다고 볼 수 있다. 이 사실로 개발도상국들은 화가 났다. 앞장서겠다는 선진국의 약속이 조건을 단 약속으로 변했기 때문이다. 즉 너희가 곧 따라오겠다고 약속해야 우리가 앞장을 선다는 것이 선진국의 입장이 된 것이다.

3개 유연성 체제에 관련된 구체적 규칙과 양식은 미래의 협상 과제로 남았다. 이들 체제가 과연 무엇을 성취할 수 있을 것인지, 그런 체제가 과연 적절한 것인지는 분명치 않았다.

교토 이후: 4, 5차 당사국 총회

국내에서 개발도상국들의 참여를 확보하라는 압력을 받고 있던 클린턴 대통령은 개발도상국들이 조치를 취하는 것에 기대를 걸기 시작했다. 그럼으로써 아르헨티나가 부에노스아이레스에서 열린 4차 당사국 총회의 의제에 개발도상국들의 자진 참여 문제를 상정하게 되었다. 그러나 G77이 이 안건을 전면 거부함으로써 폐기될 수밖에 없었다. 그럼에도 불구하고 아르헨티나는 비공식 논의에서 이 문제를 계속 논의하겠다고 약속했다. 2주째 협상

아르헨티나와 카자흐스탄

부에노스아이레스에서 열린 4차 기후협약 당사국 총회에서 아르헨티나는 자진해서 배출가스를 줄이는 노력에 참여하겠다고 선언했다. 이 약속은 가스 배출과 GDP 간의 관계를 기초로 한 역동적인 목표치로 나타났다. 목표치는 'E=I×P' 라는 식으로 표현되고 있는데, 여기서 E는 탄소 등량Carbon equivalents으로 측정된 가스 배출량이고, P는 아르헨티나 페소로 표시된 GDP이며, I는 151.5에 상당하는 지수가index value이다.

카자흐스탄은 1992년 6월 FCCC에 서명했고, 1995년에 이 협약을 비준했다. 사면이 육지로 둘러싸인 이 나라는 육지 면적이 세계에서 아홉 번째로 크며, 인구는 1990년 현재 1,670만 명이었다. 1990년에서 1994년 사이에 이 나라의 경제는 40%나 하락했다. 국가통신문(FCCC 사무국에 보내는 공식 보고서)은 기후 변화의 부정적 영향이 긍정적 영향보다 훨씬 더 강력할 것 같다고 평가하고 있다. 부분적으로 국가 경제의 하락 탓으로, 이 나라의 온실 가스 배출량은 1998년까지 1990년 수준의 45%로 감소되고, 2011년경에 1990년 수준으로 회복되며, 그 후로는 계속 증가할 것으로 예상되었다. 카자흐스탄은 에너지 효율을 높이고 발전 부문에서 가스와 재생가능한 자원의 몫을 증가시키며, 소비 부문에서 에너지 절약을 강화하고 폐열 발전을 증가시키는 정책을 채택할 것을 제안하고 있다. 1998년 8월 카자흐스탄 정부는 교토의정서에 비준했다. 1999년 4월 24일, 부에노스아이레스에서 카자흐스탄이 발표한 선언의 후속조치로서, 카자흐스탄 퍼머넌트 미션 Permanent Mission은 UNFCCC 사무국에 서신을 보내 카자흐스탄의 자격을 양적 약속이 없는 부속서 I 국가(선진국)로 바꿔 줄 것을 요청했다. 부속서 I은 부속서 B(교토의정서하에서 양적 약속을 갖는 선진국)가 아니므로, 이 요청은 기이한 요청이며 이 요청의 의미는 불명확하다.

이 끝나갈 무렵, 아르헨티나와 카자흐스탄은 두 나라가 어떤 경우에든 자발적으로 배출가스를 줄이는 노력에 참여할 의향이 있다고 선언했다(〈박스 6〉 참조).

다른 개발도상국들은 단결을 저해하는 이런 돌출행동을 못마땅하게 생각했지만, 대부분의 대표들은 아르헨티나가 매우 부유하다는 사실을 실감했다. 부에노스아이레스에서 열린 그 회의는 대부분의 대표들에게 이 나라가 보통의 개발도상국이 아니라는 사실을 충분히 입증해 주었다. 그리고 전에 소련 블록 국가였던 카자흐스탄은 G77의 회원국이 아니었다.

취할 필요가 있는 조치의 목록을 작성한 부에노스아이레스 행동계획을 제외하면, 이 회의는 성과가 별로 없었다. 본에서 열린 5차 당사국 총회에서도 별 진전이 없었다.

비준 없는 실천

겉보기에는 정체에 빠져 있는 듯했지만 밝은 측면도 있었다. 정치학자들은 비준은 단순한 요식행위에 불과하며, 국제사회는 '비준 없는 실천'을 밀고 나갈 수 있을 것이라고 주장했다. 미국의 클린턴-고어 행정부는 의회의 반대에도 불구하고 이런 추진을 지지하려고 했고, 또 정책을 개발하고 국내에서 조치를 취함으로써 시간을 벌려고 했다. 1997년 10월 27일, 클린턴 자신이 국립지리학회에서 한 연설에서 이렇게 말했다. "나는 우리가 조약이 타결되고 비준될 때까지 기다릴 수 없다는 점을 강조하고 싶습니다." 유럽연합 국가들은 2002년까지 의정서가 발효될 수 있도록 하기 위해 일본과 러시아, 그리고 몇몇 다른 나라들을 끌어들이려고 애쓰고 있었다.

한편, 기후변화협약에서 제시된 목표를 모든 당사국들이 아직 실천하고 있지 못했다. 볼린Bolin 교수의 추산에 따르면, 1990년에서 1995년 사이에 유럽연합은 배출을 1% 줄였을 뿐이었다. 이만큼 배출을 줄이는 데도 서독과 동독의 합병, 그리고 영국 석탄산업의 폐쇄가 한몫을 했다. 독일의 통일은 기준연도인 1990년에 독일 전체의 가스 배출량을 높여준 데다가, 그 후 동독에 있던 수많은 비효율적인 업체들이 폐쇄됨으로써 가스 배출량을 감소시키는 즉각적인 효과를 냈던 것이다. 그러나 뉴질랜드는 배출량이 16% 증가했고, 나머지 OECD 국가들도 배출량을 줄이지 못했다. 같은 시기에 경제상황이 급변한 국가들은 배출량이 5% 감소했다. 선진국 전체의 배출량은 1990년을 기준으로 할 때 3% 감소했다(Review of the Implementation of the Commitments and of other Provisions of the Convention, FCCC/CP/1998/11). 그러나 행복감이나 성취감을 만끽할 수 있는 상황은 아니었다. 동유럽과 중부 유럽 국가들은 그 무렵 심한 경제 침체에 빠져 있었고, 유럽연합도 다가오는 시기에 그 배출량이 다시 증가할 것으로 예상하고 있었다.

6~10차 당사국 총회: 화해할 수 없는 분열인가, 긴 여정상의 작은 장애물인가?

2000년 말쯤에는 비준 논의가 정지되어 버린 듯 보였다. 그때까지 의정서를 비준한 나라는 33개국이었고, 부속서 B에 열거된 선진국들 가운데는 루마니아 한 나라만이 비준했을 뿐이었다. 2000년 11월에 헤이그에서 열리기로 되어 있던 다음 회의를 앞둔 2000년 8월, 미국은 '관리되는 토지managed lands'는 의정서 3조 4항에 규정된 흡수원으로 보아야 한다는 제의를 내놓았다. 미국의 거의 모든 토지는 어떤 식으로든 '관리되고' 있고, 이 토지가 매년 3억 톤의 탄소를 흡수하고 있는 것으로 추정된다는 것이었다. 이 정의가 받아들여질 경우 미국은 교토의정서에 언급된 7% 배출 감소 목표를 훨씬 손쉽게 달성할 수 있었다. 하지만 그것은 유럽연합이나 개발도상국들이 받아들일 수 없는 제안이었다(Grubb and Yamin, 2001 : 271).

네덜란드 정부가 회의를 성공시키기 위해 시간과 자원을 투자할 것으로 예상되었지만, 헤이그의 6차 당사국 총회를 앞두고 긴장이 고조되었다. 야심적인 실천 계획이 수립되었고, 모든 다양한 유연성 체제에 관해 토론하는 규칙과 방법을 개발하도록 상당한 지원이 이루어졌다.

그러나 회의가 진행되면서 당사국들 사이에 입장 차이가 크다는 사실이 더욱 분명해졌다. 게다가 정리된 협상 원안(모든 국가의 모든 발언이 수록되고 각 발언의 어구 수정과 세부 내용까지 수록됨)은 150쪽이나 될 정도로 긴 데다가 매우 복잡했다. 회의가 폐막되기 전날 오후 7시, 회의 의장을 맡고 있던 네덜란드의 프롱크 장관이 스스로 마련한 협상안을 소개함으로써 논의에 활력을 불어넣으려고 했다. 그의 제안은 네 부분으로 이루어진 일련의 조치들이었다. 첫째 부분에는 능력 배양, 기술 이전, 재정에 관련된 조치들이 포함되어 있고, 둘째 부분은 재정적 메커니즘의 규칙과 양태에 관련된 내용이다. 셋째 부분은 토지 이용, 토지 이용의 변화, 숲과 관련된 사항이고, 넷째 부분은 정책과 조치, 협력,

측정, 보고 및 검토에 관련된 사항이다(〈박스 7〉 참조). 회의는 밤을 새우고 이튿날을 지나 토요일까지 연장되었지만, 이 문제들에 대해 합의하기에는 이미 때가 너무 지나 있었다. 2001년 중반에 다시 회의를 소집하기로 하고 6차 당사국 총회는 결국 끝이 났다.

헤이그 회의의 실패에 관해 많은 구구한 얘기가 나돌았다. 일부 전문가들은 타협안이 너무 늦게 나왔고, 또 그 타협안이 다른 나라들과 합의하거나 전에 타협된 안에 기초한 것이 아닌 데다, 또 그것이 조약 초안 형태로 제시되지도 않았기 때문에 회의가 실패했다고 주장했다. 그래서 협상자들이 서류상에 나타난 일련의 논점들에 어떻게 대처해야 할지 몰랐다는 것이다. 유럽은 내부의 다툼이 너무 심해 외부적으로 어떤 진전도 확보할 수 없었다. 회의의 의장이 자기의 생각을 먼저 선진국들에게 타진해 보지도 않고, 개발도상국들의 요구에 부응하려 했다고 느끼는 사람들도 있었다. 〈박스 7〉은 그 제안이 개발도상국들의 관심에 부응하려고 매우 노력하고 있음을 보여주고 있다. 영국이 회의 마지막 날 밤에 미국과 가진 임시회의에서는 프롱크 의장의 제안에 담긴 문제들은 아예 논의조차 되지 않은 듯하다(Ott, 2001 ; Grubb and Yamin, 2001).

한편 미국의 신임 대통령 조지 W. 부시는 자기는 미국의 경제를 위험에 빠뜨리는 합의는 좋아하지 않는다고 말했다. 부시

프롱크 의장의 제안

6차 당사국 총회 의장은 11월 23일 다음과 같은 제안을 내놓았다.

1. 능력 배양, 기술 이전, 4조 8항과 4조 9항, 3조 14항의 실천 및 제정

- 적응과 관련된 활동 자금을 지원하기 위해 적응기금을 설립한다. 청정개발체제CDM 프로젝트에서 나오는 인가된 배출 감소의 2%로 재원을 마련한다.
- 저개발 국가LDC와 소도서 개발도상국SIDC을 특별 지원하기 위한 협약기금을 설립한다.
- 기타 재정자산을 10억 달러로 증액한다. 그 시기는 빠를수록 좋고 늦어도 2005년까지는 증액을 완료한다(필요하다면, 공동이행과 배출권 거래제에 세금을 부과하여 재원을 마련할 수도 있다).
- 기후자원위원회를 설립하여 기존의 양자간, 다자간 자금 지원 및 감시와 평가에 관해 자문하도록 한다.
- 능력 배양, 기술 이전, 그리고 기후 변화의 악영향 등에 관한 다른 조항들.

2. 체제

이 부분은 CDM 실행위원회의 관리에 대해서, 그리고 그런 위

원회는 당사국 총회/당사국 모임의 감독을 받아야 할 필요가 있다는 것, 각 당사국은 어떤 프로젝트가 포함되어야 하는지 아닌지를 결정할 수 있다는 것, 투자자들은 핵시설을 CDM 프로젝트에서 제외해야 한다는 것, 그리고 선진국들은 그들의 가스 배출 축소 목표를 '주로 국내의 조치를 통해서' 달성해야 한다는 것을 얘기하고 있다. 또한 배출권 거래에 관련된 몇 가지 규칙에 대해서도 논하고 있다. 특히 '당사국들은 교토의정서가 당사국들에게 어떤 권리나 자격, 또는 배출에 관한 자격을 주는 것이 아니라는 것을 알고 있다.…… 당사국들은 그런 약속에 대한 고려가 공평한 기준, 공통의 그러나 서로 다른 책임 및 개별적인 능력에 기초해야 한다는 것을 알고 있다'고 말하고 있다. 저개발 국가에서 CDM을 촉진하기 위한 방안으로, 이 제안은 저개발 국가의 제도 구축, 적응세adaptation tax 면제 등을 들고 CDM 프로젝트가 공적개발원조 자금을 사용해서는 안 된다고 말하고 있다.

　3. 토지 이용, 토지 이용 변화, 숲

　이 제안은 '숲'이라는 말이 FAO의 관행에 따라 정의되어야 하고, 또 '조림', '벌채', '재식림'이란 말도 IPCC의 권고에 따라 정의되어야 한다고 말하고 있다. 또 3조 4항에 목초지 관리, 경작지 관리, 숲 관리, 황무지 식림이 포함될 수 있다고 말하고 있다. 이런 정의를 포함시킬 경우, 일부 국가들은 배출 축소 의무가 무의미해질 수 있으므로, 이 제안은 흡수원의 포함을 그 당사국의 기준연도 배출의 3%로 제한할 것을 제의하고 있다. 조림과 재식림도 CDM의 방안으로 포함되었다.

> 4. 정책과 조치, 협력, 보고, 검토
>
> 이 제안은 미래의 약속 기간에 협력하지 않거나 과다한 배출
> 을 줄이지 않는 나라에 대한 벌칙을 포함하고 있다. 또 협력하지
> 않는 당사국은 협력 계획을 제출하도록 요구하고 있다. 이런 벌
> 칙과 제재는 선진국들에만 적용되도록 되어 있다. 이 제안은 협
> 력위원회의 설립을 촉구하고 있다.
>
> 출처 : 6차 당사국 총회 의장노트, 2000년 11월 23일.

대통령은 심지어 교토의정서에 대한 미국의 서명을 지우는 것이
가능한지 알아보려고 노력하는 중이라고 말하기도 했다. 그런 언
행에 수반하는 정치적 메시지는 국제적인 기후협상 과정에 지극
히 나쁜 영향을 끼쳤다. 유럽연합, 독일, 네덜란드, 일본, 한국,
중국 정부가 이에 대해 항의했지만, 미국 정부가 과연 그런 항의
에 영향을 받을 것인지는 확실하지 않았다.

유럽연합과 엄브렐러 그룹Umbrella Group 국가들 간의 중간
회의가 오타와에서 개최되었지만 별 성과는 없었다. 오슬로에서
개최될 예정이었던 후속 회의는 취소되었다. 의정서에서 탈퇴하
고 싶다는 부시 대통령의 선언이 알려지자, 유럽의 지도자들이
미국을 방문했지만 별 소용이 없었다. 어느 정도의 추진력을 얻

기 위한 필사적인 노력으로, 프롱크 의장은 다음 협상 회의를 앞두고 세계의 다른 나라들로부터 지지를 얻어 내기 시작했다.

2001년 7월 본에서 당사국 총회가 재개되었을 때 회의의 전망은 어두워 보였다. 그런데 얼마 후, 외부 세계는 물론이고 협상자들 자신들에게도 놀라운 소식이 전해졌다. 타협안이 합의되었다는 소식이었다. 7월 23일 사무국은 기후 변화 특별기금, 저개발국을 위한 기금, 교토의정서 적응기금 등의 문제에 관한 광범한 합의가 이루어졌다는 발표문을 내놓았다. 이러한 기금들은 개발도상국들이 기술에 좀 더 쉽게 접근하고 그들의 약속을 이행하며, 기후 변화의 잠재적 결과에 적응하는 것을 돕기 위한 기금이었다. 발표문은 또한 복잡한 흡수원 문제는 다음과 같이 해결되었다고 언급했다. "이번 회의에서 황무지 개간, 숲과 경작지, 목초지 관리를 적합한 활동에 포함시키기로 합의했다. 각 국가별로 쿼터가 정해졌다. 그 결과 흡수원이 교토 목표치에 포함될 수 있는 배출 감소에서 차지하는 부분은 작을 것이다." 유연성 체제에 대한 규칙도 채택되었다. 청정개발체제의 경우, 에너지 효율, 재생 가능한 에너지, 그리고 숲 흡수원forest sinks 프로젝트가 유효한 것으로, 그리고 선진국 당사국들은 CDM에서 핵 시설 사용을 삼가야 한다는 것이 합의되었다. 합의 이행에 관해서는 촉진소위와 실행소위를 거느린 이행위원회를 설립하기로 하고, 어떤 나라가 목표치를 초과해서 1톤을 더 배출할 경우 그 나라는 2013년에 시작되는 의정서 2차 공약기간에 1.3톤을 추가로 감축해야 하는 것으로 결정했다. 이런 결정들은 미국의 지지 없이 이루어졌다. 그러나 이 회의는 이 정치적 타협 내용을 법안으로 바꿀 수 없었다. 이 작업은 다음 회의까지 연기되었다.

2001년에 마라케시 합의문Marrakesh Accords이 채택되었다. 이 합의문에는 유연성 체제 프로젝트의 자격 요건 및 이들 체제의 양태에 대한 세세한 조항과 용량 건설과 기술 이전에 관한 새로운 결정이 포함되어 있었다. 협력체제compliance mechanism에 대한 기획도 삽입되었다.

2001년 이후에 열린 세 차례의 당사국 총회에서 마라케시 합의문의 세부사항들이 결정되었고 어느 정도 진전도 있었다. 그러나 러시아가 교토의정서를 비준함으로써 의정서가 발효될 수 있는 마지막 장애물이 제거되었다. 그리고 유럽에서는 목표치를 달성할 수 있고 미래를 위해 새로운 목표치를 채택하고 조절할 수 있는 의지가 더 많아졌다.

2005년 이후: 산적한 주요 문제들

아주 간단하게 말한다면, 기후 변화 체제는 전례 없는 열정을 가지고 전 지구공동체(전세계 196개국 가운데 186개국)가 참가한 가운데 선진국들이 앞장서고 개발도상국들이 그 뒤를 따른다는 분명한 메시지를 가지고 출범했다고 할 수 있다. 1992년 협약은 내용이 다소 모호했음에도 불구하고 지구공동체의 절대 다수가 이를 비준했다.

1997년 교토의정서가 채택되고, 선진국들에 구속력을 갖는 양적 약속이 부과되었다. 당시 미국의 교토의정서 비준은 개발도상국들의 소위 의미 있는 참여에 달려 있는 것처럼 보였다. 유럽연합과 러시아, 일본은 미국이 비준하지 않는 한 의정서에 비준하려 하지 않았다. 아르헨티나와 카자흐스탄을 제외한 개발도상국들은 '의미 있는 참여'를 입증할 의향이 없었다. 왜냐하면 선진국들의 과제가 먼저 행동을 취하는 것이었기 때문이다. 예비 지표들은 몇몇 동유럽 국가들과 중부 유럽 국가들, 영국, 독일이 가까스로 온실가스 배출을 줄였을 뿐, 나머지 선진국들은 가스 배출을 안정시키지도 못했음을 보여 주었다. 더욱이 동유럽과 중부 유럽에서 나타난 배출 감소는 배출 증가 추세가 정지된 것을 뜻하는 것이 아니었다.

그러던 중 부시 대통령이 선거공약을 뒤집음으로써 미국 환경부 요원들마저 놀라게 했다. 그는 이전 정부의 정책 결정을 뒤엎고 의정서에 대한 미국의 서명을 말소하고자 했다. 비준이 문제가 되는 것을 아예 뿌리부터 없애버리려 한 것이다. 석유업계의 대통령 후원자들은 이러한 행보를 환영했지만, 재생 가능한 에너지와 여러 부문의 에너지 효율 향상 기술에 종사하는 미국 산업계의 상당 부분은 정부가 더 환경친화적인 접근을 보이기를 바랐다(227~236쪽 참조). 부시는 세계 각국의 분노를 달래려는 노력의 일환으로 그 후 의정서가 어떻게 다시 쓰여져야 하는가에 대한 자신의 제안을 내놓을 것이라고 말해 왔다. 많은 선진국들이 미국의 입장 뒤에 숨을 것이라는 예상과는 달리, 2001년 7월 23일 미국을 제외한 모든 당사국들간의 정치적 협상이 타결되었다. 미국은 스스로 고립된 듯 보였다.

그렇다면 이제 문제는 나머지 국가들이 법조문에 대한 정치적 협상을 계속하고 교토의정서를 비준할 용기가 있느냐의 여부였다. 이 책의 2판이 인쇄에 들어갈 무렵, 나머지 국가들이 교토의정서의 시행을 밀고 나갈 것임이 명백해졌다.

우리가 보아 온 것처럼, 맨 처음 정치적 협상 과정에서는 선진국들이 앞장을 서고 개발도상국들이 성장할 여지를 마련해 주며, 심지어 개발도상국들이 에너지 효율을 높이도록 돕기까지 하겠다는 분명한 약속이 있었다. 그러나 그 후 기후 변화가 개발도상국들의 성장을 방해하는 데 이용될 것이라는 우려가 점점 높아졌다.

선진국들이 조치를 취해야만 한다는 국가적 책임 의식을 갖고 교토의정서 체제에 참여했음에도 불구하고, 시간이 지나면서 각국은 이 문제에 대한 그들의 권한을 포기하고, 투자 환경을 조성함으로써 산업계에 추파를 던지고 있는 듯 보인다. 각국은 다양한 유연성 체제를 통해 실천 책임을 민간 부문에 전가하고 있다. 이것은 국가가 국내의 민간 부문에 대한 권한을 가지고 있고, 국제체제가 다국적기업들에 대해 권한을 가지고 있을 때만 효과를 낼 수 있다. 국가의 자원 및 다변적 관리 시스템을 민간 부문의 자원과 비교해 보면, 그런 통제가 기껏해야 제한적이라는 것을 알게 된다. 혹자는 회사가 공공의 영역을 인수하는 것에 대해서 이야기하기도 한다. 민간 부문이 그 이윤을 최대화하면서 공공의 이익에 봉사할 것이라고 믿는 것이 실질적인 결과를 가져올지도 모른다. 그러나 그것은 아마도 희망적 관측에 불과할 것이다.

4. 교토 체제와 이를 둘러싼 논란

그림자만 잡고 실체를 놓치지 않도록 조심하라.
—이솝

여러 나라가 그 협약에 서명하고, 단시일 내에 비준하고, 2년도 채 지나기 전에 이 협약이 발효되자, 기후변화협약은 꽤 견고한 합의를 의미하는 것처럼 보였다. 하지만 전체적인 합의 안에서 원칙과 목표치, 원조 체제에 관한 논란이 있었다. 이에 비해 교토 의정서는 정치적 영향을 강하게 받았다.

원칙에 대한 상반된 태도

법에서 '원칙'이란 단어는 매우 특별한 의미를 갖는다. 어떤 원칙을 채택한다는 것은 관련 조약에서뿐만 아니라 미래에 협상될 다른 조약들과 관련해서도 각국의 행동지침이 될 어떤 가치를 받아들인다는 의미를 함축하고 있다.

일반적으로 개발도상국들은 조약에 원칙이 채택되는 것을 선호한다. 그들이 현재 협상되고 있는 주제의 세부내용을 잘 알지 못할 때 특히 그렇다. 그리고 그들은 최소한 게임의 규칙들이 미리 협상되기를 원한다. 그들이 기후 변화를 일으키는 데 기여한 몫이 미미하다는 것을 확신하자, 개발도상국들은 각국이 질의무의 성격이 분명하게 정의된 원칙에 따라야 한다고 서둘러 요구했다. 그러나 선진국들은 원칙을 채택하는 것을 그리 달가워하지 않는 경향을 보인다. 원칙은 상황에 따라 재고될 수 있으며, 또한 법률적 구속력을 갖고 있기 때문이다. 그들은 의무의 성격을 사안별로 결정하는 것을 선호한다.

1992년 리우에서 유엔환경개발회의 협상과 나란히 열린 기후 변화 협상에서, 개발도상국들은 많은 원칙을 채택하고 싶어했다. 하지만 선진국들은 이에 반대했다. 그래서 꽤 많은 토론을 벌였다. 결국 협약 제3조에 열거된 각 원칙들에서 '원칙'이란 단어가 삭제되고, 그 제목에만 '원칙'이란 단어가 삽입되었다. 그 다음에 열린 회의에서, 미국 대표단은 제1조 제목에 각 조항의 제목들은 단지 읽는 사람들의 편의를 위해서 붙인 것이라는 주석을 삽입했다. 이것은 원칙은 지켜야 할 표준이 아니라 고려할 수도 있는 가치관에 불과하다는 것을 암시하려는 의도가 분명했다. 교토의정서에도 역시 '원칙'이란 단어를 회피한 흔적이 역력하다.

목표치: 흥정인가 공정한 거래인가

목표치가 국제적 정책 결정에 기여하는가, 아니면 그 과정을 방해하는가? 대부분의 개발도상국들이 법적 구속력을 갖는 목표치를 두려워하는 것은 분명하다. 그것은 비단 그 목표치가 경제 성장에 장애가 될지도 모른다는 생각 때문만이 아니라, 그들이 그런 목표를 달성할 능력이 있는지 확신이 서지 않기 때문이다. 그러나 미국과 다른 선진국들 역시 목표치를 설정하는 것을 달가워하지 않는다.

목표치를 지지하는 사람들은 효과적인 체제는 언제나 감시할 수 있는 목표치를 기초로 하고 있다고 주장한다. 목표치는 궁극적인 목표로 가는 길을 지시해 주며 기준을 확립하는 강한 힘을 갖고, 또 체제의 추진력에 관한 공통된 기대를 창출함으로써 행동을 지도한다고 그들은 주장한다. 목표치는 정치적 성공을 주장하는 데도 이용될 수 있고, 사실 뉴스의 대상이 될 수도 있다. 목표치는 또한 무임승차자 문제를 다루는 데도 유용하며, 따라서 공정한 게임 환경을 만들어 낸다. 목표치는 사회적 행위자들에게 신호를 보내고, 따르는 자에게는 보상, 따르지 않는 자에게는 징벌을 암시한다는 것이다.

한편 목표치를 반대하는 사람들은 그것이 체제의 유연성을 해칠 수도 있다고 믿고 있다. 빅터Victor와 솔트Salt가 1995년에 내놓은 다음과 같은 주장은 상당한 선견지명을 담고 있다. '목표치와 시간표가 지금 타협된다면, 협약이 이행될 수 있다는 사실, 협약을 효과적으로 만들 수 있다는 사실로부터 멀리 표류할 위험이 있다.' 그들은 각 국가의 목표치를 협상하다 보면, 체제의 초점이 감시와 측정에 주로 관심을 두는 숫자놀음으로 전락한다고 주장하고 있다. 온실가스 배출을 방지하기 위한 국내 차원의 효과적인 계획과 정책에 초점을 맞추는 것이 더 의미가 있다는 것이다. 또 다른 사람들은 목표치가 시스템을 통일적이고 지속가능하게 관리할 수 있는 적절한 지표가 아니라고 주장한다. 목표치가 항상 과학적으로 정당하거나 사회적으로 옹호될 수 있는 것이 아닐 수도 있으며, 그 고유의 경직성이 체제에 참가할 가능성이 있는 당사국들에게 겁을 주어 쫓아 버리는 결과를 가져올 수도 있다는 것이다.

목표치가 채택되어 온실가스 전체에 적용되는 포괄적 접근법이나, 목표치가 배출뿐 아니라 흡수원까지도 포함하는 순배출 접근법net approaches에 반대되는 가스별 접근법을 채택하자는 논의도 있었다. 가스별 접근법을 선호하는 사람들은 이 접근법의 주된 이점으로 목표치를 세밀하게 감시하고 측정할 수 있다는 점을 들고 있다. 포괄적 접근법을 선호하는 사람들은 줄이고 싶은 가스를 선택할 수 있기 때문에 각국에 더 융통성을 줄 수 있다고 주장한다. 지금까지 이 분야의 협상안은 포괄적 접근법에 초점을 맞추어 왔다.

어떤 사람들은 순목표치net targets가 훨씬 더 정확하고 한층 더 융통성이 있다고 주장한다. 각국이 그 나라의 실제 배출량에 근거해서 평가되기 때문이다. 흡수원을 포함시키는 접근법이 이론상으로는 더 정확하지만, 현재의 지식으로는 토양이나 숲, 대양이 실제로 가스를 얼마만큼 흡수하고 배출하는지 정확하게 측정할 수 없다는 데 문제가 있다. 그러나 이 방법을 지지하는 사람들은 측정상의 문제는 일시적인 것이며, 흡수원을 포함시키는 것이 장기적으로 볼 때 더 정확하고 또 더 많은 융통성을 제공한다고 주장한다.

위에 제시한 논의가 기후협약에 의해 설정되는 목표치가 모호할 수밖에 없는 이유를 설명해 준다. 그러나 목표치가 구속력이 없는 데다 당시에는 추가적인 목표치에 대한 지침이 없었으므로 할당량 이행은 고무적이지 못했다. 이런 이유로 유럽연합과 개발도상국들은 교토의정서에서 선진국들에 구속력 있는 목표치를 할당해야 한다고 주장하게 되었다.

이렇게 해서 교토에서 새로운 목표치가 채택되었다. 그러나 이 목표치에 대한 반응은 엇갈렸다. 한편에서는 2008~2012년에 선진국들이 온실가스 배출을 5.2% 줄이도록 한 목표치가 미흡하다고 보았다. 더욱이 시행 시기도 12년이 늦추어지는 것이라고 보았다. IPCC(Houghton et al., 1990: xviii)는 온실가스 집적이 1990년대 수준에서 안정되기 위해서는 이산화탄소, 메탄, 산화질소의 배출이 각각 60%, 15~20%, 70~80% 감소되어야 한다고 말한 바 있었다. '연구된 어떤 집적 수준(350~750ppmv)에서 안정되기 위해서는 배출이 1990년대 수준보다 훨씬 아래로 감소되어야 한다'(Houghton et al., 1995: iii). 기후 체계에 조성된 관성 때문에 배출이 줄어들지 않으면 집적도는 높아진다는 것이다. 따라서 실질적인 조치를 빨리 취하지 않는다면 기후 체계가 불안정해질 가능성이 높다. 교토에서 채택된 목표치는 성취해야 할 것에 비해 매우 미흡한 목표이며, 그 후 2001년 7월 본에서 합의된 목표치보다 약간 더 높은 목표치이다.

이 집단적 목표치가 각각의 선진국들에게 배분되었다. 유럽연합은 −8%라는 목표치를 받았다. 그러나 일부 유럽연합 국가들이 배출을 늘릴 권리를 받자 다른 선진국들도 그런 권리를 요구했다. 즉 아이슬란드는 +10%, 오스트레일리아는 +8%의 목표치를 주장했다. 개발도상국들과 환경단체들은 당혹스러워 했다. 오스트레일리아, 아이슬란드, 노르웨이, 그리스, 스페인, 포르투갈이 온실가스 배출을 늘리도록 허용된다는 것이 결코 정당화될 수 없는 일이었기 때문이다.

목표치와 관련된 또 다른 문제는 각국에 배정된 목표치의 기준이 모호하다는 것이다. 〈그림 1〉에서 볼 수 있는 것처럼, 목표치는 그 나라의 경제적 지위와 별로 관계가 없다. 경제가 과도기에

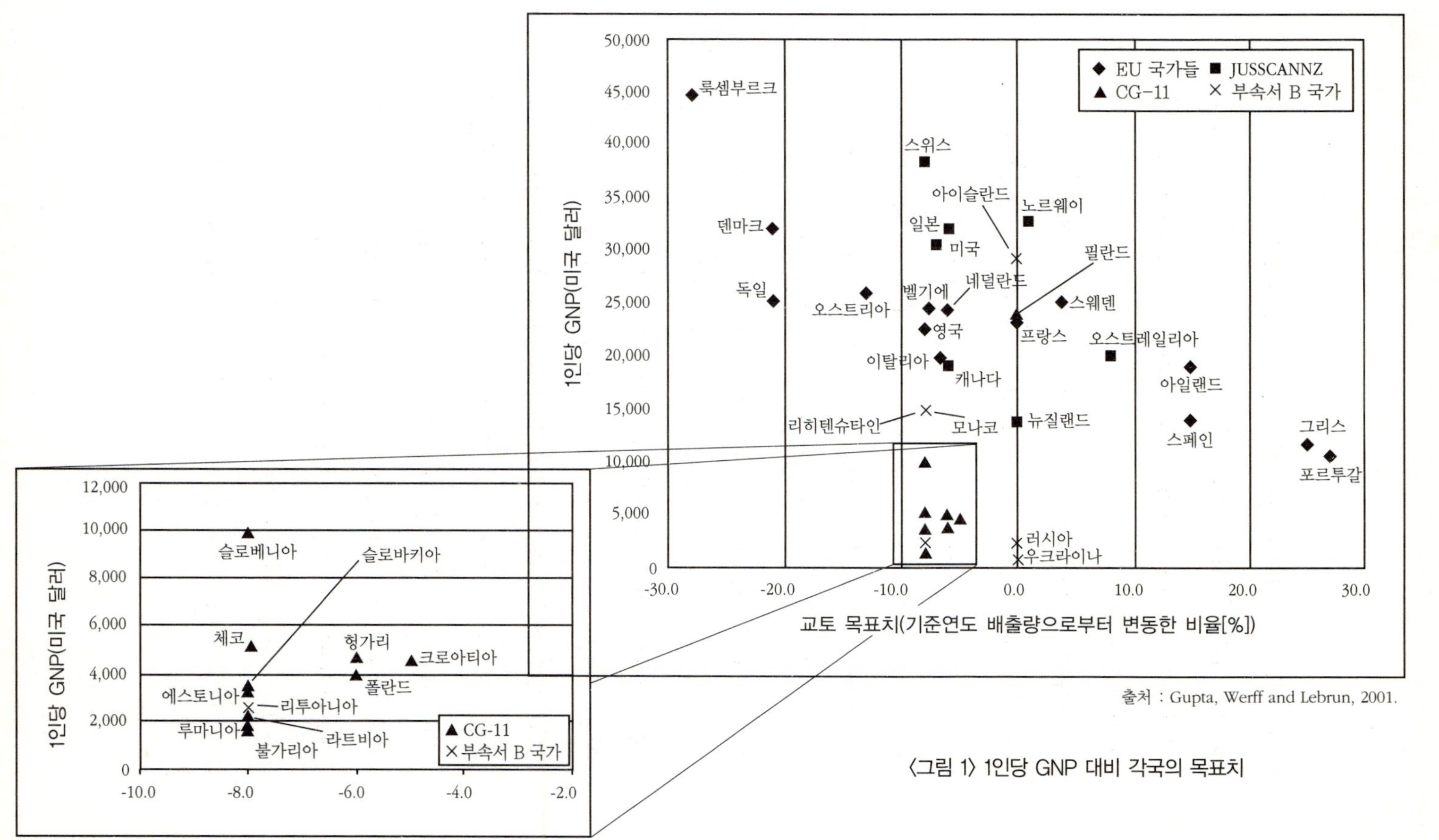

〈그림 1〉 1인당 GNP 대비 각국의 목표치

있는 나라들은 비교적 경제 성장 수준이 낮은데도 안정 또는 마이너스 목표치를 받아들였다. 하지만 오스트레일리아, 노르웨이, 아이슬란드는 비교적 경제적으로 부유한 나라인데도 플러스 목표치를 요구했다.

나라별 목표치나 할당량이 국가간의 은밀한 흥정을 기초로 이루어진 듯 보이는 데다가, 합의서에는 빠져나갈 구멍들이 아주 많다. 기후협약에서와 마찬가지로 교토의정서에서도 벙커 연료(국제 해운 및 항공 교통에 사용되는 연료)는 제외되어 있다. 게다가 이 체제에 새로 포함된 3개의 가스는 1990년 이전에는 별로 문제가 되지 않던 가스였기 때문에 이 가스들에 대한 기준연도를 어떻게 잡느냐가 집단적, 개별적 목표치의 실질적 의미에 영향을 미친다. 파하나 야민Farhana Yamin이 말한 것처럼 '기준연도를 새로 정함으로써 교토 서명국들은 같은 노력에 대해 더 많은 숫자를 매기는 정치적 수완을 발휘했다'(Yamin, 1998). 또 과학적으로 잘 이해되지 않는 흡수원을 국가적 노력에 포함시킴으로써 온실가스 배출을 감소시키는 데 필요한 실질적인 노력을 감소시켰다. 유연성 체제를 이용해서 선진국이 다른 나라에서 가스 배출을 줄일 수 있게 함으로써 그들 자신의 나라에서 가스 배출을 제한하기 위한 선진국의 노력은 더욱 감소된다. 이 문제는 '뜨거운 공기' 문제로 더욱 복잡해졌다(〈박스 8〉 참조).

1998년 1월, 미국 정부는 3개 가스 추가, 흡수원 포함, 유연성 체제 등으로 인해 −7%라는 목표치는 3개 주요 가스(이산화탄소, 메탄, 산화질소)에 관한 한 실제로는 훨씬 더 낮아진다고 말함으로써 자국민들을 달래려 했다. 이런 빠져나갈 구멍들은 목표치가 미흡한 것임을 암시한다고 할 수 있다. 몇몇 작은 도서국가들을 대표하는 T. 네로니 슬레이드 대사는 크게 실망한 나머지 이렇게 결론지었다. '배출 감축이 실제로 실현될 것이라는 것을 어떻게 확신할 수 있겠는가? 선진국들은 서류상으로만 실적을 부풀리면서 실제로는 유해가스를 대기중으로 계속 배출하지 않을까?'

유연성 체제: 탄소 거래제 및 기타

기후 변화 체계에서는 '유연성 체제flexible mechanism' 란 말이 많이 오고간다. 이것은 정책 실천의 유연성을 높여 주는 체제이다. 역사적으로 볼 때, 최초의 유연성 체제는 유럽연합 '버블bubble' 이다. 이 조항은 유럽연합 국가들에게 공동 배출 목표치를 가질 수 있도록 허용하고 있다(협약 4조 2a 및 b항). 이 조항은 그 자체가 논란의 대상이었다. 일부 유럽연합 국가들이 다른 국가들은 배출을 줄이고 있는 동안 이 조항을 이용해서 온실가스 배출을 늘릴 권리를 갖게 되리라는 것이 곧 분명해졌기 때문이다.

이 체제하의 세 가지 유연성 체제는 공동이행과 청정개발체제, 그리고 배출권 거래제이다. 이 세 가지 체제는 모두 각국이 외국의 배출 감소 크레디트〔CDM을 통해 획득한 이산화탄소 저감 크레디트(CER) 또는 공동이행을 통해 획득한 이산화탄소 저감 크레디트(ERU)〕를 이용하여 자국의 할당량을 채울 수 있도록 허용하고 있다. 2년 동안 할당량의 몇 %를 국내에서 채워야 하는가에 대한 토의가 있었다. 개발도상국들과 유럽연합, 환경단체들은 국내에서 채워야 하는 비율(%)을 높게 유지하려고 노력했지만, 업계와 나머지 선진국들은 유연성 체제의 이용을 제한할 이유가 없다는 견해를 보였다. 이 체제 보완 문제는 6차 당사국 총회에서 비율(%)을 '상당한'이라는 단어로 대치함으로써 일단락되었다. '이 체제의 이용은 국내 조치의 보완적인 것이 되어야 하며, 따라서 국내 조치가 각 당사국의 노력의 상당한 부분을 차지해야 한다.……'

공동이행

한편 각국은 국제적으로 배출을 줄이는 값싼 방법, 적어도 국내에서 배출을 줄이는 것보다 더 값싼 방법이 있을지도 모른다는 사실을 깨닫기 시작했다. 이런 깨달음이 '공동이행'이라는 개념을 개발하기에 이르렀다. 선진국의 협상자들은 공동이행이 어떤 업체나 선진국이 스스로 선택하는 세계의 어느 곳에서든 배출을 줄이도록 허용하는 체제라고 주장했다. 이 방법을 이용하면 비용을 덜 들이고 온실가스 배출을 줄일 수 있다는 것이었다. 경제학자들은 각국이 가장 적은 비용을 들이면서 배출을 줄일 수 있는 기회를 찾을 수 있게끔 하는 이 제안을 훌륭하다고 평가했다. 어디서 배출이 일어나느냐는 과학적으로 문제가 되지 않기 때문에 이 방법은 자원과 기술을 남측 국가들에 이전하는 훌륭한 기회인 것처럼 보였다. 이 고상한 아이디어를 선진국 정부들은 재빨리 받아들였다. 온실가스 배출 감축에 드는 늘어나는 비용 문제를 해결할 수 있는, 정치적으로 받아들일 수 있고 환경적으로 방어할 수 있는 중요한 해결책으로 보았기 때문이다.

그러나 협약은 유럽연합의 공동 목표와 공동이행의 목표 간의 구분을 명확히 하지 않았다. 4조 2a항에 따르면, 각국은 정책을 다른 나라들과 '공동으로' 이행할 수 있다. 그러나 4조 2d항은 그런 공동이행의 기준은 나중에 마련될 것이라고 말하고 있다. 즉 그 조건은 정의되지도 설명되지도 않은 것이다.

개발도상국 협상자들 대부분은 이 체제를 달가워하지 않았다. 그들은 단기적인 이점은 인정했지만, 이 체제가 본질적으로 신식민주주의적인 데가 있다고 우려했다. 이 체제가 선진국들로 하여금 온실가스를 다량 배출하는 그들의 사치스러운 생활양식을 계속 유지하도록 허용하지 않을까 걱정했던 것이다. 또 선진국들이 이 제도를 이용해서 국내적인 책임을 회피하고 대안적 생

산 및 소비 패턴 같은 새로운 기술적, 사회적 해결책을 개발할 필
요성을 느끼지 않게 되며, 그럼으로써 자원을 남으로 이전해야
한다는 조항을 회피하는 방편이 되지 않을까도 우려했다. 그들은
비용 효율성을 내세우는 주장이 개발도상국에서의 가스 배출을
줄이기 위한 자원의 이용을 통해 정책과 우선순위를 왜곡할 뿐
아니라, 실제 비용을 지나치게 낮게 책정하고 그 이점을 과장하
는 데 기초를 두고 있다고 느꼈다. 또한 머지 않아 선진국들이 개
발도상국들의 가스 배출을 억제하고, 그럼으로써 경제 성장을 방
해하고 개발도상국들의 발전을 저해하게 될 것이라는 우려도 제
기되었다. 환경 NGO들도 이 체제에 대해 의구심을 나타내고 있
다. 이 체제가 서구의 생활양식을 개발도상국에 이전하게 될 것
이며, 그렇게 되면 실제로는 모든 지역에서 가스 배출이 늘어나
게 된다는 것이다. 즉 선진국에서는 남에 대한 투자를 통해 그들
의 배출 감축을 대신하기 때문에 가스 배출이 늘어나고, 남에서
는 양적인 배출 감축 목표치가 없기 때문에 가스 배출이 늘어나
게 된다는 것이다. 개발도상국들의 가스 배출을 측정하기는 어려
울 것이고, 따라서 공동이행은 선진국들의 서류상으로만 가스 배
출이 감소되는 결과를 초래할 것이라는 것이 그들의 주장이다
(Maya and Gupta, 1996 ; Gupta, 1997 참조).

그럼에도 불구하고 증가하는 북측의 압력과 이 체제를 받아
들이려는 중부 유럽과 동유럽 국가들, 그리고 일부 중앙아메리카

국가들의 의지에 떠밀린 개발도상국들은 1995년 선후진국간 공동이행 시범사업('합동으로 실천되는 활동'이라 부름)에 동의했다. 이 시험 기간 동안에는 탄소 크레디트carbon credit는 실제로 부여하지 않았고 각국은 자발적으로 참여하게 되어 있었다. 미국은 크레디트를 주어야 업계와 기업체들이 투자 동기를 갖게 된다는 이유로 크레디트가 부여되도록 하려고 열심히 노력했지만 미국의 주장은 채택되지 않았다. 공동이행이 본격적으로 실시되기 전에 시험 실시 결과가 검토될 것이라고 모두들 알고 있었다. 그럼에도 불구하고 많은 개발도상국 정부의 마음 속에는 상당한 의혹이 남아 있었다. 브라질 정부는 이런 성명을 발표했다. "그들이 의무를 엄격히 이행하는 것의 대안으로 선진국들은 협약에 규정된 '공동이행'의 개념을 재해석하려고 획책해 왔다.…… 선진국들이 주창하는 이 재해석은 '크레디트제'의 확립을 기도하고 있는데,…… 이 크레디트제를 통해 선진국들은 다른 나라에서 수행되는 프로젝트에 자금을 지원함으로써 의무를 대신하려 하고 있다.…… 그들이 그들의 자유 의사에 의해 책정한 목표치, 그들 자신의 영토에서 성취해야 할 온실가스 배출 감축 목표치의 이행을 회피하고 있는 것이다'(Brazilian position on Activities Implemented Jointly〔1996~97〕, Gupta, 1997: 119-120 인용).

교토의정서가 협상될 무렵, 약 74건의 이러한 프로젝트가 진행되고 있었는데, 그중 28건만이 개발도상국에서 진행되고 있는 프로젝트였다. 이 28건 가운데 18건은 중앙아메리카에서 진행되는 프로젝트였다. 이 프로젝트들이 지리적으로 편중되어 있는 것을 보고 인도의 한 장관은 본격적인 공동이행이 시작되기 전에 이들 프로젝트가 더 적절하게 배분되고 각 프로젝트에 대한 세밀한 평가가 있어야 한다고 주장했다(Venugopalachari, 1997). 한편 46건의 프로젝트를 가지고 있던 동유럽과 중부 유럽의 13개 국가들은 시범사업에서 얻은 그들의 경험을 그들의 경제 발전에 도움이 될 사업 제의로 전환하려는 생각을 가지고 있었다. 공동이행 체제에 대한 동유럽 및 중부 유럽의 지지와 개발도상국들의 반대가 결국 교토의정서에서 공동이행을 선진국들간의 협력 수단으로만 채택하는 결과를 낳았다. 2001년 3월 현재, 176건의 프로젝트가 '합동으로 실천되는 활동'으로 진행되고 있다. 이 중 43건은 라틴 아메리카와 카리브 해 연안 지역에서, 24건은 아시아에서, 14건은 아프리카에서, 그리고 나머지는 중부 유럽과 동유럽에서 진행되고 있다. 이 프로젝트들은 대부분 에너지 효율, 재생가능한 에너지, 그리고 조림과 관련된 프로젝트들이다.

재개된 6차 당사국 총회에서 프로젝트가 지속가능한 발전에 기여하느냐 여부를 주최국이 판단하며, 핵시설에서 나오는 배출 감축 크레디트는 투자국가들이 사용할 수 없고, 발생된 배출 감축 크레디트를 결정하기 위한 감독위원회를 만들 것 등이 결정되었다.

청정개발체제

한편 이때 브라질 정부는 청정개발기금이라는 개념을 주창하고 있었다. 이 기금의 재원은 의무를 이행하지 못한 국가들에 부과되는 벌금으로 조달하도록 되어 있었다. 이 기금의 목적은 청정기술을 남측에 이전하는 데 필요한 재원을 마련하는 데 있었다. 그러나 선진국들은 벌금이라는 제도를 달가워하지 않았고, 또 2012년까지는 구속력이 있는 양적 의무도 실제로 존재하지 않았다. 이것은 곧 다음 10년 동안 이 기금의 재원이 조달될 수 없다는 것을 뜻했다. 결국 협상 과정에서 청정개발기금은 청정개발체제CDM로 변질되었고, 이것은 본질적으로 이름만 다른 공동이행이었다. 교토의정서 12조 2항은 이렇게 되어 있다. '청정개발체제의 목적은 부속서 I에 포함되지 않은 당사국들이 지속가능한 발전을 성취하고 협약의 궁극적 목적에 기여하도록 돕고, 또 부속서 I에 포함된 당사국들이 3조에 따라 양적으로 표시된 그들의 배출 제한 및 감축 의무를 이행하도록 돕는 데 있다.' 그리고 12조 3항은 이렇게 되어 있다. '청정개발체제에 따라, (a) 부속서 I에 포함되지 않은 당사국들은 결국 배출 감축이 인정되는 프로젝트 활동으로 혜택을 받을 것이고, (b) 부속서 I에 포함된 당사국들은 그런 프로젝트 활동에서 유발된 인증된 배출 감축량을 이 의정서 당사국 모임의 역할을 하는 당사국 총회에서 결정한 대로, 3조에 의해 양적으로 표시된 그들의 배출 제한 및 감축 의무의 일부를 이행하는 데 이용할 수 있다. 그리고 이 당사국들은 청정개발체제 실행이사회의 감독을 받아야 한다.' CDM은 자발적인 도구이며, 그 크레디트는 2000년부터 등록(수집 및 저축)될 수 있다. 그러나 아직도 이 체제에 반대하고 있는 소도서 국가들의 지지를 얻어 내기 위해서 '재원의 일부'를 다른 개발도상국들의 관련 행정비용 및 적응 프로젝트 비용을 지원하는 재원으로 유보해 두기로 결정했다. 많은 개발도상국들은 이 메커니즘을 마지못해 수용했을 뿐이다. 그들은 이 체제가 어느 정도 기술 이전을 용이하게 하는 측면이 있긴 하지만, 시험적으로 실시한 '합동으로 실천된 활동'에서 드러난 결점들이 보완되지 않았다고 느꼈다. 더욱이 적응세adaptation tax는 사실상 남북협력세가 될 것이라는 점을 나중에 인식하였다. 즉 북이 남과 협력할 때에만 적응을 위한 기금이 발생될 것이라는 사실을 알게 된 것이다. 이것이 개발도상국들을 짜증나게 하는 가장 중요한 원인이었다.

또 다른 걱정거리는 책임 문제이다. CDM 프로젝트의 한 당사국이 그 계약 조건을 이행하지 못한다면 어떻게 될까? 어느 개발도상국에서 진행되는 CDM 프로젝트가 그 개발도상국 측 파트너의 결함 때문에 실패한다고 가정해 보자. 그럴 경우 그 외국인 투자자에게 누가 보상해 줄 것인가? 개발도상국 정부가 그 책임을 져야 하는가? 브라질의 바르가스 장관은 1996년 이 같은 우려를 제기했다. "협약에 규정된 대로 개발도상국과 재정적, 기술적 협력을 하루 빨리 증진해야 한다. 그러나 그 협력이 부속서 I 국가들의 협약 이행 의무를 궁극적으로 개발도상국에 이전하는 것이 되어서는 안 된다.” 많은 선진국들은 CDM의 수용을 긍정적으로 보았다. 당시 미국의 국무차관보 스튜어트 아이젠스타트(Stuart Eizenstat, 1998)는 연설에서 이렇게 말했다. “교토의정서는 개발도상국들의 참여에 관한 우리의 요구 조건을 충족시키지 못하고 있다. 그럼에도 불구하고 상당액의 계약금이 소위 ‘청정개발체제’를 확립하기 위한 준비의 형태로 지불되었다. 이런 조치는 브라질이 제안하고 미국이 찬성한 것이다. ‘청정개발체제’는 미국이 찬성하는 ‘점수가 수반된 공동이행’ 개념을 수용하고 있다.” 한편 CDM이라는 약어는 조롱의 대상이 되어 왔다. ‘혼돈된 개발 체제Confused Development Mechanism’, ‘탄소 버리기 체제Carbon Dumping Mechanism’, ‘깨끗하지 못한(비청정) 개발 체제UN-Clean Development Mechanism’, ‘완전한 파괴 체제Complete Destruction Mechanism’ 등으로 불리기도 했는데, 이것은 이 체제의 오용 가능성을 빗댄 조롱이다.

환경 NGO들은 CDM의 이용을 재생가능한 에너지와 에너지 효율 제고 프로젝트로만 제한하려고 했지만(〈박스 16〉 참조), 업계와 많은 나라들의 정부는 그러한 제한에 반대했다. CDM이 많은 선진국, 개발도상국, 그리고 기업체에서 청정한 석탄, 가스를 기초로 한 기술, 그리고 핵기술을 개발하는 데 이용될 수 있다고 그들은 주장했다. 그러나 2001년 7월 재개된 6차 당사국 총회에서는 주최국이 어떤 프로젝트가 지속가능한지 여부를 결정해야 하며, 선진국들은 '핵시설에서 발생한 인증된 배출 감축량을 3조 1항에 의거해 그들의 의무량을 채우는 데 이용하는 것을 삼가야 하며,' 또 선진국들이 기존의 공적개발원조 재원을 CDM 목적에 전용해서는 안 된다는 것이 결정되었다. 그리고 CDM 프로젝트로 성취된 인증된 배출 감축량의 2%는 적응 기금을 위해 보류해 두어야 한다. 또한 CDM을 감독하는 실행이사회는 10명으로 구성하되, 5개 유엔 구역에서 각각 1명씩, 부속서 I 국가에서 2명, 부속서 I 국가가 아닌 국가에서 2명, 소도서 개발도상국에서 1명을 내도록 했다. 소규모 재생가능한 에너지 및 에너지 효율 제고 프로젝트의 크레디트를 계산하는 단순화된 절차는 실행이사회가 정하도록 결정했다. 그러나 흡수원의 사용에 관해서는 논란이 계속되고 있다. CDM 체제에서는 1차 공약기간에는 조림 및 재조림 프로젝트만이 자격 요건을 갖추고 있지만, 2002년까지 정의가 마련되어야 하고, 비영구성, 추가, 누출, 규모, 불확실성, 그리고 생물 다양성에 미치는 영향 등 사회경제적, 환경적 영향을 다룰 방법도 고안되어야 한다.

배출권 거래제

이런 협상이 진행되는 과정에서 또 다른 중요한 사태가 발생했다. 1990년대 초부터 지구가 허용할 수 있는 배출 수준을 계산한 다음, 배출량을 각국에 배정하되 그 할당량을 서로 교역할 수 있게 하자는 의견이 제시되었다. 이런 생각은 배출 허용량이 일정한 원칙을 기초로 각국에 할당된다는 것을 전제로 하고 있다. 이런 시스템에서는 할당된 배출 허용량을 다 쓰지 못하는 나라들이 배출 허용량을 초과해서 가스를 배출하는 나라에 남은 허용량을 팔 수 있다는 것이다. 만약 배출 허용량이 인구비례로 설정된다면 인구가 많은 국가들이 더 많은 허용량을 배정 받게 되고, 기존의 배출 수준을 기준으로 삼는다면(그랜드파더링grandfathering이라고 부른다) 현재 더 많은 오염원을 내뿜고 있는 국가들이 더 많은 허용량을 배정 받게 된다. 셸링(Schelling, 1997)은 "1조 달러 이상의 가치를 갖는 영구적 권리를 배정 받는 자리에서 각국의 대표들이 차분하게 앉아 있는 광경을 상상할 수 없다"고 말한 바 있다.

개발도상국들은 인구를 기준으로 허용량을 배정해야 한다고 줄곧 주장해 온 반면, 선진국들은 인구를 기준으로 한 배정은 받아들일 수 없다고 논의를 피했다. 그러나 교토에서 마지막 순간에 배출권 거래제에 관한 조항을 포함시키기로 합의했다. 17조는 이렇게 되어 있다. '이 의정서 당사국 모임의 역할을 하는 (협약) 당사국 총회는 그 첫 회의에서 이 의정서의 조항을 지키지 않는 경우를 결정하고 대처하는 적절하고 효과적인 절차와 메커니즘을 승인할 것이며, 이런 절차와 메커니즘은 불이행이 가져올 결과도 제시하고 불이행의 원인, 형태, 정도, 빈도 등도 고려하게 될 것이다. 구속력을 갖는 결과를 수반하는, 이 조항에 따른 절차와 메커니즘은 이 의정서를 수정하는 수단에 의해서 채택될 수 있다.'

교토의정서에서 배출권 거래를 할 수 있는 권리는 양적인 배출 할당량을 수락한 국가들에게만 부여된다. 배출 목표량은 선진국들 사이의 협상을 기초로 할당되었고, 할당된 배출량을 다 사용하지 못하는 국가는 할당량보다 더 많이 사용하는 국가에게 그 남은 할당량을 팔 수 있는 권리를 갖는다. 개발도상국들은 협상이 진행될 당시에는 갑자기 등장한 배출권 거래제라는 개념을 파악하지 못하고 있다가 시간이 꽤 흐른 다음에야 이것이 내포하고 있는 의미를 인식하게 되었다. 중요한 것은 양적 의무량을 갖지 못한 나라는 교역에 참가할 수 없다는 점이다. 개발도상국들은 배출량이 매우 낮으므로 분명히 배출량을 더 늘릴 수 있다. 이와는 대조적으로 오스트레일리아는 배출 할당량을 다 사용하지 않을 경우 남은 할당량을 다른 나라에 팔 수 있다. 개발도상국들에게 이것은 매우 불공평한 일이었다. 우크라이나와 러시아 같은 국가들이 그들에게 할당된 배출량을 2008~2012년까지는 사용할 가능성이 낮은 것을 감안할 때 개발도상국들이 갖는 불공평하다는 느낌은 더욱 컸다. 만약 미국이 이들 두 나라로부터 사용되지 않은 쿼터를 사들인다면, 미국은 국내에서 배출을 줄일 필요가 없을 것이다. 이런 점이 이 시스템의 '맹점'으로 지적되고 있다(〈박스 8〉 참조). 러시아와 우크라이나는 그들에게 할당된 배출량 가운데 쓰지 않은 부분을 팔아서 돈을 만들 수 있는데 다른 개발도상국들은 그럴 수가 없다. 개발도상국들이 재정적 혜택을 얻으려면 청정개발체제를 이용하는 수밖에 없었다. 또 이 시스템은 가장 큰 오염자가 오염 비용을 가장 많이 부담하기는커녕 가장 많은 배출량을 할당 받고, 온실가스를 줄이는 효율적인 기술을 개발할 경우 그 할당량의 일부를 현금화할 수도 있다는 의미를 함축하고 있었다. 그렇다면 오염자가 오히려 돈을 받게 되는 것이다. 재개된 6차 당사국 총회에서, '교토의정서는 부속서 I에 포함된 당사국들의 배출에 관한 어떤 권리나 자격, 권한도 만들어내거나 부여하지 않았음을 인정하기로' 결정했다.

그러나 공동이행(북측 국가들 사이의 협력)과 청정개발체제(남-북 협력)와 관련된 심각한 문제가 제기되고 있다. 청정개발체제의 공동이행, 그리고 아마도 배출권 거래제보다 비용이 더 들게 된 것이다. 인가된 배출 감축량의 2%를 적응 및 행정 비용으로 따로 유보해 두어야 한다는 규정 때문이다. 더욱이 '지속가능한 개발'이라는 용어를 엄격하게 해석할 경우 이 역시 CDM 프로젝트의 비용을 증가시키는 결과를 가져올 수 있고, 또 각국 정부가 이 용어의 정의를 너무 광범위하게 해석함으로써 이 프로젝

우크라이나와 러시아: '자연 감축'인가, 배출 권리인가?

우크라이나와 러시아 두 나라는 유럽연합과 미국 간에 가열되고 있는 논쟁의 한가운데 있는 나라이다. 두 나라는 성공적인 로비를 통해 2008~2012년에 달성할 배출 할당량을 배정 받았다. 이 나라들에 할당된 배출량은 놀라운 것은 아니지만, 문제는 두 나라가 심한 불경기에 빠져 있고 앞으로 10년 내에 그 불경기에서 벗어날 가능성이 희박하다는 데 있다. 따라서 이 두 나라의 2008년도 배출량은 기준연도의 배출량보다 훨씬 더 적을 것으로 예상되고 있다. 정상적인 상황에서는 이것이 큰 의미를 갖지는 않을 것이다. 그러나 문제는 이 두 나라가 기후 변화의 측면에서 상당히 큰 오염원이었다는 데 있다.

그러나 배출권 거래제 시스템이 등장하면서 과다한 배출 허용량을 제3국이 살 수 있게 되었다. 이렇게 되면 물론 금융자원의 교환이 있을 뿐 실제적인 배출 감소는 거의 일어나지 않는다. 이처럼 배출 감소가 일어나지 않기 때문에 유럽은 배출 허용량의 판매와 구입에 반대하게 되었다. 하지만 이 두 나라는 불경기에 긴급히 필요한 현금을 구할 수 있다. 러시아와 우크라이나의 전문가들은 이 시스템이 자국의 경제 재건을 위해 필요한 금융자원을 획득할 수 있는 수단이 된다는 이유로 두 나라의 입장을 옹호해 왔다. 역설적이게도 경제 재건은 두 나라의 가스 배출을 다시 늘리는 결과를 가져오게 될 것이다. 이 시스템은 미국에게 배출트가 공동이행 프로젝트와 경쟁하게 될 수도 있다. CDM이 공동이행JI보다 유리한 점은 CDM은 그 크레디트가 2000년부터 인정되는 데 비해 JI는 2008년이 되어야 그 크레디트가 인정될 것이라는 점이다. 한편 G77 국가들은 CDM을 비슷한 용어로 정의하려고 노력했지만 실패했다. 다른 국가들의 지지가 별로 없었기 때문이다. 적응 기금은 자금 부족에 시달리게 될지도 모른다. CDM 프로젝트가 JI 프로젝트보다 경비가 더 많이 든다면 자원이 CDM 프로젝트에 투자되지 않을 것이고, 그렇게 되면 적응 기금도 마련되기 어려울 것이기 때문이다. "이런 메커니즘들이 결과적으로 온실가스를 상품화함으로써 대기와 자연 자원을 이용하는 데 남북간의 불평등을 고정시키고, 다국적기업들에게 많은 새롭고 해로운 이윤 창출 기회를 제공하여 근본적으로 대기를 새로운 시장으로 만들고 있다"는 주장도 제기되고 있다(CEO, 2000).

기술 협력

기술 협력 문제는 선진국과 개발도상국들 간의 관계에서 민감한 부분이다. 선진국들에게는 새로운 제품을 위해 새로운 시장에 접근한다는 것은 매우 매력적인 일이다. 그래서 선진국들은 현대 기술이 개발도상국들의 문제를 해결하는 수단이 될 수 있다고 주장한다. 그러나 이들 기술들은 값이 비싸다. 그래서 개발도상국들은 북이 대기를 오염시켰다는 이유, 또는 북은 그럴만한 능력이 있다는 이유를 들어 선진국들에게 양도하다시피 하는 싼값으로 기술을 이전해 줄 것을 요구한다. 개발도상국들이 현대 기술을 채택함으로써 온실가스를 덜 배출하게 된다면 그것은 선진국들에게도 이익이 되는 일이며, 지구의 문제를 덜 심각하게 하는 길이기도 하다. 따라서 토론토 회의 이후로 나온 정치적, 과학적 선언들은 개발도상국들이 기술을 이용할 수 있도록 해야 한다고 강조해 왔다. 기후협약은 4조에서 당사국들은 '에너지, 교통, 공업, 농업, 임업, 쓰레기 처리 부문 등 모든 관련 부문에서 몬트리올 의정서에 의해 통제되지 않는 온실가스의 해로운 배출을 통제, 감축 또는 방지하는 기술, 관행, 공정의 개발, 응용, 확산(이전 포함)을 증진하고 협력해야 한다'고 구체적으로 언급하고 있다. 이 조항은 계속해서 더욱 부유한 선진국들이 '환경적으로 건전한 기술과 노하우가 다른 당사국들, 특히 개발도상국 당사자들에게 이전될 수 있도록 필요한 재정 지원 등 실용적인 모든 조치를 취해야 한다'고 말하고 있다.

1996년에 열린 2차 당사국 총회에서는 이 조항에 의한 기술 이전이 거의 이루어지지 않았다는 점, 각국은 자국의 기술 이전 실적을 보고해야 한다는 점이 지적되었다. 1997년에 채택된 교토의정서 10조 c항은 기술 이전의 중요성을 다시 언급하고 있다.

당사국들은 기후 변화와 관련된 환경적으로 건전한 기술과 노하우, 관행, 공정의 개발과 응용, 확산이 효과적으로 이루어지도록 노력해야 한다. 특히 개발도상국들에 이런 기술과 노하우, 관행, 공정 등이 이전될 수 있도록 모든 실질적인 조치를 취해야 한다. 여기에는 공적 소유 또는 공적 영역에 있는 환경적으로 건전한 기술들의 효과적인 이전을 위한 정책 및 계획의 수립, 그리고 민간 부문이 환경적으로 건전한 기술의 이전을 증진하도록 하는 분위기 조성도 포함된다.

기술 이전 의무가 부과된 듯 보이지만, 선진국들은 이것이 유연성 체제들과 연관이 있는 것으로 보고 있고, 반면에 개발도상국들은 이것을 선진국들이 싼값에 기술을 제공해야 한다는 독립적인 의무사항으로 보고 있다. 선진국들은 자신들이 기술을 소유하고 있지 않다고 주장한다. 기업체들이 기술을 소유하고 있다는 것이다. 따라서 예를 들면 유연성 체제를 이용해서 시장이 참여하도록 유도할 필요가 있다는 것이다. 다시 말해서 민간 부문이 개발도상국들에 기술을 이전하는 데서 어떤 이익을 얻을 수 있다고 생각할 수 있게 해야 한다는 것이다. 예를 들면 네덜란드 정부는 그런 기술 이전을 지원하기 위해 얼마간의 자금을 마련해 놓고 있다. 다른 나라들의 경우, 정부가 국가 전체의 목표라는 틀 안에서 국내 업계나 민간 부문에 그 목표치를 할당하는 방법을 생각할 수 있다. 목표치 또는 쿼터를 할당받은 기업체들은 목표치를 채우기 위해 필요한 배출 크레디트를 확보하기 위해 공동이행이나 청정개발체제에 참가해야겠다는 생각을 하게 될 것이다. 그러나 개발도상국들이 보기에는 기후협약 4, 5조와 교토의정서 10조에 언급된 의무를 이행하기 위해 취해진 실질적인 조치는 거의 없다. 이런 경향은 기후 변화 부문에서만이 아니라 다른 부문에서도 똑같이 나타나고 있다.

이런 이유로 IPCC는 기술 이전 문제를 연구해서 해결책을 제의하라는 요청을 받았다. 싼값의 기술 이전을 가로막는 가장 큰 장벽은 재정 문제이다. 개발도상국들의 관점에서 볼 때 가장 큰 장벽은 기술을 알아보고 사용할 능력이 부족하다는 점, 국가개혁시스템National Systems of Innovation, 공적개발원조Official Development Assistance, 지구환경기금Global Environment Facility 그리고 교토의정서에 따른 유연성 체제 같은 기술 이전을 증진하기 위한 메커니즘들을 활성화하기 위한 노력이나 분위기 조성이 부족하다는 점이다(Metz et al., 2000).

그러나 이 문제는 제도적인 문제라기보다는 정치적인 문제이다. 준Junne이 설명한 것처럼 각국은 자기 나라의 기술을 팔거나 이용하고 싶어한다(Gupta, 1997에서 인용). 이것이 기후 변화 문제를 처리할 수 있는 가장 좋은 기술을 확인하는 데 방해가 되는 가장 큰 장벽이다. 각국이 이용가능한 자원을 가지고 있더라도, 그들이 다른 서구 국가에 있는 경쟁 업체가 개발한 기술을 이전하는 데 그 자원을 이용할 가능성은 희박하다(〈박스 18〉 참조). 또 다른 중요한 문제는 서구에서 성공을 거두고 있는 기술들이 빠른 속도로 남측에 있는 몇몇 나라들에서 값싸게 이용되고 있다는 것이다. 그러나 기후 변화의 경우, 서구 사회는 너무나 생산 및 소비 시스템에 얽매어 있기 때문에 이 시스템을 대치한다는 것은 곧 자본의 파괴를 의미할 정도이다. 따라서 서구 사회가 기존의 석탄을 사용하는 발전소를 폐쇄하고 재생가능한 에너지를 채택할 가능성은 희박하다. 따라서 재생가능한 에너지 시스템의 값은 비싸게 유지되고, 이런 에너지 시스템을 남에서 이용하기란 상대적으로 어려운 것이다.

6차 당사국 총회 2부에서 20명(3개 개발도상 지역에서 각 3명씩, 소도서 개발도상국에서 1명, 부속서 I 국가에서 7명, 관련 국제기구에서 3명)으로 구성되는, 기술 이전에 관한 전문가 기구를 설립하기로 합의했다. 이런 기구를 설립하는 것이 실제로 어떤 결과를 가져올지는 두고 보아야 한다.

재정 메커니즘

또 다른 중요한 문제는 재정 메커니즘에 관련된 문제이다. 협상 초기부터 선진국들은 개발도상국들이 기후 변화 문제를 다루는 데 이용할 수 있는 재정 자원을 마련하겠다고 제안했다. 그들이 기후 변화 문제에 대해 역사적으로 책임도 있고, 또 지불 능력도 있기 때문이었다. 그래서 협약 4조 3항은 선진국들이 '기술 이전에 필요한 재원, 그리고 개발도상국이 4조 1항에 규정된 조치와 또 개발도상국과 11조에 언급된 국제기구 간에 합의되는 조치를 이행하는 데 드는 비용을 조달하기 위한 재원을 제공해야 한다'고 규정하고 있다. 4조 1항은 국가별 온실가스 배출 물질 목록 작성, 국가별 프로그램, 기술 이전 증진, 자연 자원의 지속가능한 관리, 적응에 관한 협력, 기후 변화 고려사항을 국가 정책에 포함시키는 것, 그리고 연구, 정보, 교육, 통신 시설 확충에 관한 협력 등을 포함하고 있다. 교토의정서의 11조도 이런 사항들을 대부분 반영하고 있다. 선진국들이 '개발도상국들이 배출 물질의 목록을 작성하는 것과 같은 어떤 활동을 하기 위해 필요한 비용을 조달하는 데 필요한 신규 및 추가 재원을 제공해야 하며, 또 기술 이전에 필요한 재원, 그리고 개발도상국들이 4조에 규정된 기존의 의무를 이행함으로써 발생하는 비용을 조달하기 위해 필요한 재원을 제공해야 한다'고 규정하고 있는 것이다.

　이런 조항들을 시행하기 위해서 재정 메커니즘이 마련되었다. 많은 개발도상국들은 독립적인 기금을 원했다. 그들은 세계은행에 더 많은 재원을 요구하게 되는 사태를 바라지 않았다. 그래서 그들은 독립적인 재정 메커니즘이 있어야 한다고 강력하게 주장했다. 대부분의 선진국들에게 이것은 받아들일 수 없는 주장이었다. 그들은 건전한 경제원칙에 기초해서 결정이 내려지는 신뢰할 만한 재원 마련 메커니즘을 원했다. 그들은 또 지구환경기금GEF을 창설하면서 그들이 사실상 세계은행의 투자 능력과 유엔환경계획의 환경 지식, 그리고 유엔개발계획의 실제 개발 경험을 이상적으로 결합해 보였다고 생각했다. 그러나 개발도상국들의 생각은 달랐다. 그들은 세계은행이 논의를 지배하게 될 것을 우려했다. 기후 변화에 관한 유엔 기본협약FCCC 협상에서 개발도상국들이 결국 선진국들의 뜻에 동의한 것은 GEF를 받아들이지 않으면 아무것도 얻을 수 없을 것이라고 생각했기 때문이었다. 이 기구에 대한 최초의 독립적인 평가는 지극히 비판적이었다. 그 후 GEF는 비판을 수용하려고 애썼다. 결국 GEF가 기후 변화 조약 및 결정의 상설 재정 메커니즘이 되기로 결정했다.

　선진국들은 처음에 남측이 이용할 수 있는 새로운 추가 재원을 마련하는 데 동의했었다. 이것은 이 재원이 GNP의 0.7%를 공적개발원조자금으로 지원하겠다는 선진국들의 기존 약속과는 별도로 마련되어야 함을 의미했다. 그러나 일부 재원이 개발도상국들에 의해 이용되고 있긴 하지만, 이 약속의 대부분은 아직 이행되지 못하고 있다. 기존의 원조가 기후변화대처자금으로 전환되고 있고, 합의된 고정 경비 증가 문제는 전체를 꿰뚫어볼 수 있는 사람이 아무도 없는 가운데 과다한 연구의 홍수 속에서 잊혀져 버리고 말았다.

6차 당사국 총회에서 예측 가능하고 적절한 새로운 재원을 마련할 수 있는 재원 마련 메커니즘이 추가로 있어야 하고, 그러한 재원 마련은 해마다 보고되어야 한다고 결정했다. 적응, 기술이전, 에너지, 교통, 공업, 농업, 임업, 쓰레기 관리와 관련된 활동과 계획, 조치와 관련된 재원을 마련하기 위해서, 그리고 석유수출 개발도상국들이 그들의 경제를 다양화하는 것을 돕기 위한 재원을 마련하기 위해서 특별기후변화기금이 창설되었다. 이와 더불어 저개발국가기금이 국가 적응 프로그램을 개발하기 위해 창설되었다. 그리고 교토의정서 적응기금이 우선 CDM으로 얻은 인가된 배출 크레디트의 2%를 재원으로 해서 의정서 당사국이 된 나라들에서의 적응을 위한 재원 마련을 위해 창설되었다. 그러나 그 재원이 확보될 수 있을지는 불확실하다. 이 재원은 주로 자발적인 기탁에 기초하고 있기 때문이다. 유엔환경개발회의 UNCED 이후에도 재원의 필요성에 대한 논의가 있었고, 약속된 재원의 극히 일부만이 이용될 수 있게 조달되었다.

적응

많은 개발도상국들에게 기후 변화에 대한 적응이 중요한 문제가 되고 있다. 40개 소도서 국가, 53개 아프리카 국가, 해안에 자리 잡은 아시아와 라틴 아메리카 국가들, 카리브 해 국가들은 자신들이 이 문제를 일으킨 주역은 아니지만 기후 변화의 영향을 가장 먼저 입을 것으로 예상되고 있다. 따라서 이들 나라들에게는 적응이 가장 중요한 문제로 대두되고 있는 것이다. IPCC 보고서는 이들 국가들이 당면한 주요한 도전을 부각시키고 있다(66~69쪽 참조). 이 같은 사실은 기후협약에서도 알 수 있는데, 기후협약은 이 취약한 국가들에 특별원조가 제공되어야 한다고 명시하고 있다(〈박스 9〉 참조).

그러나 기후협약과 GEF에 의거해서 적응에 충당할 수 있었던 자원은 극히 적었다. 청정개발체제에 관한 조항만이 적응에 필요한 자원을 마련해 줄 수 있는 잠재력을 가지고 있다. 프롱크 제의(〈박스 7〉 참조)와 6차 당사국 총회 2부에서 채택된 정치적 결정들도 몇 가지 기금을 창설함으로써 이 문제에 대응하려고 하고 있다. 그러나 자원이 마련될 수 있을지는 의문이다.

기후협약에서 적응을 지원하는 조문들

기후협약의 몇 개 조항이 적응에 대한 지원을 규정하고 있다. 3조 2항은 이렇게 되어 있다. '개발도상국, 특히 기후 변화의 악영향에 특별히 취약한 나라들, 그리고 협약에 따라 불균형한 또는 비정상적인 부담을 감당해야 될 당사국, 특히 개발도상국 당사국들의 구체적인 요구와 특별한 상황은 충분히 고려되어야 한다.'

4조 4항 : 선진국과 부속서 II에 포함된 다른 선진국들은 또 기후 변화의 악영향에 특별히 취약한 개발도상국들이 그 악영향에 적응하는 데 드는 비용을 감당할 수 있도록 도와야 한다.

4조 8항 : 이 조항에 규정된 의무를 이행하면서, 당사국들은 협약에 따라 어떤 행동이 필요한가를 충분히 고려해야 한다. 이 행동에는 기후 변화의 악영향 그리고/또는 그에 대응하는 조치를 시행하는 데 따른 영향에서 유발되는 개발도상국 당사국들의 특별한 요구와 우려를 해결하기 위한 재원 조달, 기술의 확보와 이전에 관련된 행동도 포함된다. 특히 다음 국가들이 고려의 대상이 되어야 한다.

(a) 소도서 국가

(b) 저고도 해안 지역에 있는 국가

(c) 건조 및 반건조 지역, 산림 지역, 산림이 소실되
기 쉬운 국가
(d) 자연재해를 입기 쉬운 국가
(e) 가뭄과 사막화가 일어나기 쉬운 국가
(f) 도시 지역의 대기 오염이 심각한 국가
(g) 산악 생태계 등 생태계가 취약한 지역이 있는
국가
(h) 경제가 생산, 가공, 수출에서 발생하는 소득, 그
리고/또는 화석연료의 소비와 관련된 에너지 집
약적 상품에 크게 의존하는 국가
(i) 육지로 둘러싸인 통과 국가.

흡수원

기후협약에서 흡수원sink은 '온실가스, 에어로졸, 또는 온실가스
의 선구물질을 대기에서 제거하는 과정이나 활동 또는 메커니
즘'이라고 정의하고 있다. 협약에 따르면, 모든 국가는 그 배출
목록에서 흡수원에 대해 보고하도록 되어 있다. 그러나 교토의정
서에 따르면, 각국은 1990년부터 국가배출량 계산에 흡수원과
관련된 활동을 포함시킬 수 있도록 허용하고 있다. 흡수원은 6차
당사국 총회 2부에서 채택된 결정에 따라 공동이행 프로젝트(교

토의정서에서)와 청정개발체제 프로젝트에 포함된다.

3조 3항은 명확하지가 않다. 공약기간(목표치가 효력을 갖는 기간)에 일어난 흡수원의 변화만이 유효한가? 아니면 이것은 1990년의 수준과 관련이 있는 것인가? 어느 나라가 2005년에 벌채를 하고 2008년에 조림을 할 경우 조림 결과만을 계산할 수 있는가? 숲이란 무엇인가? 그것을 어떻게 정의할 것인가? 숲에서 나무 몇 그루를 베면 그것이 벌채인가? 나무를 얼마나 더 베어야 벌채인가? 이산화탄소를 흡수하는 빨리 자라는 나무만을 선호한다면, 그것이 생물 다양성에 어떤 영향을 끼칠까? 이처럼 명료하지 못하고 혼동의 가능성이 있어 환경주의자들과 과학자들은 우려하고 있다.

숲, 임업 활동, 조림, 재조림, 벌채, 탄소 재고, 인간에 의해 유발됨, 직접 인간에 의해 유발됨 같은 용어들의 정의를 내리는 일이 시급하다. 그 밖에 배출량과 흡수원에 의한 제거량을 계산하는 데 어떤 방법을 채택할 것인가, '1990년부터'를 어떻게 해석할 것인가, 산림 화재와 병충해, 기준선과 영속성, 누출은 어떻게 대처할 것인가, 어떻게 정확성을 보장하고 그것을 확인할 것인가, 제1 공약기간과 제2 공약기간을 어떻게 연결할 것인가, 지속가능한 발전을 어떻게 보장할 것인가 등도 해결해야 할 문제들이다(Watson et al., 2000: 3).

기후행동네트워크(CAN, 2000)는 흡수원 문제에 상당한 위험

<박스 10>
교토의정서에서 흡수원과 관련된 조항들

제3조(요약)

1. 부속서 I에 포함된 당사국들은 개별적으로 또는 공동으로 부속서 A에 수록된 온실가스들을 이산화탄소로 환산한 배출총량이 그들에게 할당된 양을 넘지 않도록 해야 한다. 각국의 할당량은 부속서 B에 명기된, 양적으로 표시된 배출 제한 및 감축 약속에 준해서 계산되며, 각국의 온실가스 총 배출량을 2008년에서 2012년까지의 공약기간 동안에 1990년 수준보다 최소한 5% 감축하는 것을 목표로 한다.……

3. 발생원에서의 배출과 직접 인간에 의해 유발된 토지 이용 변화, 임업 활동(1990년부터 행해진 조림, 재조림, 벌채로 제한)으로 인한 흡수원에서의 제거를 감안한 온실가스 배출의 순변화net change는 부속서 I에 포함된 당사국이 이 조항에 의거한 의무를 이행하는 데 사용될 수 있다. 발생원에서 나온 온실가스 배출과 그런 활동에 연관된 흡수원에 의한 제거는 투명하고 입증할 수 있는 방식으로 보고되어야 하며, 7조와 8조에 따라 검토되어야 한다.

4. 이 의정서의 당사국 모임 역할을 하는 (협약) 당사국 총회의 첫 모임이 열리기 전에, 부속서 I에 포함된 각 당사국은 과학기술자문 보조기구가 검토할 수 있도록, 1990년의 탄소 재고 수준을 확정하고 그 이후의 탄소 재고 변화를 추정할 수 있게끔 하

는 자료를 제출하여야 한다. 이 의정서의 당사국 모임을 대신하는 (협약) 당사국 총회는 그 첫 모임에서 또는 그후 가능한 한 빠른 시기에 농지와 토지 이용 변화, 그리고 임업 분야에서의 온실가스 배출 변화 및 제거와 관련된 인간의 활동을 어떻게 부속서 I에 포함된 당사국들의 할당량에 추가하거나 제외할 것인지 그 양식과 규칙, 지침을 결정해야 한다. 이런 결정을 할 때, 보고의 투명성, 입증 가능성, 기후 변화에 관한 정부간 협의체의 방법론적 작업, 5조에 따라 과학기술자문 보조기구가 준비한 충고, 당사국 총회의 결정 등을 고려해야 한다. 당사국은 이런 활동이 1990년 이후에 일어났을 경우 그 첫 번째 공약기간에 이 추가된 인간에 의해 유발된 활동에 관한 결정을 이용할 수 있다.……

7. 2008년부터 2012년까지인, 양으로 표시된 최초의 배출 제한 및 감축 공약기간에 부속서 I에 포함된 각 당사국에 할당된 양은 이산화탄소로 환산된 부속서 A에 수록된 온실가스의 1990년 또는 기준연도 또는 위의 5항에 의해 결정된 기간의 배출 총량의 백분율(부속서 B에 명기됨)에 5를 곱한 것과 같아야 한다.

제7조는 당사국들에게 용인될 수 있는 방법에 따라 그들의 흡수원 목록을 준비할 것을 촉구하고 있다. 이 목록은 8조의 규정에 따라 검토되어야 한다.

이 도사리고 있다고 지적했다. 그들은 (개념에 대한) 정의는 반드시 중앙에서 내려져야 한다고 믿고 있다. 각국에 그 정의를 내리도록 일임해서는 안 된다는 것이다. 그럴 경우 예를 들면 작은 덤불을 숲이라고 주장하는 사태가 생길 수도 있다는 것이다. 그들은 또 무엇이 나무 덮개를 형성하느냐에 관한 논의가 부적절하다고 생각하고 있으며, IPCC에 요청해서 생활구역에 기초한 정의를 내리도록 하라고 요구하고 있다. 그들은 '재조림'이 단일재배 농원으로 이용되던 토지가 자연 산림 등 다른 용도로 대치되는 것을 의미해서는 안 된다고 주장한다. 그들은 또 자연 생태계와 생물 다양성이 상실되고 있는 곳 또는 토지 소유제도가 논란이 되고 있는 곳에 크레디트를 주어서는 안 된다고 주장한다. 또 NGO들은 수확된 임산물들이 계속 탄소를 저장하고 있지만, 그런 수확 체계를 평가하고 감시하는 진정한 시스템이 없으므로 그렇게 수확된 임산물은 제외되어야 한다고 주장하고 있다. 흡수원을 용인한다는 것은 어떤 나라에 흡수원이 흡수하는 만큼의 온실가스를 배출하도록 허용한다는 뜻을 함축하고 있다. 문제는 대부분의 나무나 식물은 병충해나 화재, 가뭄, 변화하는 기후 환경에 피해를 입거나 또는 베어지거나 동물들에게 먹힐 경우 그 안에 저장했던 탄소를 방출하게 된다는 것이다. 따라서 이것은 영구적인 해결책이 아니다.

재개된 6차 당사국 총회에서 토지 이용, 토지 이용 변화, 임업 활동 등은 '올바른 과학'에 기초해서 처음부터 끝까지 똑같은 방법으로 다루어야 한다고 결정했다. 따라서 기존의 탄소 재고는 포함되어서는 안 된다. 숲에서 목재를 수확할 때, 수확의 차변은 그 토지에서 벌어들인 크레디트보다 커서는 안 된다. 서로 다른 조항과 관련해서도 서로 다른 자격요건에 관한 규칙이 채택되었다. 양에 관해 약속한 국가들은 국내의 '숲 관리', '농경지 관리', '목초지 관리', '황무지 개간'을 첫 번째 시기의 의무량을 충족시키는 데 이용할 수 있다. 하지만 미리 그들이 어떤 활동을 이용하려 하는지 신고해야 하고, 이것이 1990년 이후에 취해진 인간에 의해 유발된 활동의 결과임을 입증해야 한다. 계산에 관한 세부 규칙들도 결정되었다. 청정개발체제의 경우 조림과 재조림만 포함할 수 있다. 그러나 첫 번째 공약기간에는 그러한 활동들이 매년 기준연도 배출량의 1%를 넘어서는 안 된다.

공평성: 목표량과 리더십에 대한 재논의

공평성의 문제, 그리고 기후 변화 협상으로 다시 돌아가 보자. 이 문제를 다루는 데는 몇 가지 적절한 접근법이 있다. 기후 변화 협상은 책임 문제와 오염자 지불 원칙을 주요한 문제로 다룰 수 있었다. 이것은 각국이 자기가 일으킨 오염에 비례해서 돈을 내놓고, 그 돈은 오염으로 심각한 영향을 받은 나라 또는 오염으로 그 성장이 심하게 방해 받은 나라들에 배정되는 것을 의미했다. 이런 구도는 많은 양의 오염물질을 배출하는 나라들이 공평하고 예측 가능한 목표치에 기초해서 그들의 배출 수준을 서서히 낮추고, 개발도상국들에는 그들의 배출 증가율을 낮추도록 유인할 수 있는 리더십 패러다임 안에서 개발될 수 있었을 것이다. 그러나 첫 번째 개념은 국제협상에서 토론조차 되지 않았고, 두 번째 개념 역시 대폭 수정되었다. 협상은 선진국들이 감축 의무를 국내에서 실천하고 개발도상국들을 도와야 할 의무에 초점이 맞춰지지 않고, 국내의 양적 의무량을 개발도상국들에 대한 원조를 통해 달성하는 문제로 논의가 진전되었다. 보조적인 논의는 이제 수사修辭에 불과하게 되었다. 여기서 그치지 않고 양적 의무량을 배출권 거래제와 결합시킴으로써, 오염 수준이 가장 높은 나라가 가장 많은 쿼터(할당량)를 받아 이론상으로는 그 할당량을 현금화할 수 있는 상황이 전개되기에 이르렀다. 이런 사태 발전이 협상 과정에 먹구름을 드리우고 있다. '기후 변화에 대처하는 도전이 공평성이라는 중요한 문제, 즉 기후 변화나 기후 변화를 완화하기 위한 정책이 국가나 지역 내 그리고 국가간, 지역간에 얼마만큼 불공평성을 야기하거나 악화시키느냐의 문제를 제기하고 있다'(IPCC-III, 2001). 그렇다면 그 책임을 협상 과정에서 국가간에 어떻게 배분해야 할 것인가? 〈박스 11〉은 토론과정에서 등장

가능한 공평성의 규칙

기후 변화 문제를 어떻게 해결해야 할 것인가? 누가 무엇을 언제 해야 할 것인가? 일부 국가들(예를 들면 브라질 정부)은 현재의 그리고 역사적 배출량에 기초해서 책임을 배분해야 한다고 제의하고 있다. 다른 국가들은 각 개인이 대기를 오염시킬 동등한 권리를 가져야 한다고 주장한다. 또 다른 사람들은 이런 주장에 반대하는 주장을 펴고 있다. 또 어떤 사람들은 서로 다른 기준에 기초해서 배출량을 계산해야 한다고 주장한다. 지금까지 나온 제안 가운데 일부를 소개한다.

- 트립틱 접근법: 네덜란드의 연구자들은 국가별로 책임을 배분하고 배출 목표량을 할당하는 기준을 찾아내려고 했다. 그들은 각국의 경제는 구조가 서로 다르다는 결론에 도달했다. 각국이 받아들일 수 있는 시스템을 개발하기 위해서 그들은 세 가지 기준, 즉 에너지 집약적 산업에서의 에너지 효율성, 발전 부문의 구조, 가구 부문의 1인당 수렴 등을 정했다. 이런 기준들이 에너지 집약적 산업을 가진 국가들로 하여금 에너지 효율을 높이는 사업에 투자하도록 격려할 것이다. 발전 부문과 관련된 특수한 환경을 가진 국가들은 특별히 고려되고 있다. 이 아이디어는 유럽연합 국가들간에 책임을 분배하는 데 사용되었다. 예비적 추산에 따르면, OECD 국가들은 배출을 10~20% 줄여야 하고, 동유럽과 중부 유럽의 국가

들은 배출을 30~50% 줄여야 하며, 세계의 나머지 국가들은 그 가정치와 데이터가 얼마나 정확하느냐에 따라 다르겠지만 최고 400%까지 배출을 늘릴 수 있을 것으로 예상되고 있다.

- FAIR 모델: 미래의 배출 의무량 책정을 평가하기 위한 FAIR (Framework to Assess International Regimes) 모델 역시 네덜란드에서 개발되었다. 이 모델은 각국의 목표량 책정을 평가하는 수많은 기준을 제시하고 있다. 이 모델은 각국이 서로 다른 기준을 기초로 해서 목표량을 예측하도록 허용하고 있다. 이 모델은 규범이 아니고 연구 방법이다.

- CSE 접근법: 인도의 과학환경센터CSE는 1인당 배출량을 기초로 하고 유연성 체제를 통해 증진될 수 있는 형태의 기술을 제한하는 방식을 제안하고 있다. 이 센터는 이런 방식으로 재생가능한 에너지가 지구 경제에 대규모로 투입될 수 있기를 바라고 있다.

- PEW 접근법: 워싱턴에 있는 퓨센터는 세계 여러 나라를 세 가지 기준—구매력 차이로 환산한 GDP, 절대적 축적 책임, 현재 및 미래의 책임—에 기초해서 세 그룹으로 나누어야 한다고 주장한다. 첫 번째 그룹은 지금 조치를 취해야 하고, 두 번째 그룹은 그들이 원한다면 지금 조치를 취할 수 있으며, 세 번째 그룹은 지금 조치를 취해야 하지만 다른 방법을 사용해야 한다는 것이다.

한 가능한 공평성의 규칙 가운데 일부를 부각시키고 있다.

6차 당사국 총회는 이 문제에 대해 입술 발림을 하는 정도에 그쳤다. 이 회의에서는 선진국들이 '국가의 환경에 따라, 그리고 협약의 궁극적 목적을 성취하는 방향으로 나아가면서 동시에 선진국과 개발도상국 사이의 1인당 소득 차이를 좁히도록 유도하는 방식으로 가스 배출을 줄이는 국내적 조치를 시행해야 한다'고 결정했다.

맺음말

협상은 선진국들이 자신들의 배출을 줄이고, 또 기술 이전과 재정 지원을 통해 개발도상국들을 도와서 가스 배출을 줄이고 기후 변화에 대처할 수 있도록 함으로써 그들이 21세기로 진입할 수 있게 할 것이라는 희망을 가지고 시작되었다. 비록 오염자 지불 원칙이 엄격하게 채택되지는 않았지만, 선진국들이 지도력을 발휘하고 개발도상국들을 돕는다는 요지의 완곡한 표현이 서서히 개발도상국들의 승인을 얻게 되었다. 시간이 지나면서, 그들 자신의 배출을 줄이고 개발도상국들을 돕는다는 패러다임이 개발도상국들과 그들 스스로를 도움으로써 배출을 줄인다는 패러다임으로 변했다. 이렇게 됨으로써 선진국 내에서는 국민들을 설득하기가 더 쉬워졌지만, 이런 사태는 개발도상국들을 더욱 짜증나게 했다.

잠재적 피해자들에게 적응은 분명히 중요한 문제이다. 따라서 협약에서 많은 여지가 있었지만, 자금 지원은 거의 이루어지지 않았다. 적응 문제는 오랫동안 GEF에서도 제외되었었고, 지금은 GEF의 관할 범위 안에 들어가 있긴 하지만, GEF는 아직 이 목적으로 자금을 지출하지 않고 있다. 개발도상국들이 토의에 어떤 영향을 미치려고 할 때마다, 선진국들은 교묘한 협상전술로 끼어들어 개발도상국들이 의도했던 바를 바꾸어 놓곤 했다. 현재는 적응을 지원하기 위한 많은 기금들이 설립되어 있지만, 여전히 그 자금이 실제로 적응을 위해 사용되는 데까지는 많은 장애물이 도사리고 있다.

5. 협상의 주역들과 그들의 관심사: 국내의
반대와 국제적 의무의 충돌

단지 깃털이 좋다고 좋은 새가 되는 것은 아니다.
—이솝

기후 변화 문제는 확률에 좌우되는 게임과 비슷하다. 기후 시스템이 언제 어떻게 변하고, 또 누가 그 영향을 받게 될지는 불확실하다. 누가 승자가 되고 누가 패자가 될 것인지에 관한 억측도 난무하고 있다. 승자가 될 것이라고 생각하는 사람들은 어떤 조치도 취하려 하지 않고, 그들이 패자가 될 가능성이 높아질 때까지 그 조치를 미룰 수 있다고 생각한다. 추운 지방에 사는 일부 사회 활동가들은 기후가 다소 온화해진다면 그들의 생활이 훨씬 더 편안해질 것이라고 생각한다. 따뜻한 나라들의 경우에는 기후가 더 따뜻해지고 수자원이 고갈되면 현재의 상황이 더 악화될 것이다. 또 어떤 사람이 이 위험을 어떻게 인식하느냐는 변화의 물리적 성격뿐만 아니라 변화에 대처할 수 있는 재정적, 기술적 능력과도 관련이 있다. 그래서 네덜란드는 이미 그 국토의 60%가 해수면보다 낮은데도 해수면의 상승에 대해 특별히 위험을 느끼지 않는다. 5년마다 해수를 막는 방벽을 조사 확인하고 필요할 경우 보강하고 있기 때문이다. 하지만 따뜻한 멕시코만류가 차가워진다면, 이 나라는 훨씬 더 큰 위험을 느낄 것이다. 이처럼 위험은 인식의 문제이다.

가난한 사람들, 그리고 부국과 빈국을 막론하고 해안가 취약 지역에 사는 사람들이 피해를 입으리라는 사실은 많은 증거들이 입증해 주고 있다. 해수를 막는 방벽도 없이 해안 지역에 사는 사람들이 기후 변화의 영향을 받을 가능성이 큰 것이다. 빙하가 녹은 물이 내려오는 강의 유역에 사는 사람들이 가장 먼저 홍수의 피해를 입을지도 모른다. 비에 의존해서 농사를 짓는 사람들은 그들의 수확이 불안정해지는 것을 느낄 것이다. 가난하고 병든 자들은 그들의 생명과 생계수단을 잃을지도 모른다. 하지만 이들은 달러 가치로 따진다면 몇 푼 되지 않을 것이다.

부자들은 위험한 게임을 기꺼이 더 하고 싶어할지도 모르지만, 그러나 사실 잃을 것은 이들이 훨씬 더 많다. 그들은 세계 시장에 거액을 투자하고 있는데, 기후 변화의 결과로 개발도상국의 시장이 약화된다면 그들의 이윤은 줄어들 것이다. 관광과 재산가치도 영향을 받게 될 것이다. 더욱이 엄청난 재앙이 닥칠 경우, 예측된 반응은 아무런 도움이 되지 않는다. 하지만 이 문제에 대한 반응은 국내 정치의 영향을 받을 수밖에 없다. 여기에서는 이 문제를 다룬다.

미국: 부시를 둘러싼 공방

미국은 협상의 핵심 주역으로 간주되고 있는데, 미국도 스스로를 협상의 불가결한 존재로 보고 있다. 미국의 배출 수준은 배출량을 어떻게 계산하느냐에 달려 있다. 공식적으로는 미국은 1990년도 선진국 배출량의 36%를 차지한다(흡수원에 의한 배출과 제거는 제외됨. 1997년 3차 당사국 총회 보고서). 세계 인구의 약 4%인 사람들이 세계 온실가스 배출량의 약 23%를 내뿜고 있는 것이다. 1인당 연간 배출량이 20톤으로 지구 평균의 약 5배나 된다.

미국은 협상에서 묘한 역할을 담당해 왔다. 미국의 과학은 기후 변화 문제와 관련된 증거를 수집하는 데 상당한 기여를 해 왔다. 하지만 미국 과학계의 주된 여론이 심각한 문제가 있다는 견해를 뒷받침하고 있음에도 불구하고, 역설적이게도 그런 견해에 반대하는 과학계의 목소리 대부분도 미국에서 나오고 있다.

1981년에 이미 카터 대통령은 기후 변화의 심각성에 주목하고 책임 있는 행동이 필요하다고 생각했다. 그러나 레이건 대통령은 이 문제에 관심이 없었다. 그러나 1987~88년에 미국에 심

각한 가뭄이 닥친 후 기후 변화에 대한 국내의 관심이 높아지면
서 지구기후보호법이 1988년 제정되었고, 이 법에 따라 대통령
은 대기중 온실가스 집적을 안정시키는 계획을 마련해야 했다.
1998년 부시 대통령은 자기는 환경주의자이며 백악관은 행동을
취할 힘을 가지고 있다고 말했다. 1년 후 열린 기후 변화에 관한
노르트위크 회의에서 미국 대표 윌리엄 K. 레일리는 부시 대통령
이 했던 말, 즉 '미국은 자기 몫의 역할을 다할 것' 이라는 얘기를
되풀이했다. 이 연설에 따르면, 부시는 대기 오염원을 줄이기 위
해 청정공기법을 개정했으며, 자동차에 대한 기업의 평균 연료절
약 기준을 강화하는 결정을 승인했고, CFC를 제거하려는 세계적
노력을 지지할 것이며, 국가에너지 전략을 수립하고 연구를 지원
한다는 것이었다.

모든 국가들이 이런 목표를 달성하기 위해 노력하는 것이 필요
하지만, 산업화된 국가들의 리더십이 특히 중요하다.…… 나는 미
국이 지구환경 문제에 대응하는 노력에 참가하는 데 따르는 개발
도상국들의 특수한 문제들을 인식하고 있음을 분명히 밝히고 싶
다. 우리는 개발도상국들의 경제 발전에 대한 열망을 충분히 이해
하며 심지어 공유하기까지 한다.

그러나 부시는 보수적인 공화당원들로부터 본격적인 행동을
약속하지 말라는 압력을 받고 있었다. 1992년쯤에는 미국 정부

는 양적 목표치보다는 '후회 없는' 정책과 조치를 지지하기로 결정했다. '후회 없는' 정책은 다른 이유로 도움이 되는 정책이다. 따라서 기후 변화 문제가 비교적 중요하지 않은 문제로 판명될 경우라도 이런 정책은 다른 이유로 정당화될 수 있을 것이다. 기후 변화에 관한 협상이 본격적으로 시작되자, 첫 번째 부시 행정부는 두 가지 중요한 문제에 대해 신중한 태도를 취했다. 그것은 상황에 따라 재고할 수 있는 원칙을 받아들이는 문제(123~124쪽 참조)와 특별한 가스들에 대한 분명한 목표치를 책정하는 문제(125~131쪽 참조)였다. 미국 정부는 선진국들에서 배출을 안정화할 필요가 있다는 것에 전세계가 동의하는 추세에서 외톨이가 되었다. 미국은 원칙과 목표치를 애매하게 유지하려고 했다. 부시 행정부가 탄소세를 채택하리라는 것은 당시로서는 생각할 수도 없는 일이었다. 탄소세란 에너지의 탄소 내용물에 대한 세금으로 이 세금이 채택될 경우 화석연료 에너지의 가격이 상대적으로 상승하게 되고, 따라서 소비자의 선호도에 변화를 유도할 수 있다. 부시는 이미 '새로운 세금을 도입하지 않겠다'는 선거공약을 내건 바 있었다. 유엔환경개발회의에서 부시 대통령은 자기는 미국의 생활양식을 바꾸지 않겠다는 말을 되풀이했다. 동시에 미국 정부는 '포괄적인 접근'을 주창함으로써 시간을 벌려고 하고 있었다. '포괄적 접근'이란 각국이 이산화탄소로 환산된 단 하나의 목표치를 갖도록 하는 방안이다. 이 방법을 채택할 경우 배출량을 줄이는 가스를 택할 수 있는 융통성을 갖게 된다. 미국 정부는 또 포괄적 접근에 흡수원도 포함되어야 한다고 주장하고 있었다. 미국은 1992년 초에 특정 개발도상국들이 국가 배출 목록을 작성하는 데 필요한 자원 일부를 지원하고, 그 영향을 평가할 지구환경기금과 미국국가연구프로그램에 제공할 의향이 있었음에도 불구하고 이 무렵에는 개발도상국들에 기술을 이전하고 재정 지원을 하는 데 반대하고 있었다.

그러나 1993년에 정권을 인수한 클린턴 대통령은 미국의 온실가스 배출을 2000년까지 1990년 수준으로 안정시키는 정치적 노력을 기울이겠다고 선언했다. 이에 대해 업계는 신경질적인 반응을 보인 반면, 환경보호론자들과 과학자들은 환영의 뜻을 나타냈다. 그러나 클린턴 행정부는 상원에서 다수 의석을 차지하고 있던 공화당의 완강한 반대에 부딪쳤다. 클린턴은 연료에 대해 세금을 부과하고 싶었지만, 상원은 매우 낮은 세율의 세금을 부과하는 데 동의했을 뿐이었다. 당시 원유 값이 떨어졌으므로 이 세금의 효과는 거의 느껴지지 않았다. 그 해 늦게 업체의 자발적 행동과 변화에 대한 유인에 초점을 맞춘 국가기후변화행동플랜 National Climate Change Action Plan이 선포되었다.

비용 효율적인 가스 배출 감축을 전세계적으로 촉진하기 위해서는 어떤 시장 메커니즘이 필요하리라는 것이 점점 더 분명해졌다. 미국 정부는 공동이행을 적극적으로 지지하기 시작했고,

1995년에는 선진국들이 1차 당사국 총회에서 채택된 베를린 위임에 따라 양적인 목표치를 필요로 한다는 점을 마지못해 수긍했다. 1996년 미국 정부는 협상기간 동안 나돈 의정서 초안을 마련했다. 이 초안에는 뒤에 교토의정서에 포함된 항목인 배출권 거래제의 요소들이 들어 있었다. 그러나 일부 미국 업체들은 협상이 진행되는 속도에 대해 점점 더 불안감을 느끼기 시작했다.

이런 사정 때문에 버드와 하겔 상원의원이 그들의 결의안을 제출하게 되었던 것이다(〈박스 5〉 참조). 그 결의안의 문안은 아주 교묘했으며, 의회는 그 결의안을 통과시켰다. 교토에서 의정서가 나온다 해도 미국 정부가 그 의정서를 비준시킬 수 없으리라는 것이 곧 분명해졌다. 클린턴 대통령은 개발도상국들의 '의미 있는 참여'를 주장하기 시작했다. 고어 부통령은 G77 회원국들에게 그의 정부가 국내에서 당면한 어려움을 설명했다(Mwandosya, 1999). 1997년 12월 9일, 마지막 순간에 미국은 그들이 이 목표치를 달성하는 데 융통성을 가질 수 있다면 안정화 이상의 노력을 기울이겠다고 동의했다.

그 직후에 있었던 미국 국무장관의 연설에는 기후협약의 주요 요소들에 대한 지지가 분명히 드러나 있었다. "우리는 지구환경기금을 지지해야 합니다. 이 기구는 리우에서 천명된 지속가능한 발전을 위한 협력을 구현하고 있기 때문입니다. 지난 3년 동안 우리가 지구환경기금에 내놓기로 약속했던 것을 이행하지 못했다는 사실은 그런 협력에 도움이 되지 않습니다. 우리는 올해 그리고 앞으로 매년 우리가 약속했던 바를 이행해야 합니다"(Albright, 1998). 비록 클린턴 행정부가 기후변화협약에 담긴 주요 문제들을 이해하고 있는 듯한 인상을 주긴 했지만, 일부 정치경제학자들은 교토 협상에 결함이 있었다고 지적했다. 교토 협상이 단기적으로 미국 정부에게 융통성을 주긴 했지만, 모든 국가들에 할당량과 쿼터를 배정한 것이 껄끄러운 문제가 될 수밖에 없었다는 것이다. 미국의 법률가들과 경제학자들은 오래전부터 이 점을 지적해 왔었다. 하지만 경제학자들이 협상의 결함과, 협상 결과를 실천하는 정책과 관련된 위험을 지적하고 있는 반면, 일반인들 역시 이 협상 결과에 아주 무관심한 것 같지는 않다. 루이스 해리스 앤드 어소시에이츠Louis Harris & Associates가 실시한 여론조사 결과는 미국 투표자의 75%가 이 조약을 지지하는 것으로 나타났다. 멜먼 그룹이 실시한 여론조사는 응답자의 72%가 2003년까지 온실가스 배출을 줄이는 데 찬성하고 있음을 보여 주었다(멜먼 그룹이 세계야생생물기금에 보낸 1997년 9월 17일자 메모에 여론조사 결과 요약이 포함되어 있다). 오하이오 주립대학교에서 실시한 조사는 미국인의 80%가 공기오염을 줄이면 지구온난화도 지연될 것이라고 믿고 있음을 보여 주고 있다. 하지만 이렇게 많은 사람들이 실천의 중요성을 인식하고 있음에도 불구하고 환경세 부과를 지지하는 사람들은 적다. 이것이 어려운 문제가 되고 있다. 조지 W. 부시 대통령은 취임 후 첫 100일 동안 환경에 비우호적인 조치를 많이 취했음에도 불구하고 국내에서의 인기는 하락하지 않았다.

현재 미국의 온실가스 배출은 1990년보다 13% 더 많아진 것으로 알려지고 있으며, 이 같은 배출 증가 추세는 계속될 듯하다. 미국이 배출을 7% 감축한다는 목표치를 달성하기 위해서는 중대한 조치를 취해야 할 것이다. 미국 경제와 그에 따른 온실가스 배출이 2012년까지 상당히 상승할 것으로 예상되기 때문에 중대한 조치의 필요성은 더욱 크다. 2000년 미국은 모든 관리되는 토지를 흡수원으로 포함시키자는 창의적인 제안을 했다. 그러나 이 제안은 헤이그 회의에서 받아들여지지 않았다(108~110쪽 참조). 2001년 3월 중순, 미국은 온실가스 배출을 줄이는 정책을 채택하기는커녕 석탄을 때는 화력발전소를 새로 건설하겠다고 발표했다. 발전 부문의 배출량은 미국 총 배출량의 약 3분의 1을 차지하며, 이것은 지구 총 배출량의 약 8%에 해당된다. 미국의 NGO들은 새로운 석탄발전소에 대한 투자가 미국을 향후 30~50년 동안 석탄에 기초한 기술적 궤적 안에 가두어 놓게 될 것이라고 지적하고 있다(World Resources Institute, 15 March 2001). 이 단체들은 또한 미국의 발전소들에서 나오는 배출량이 146개국의 배출량을 합친 것보다 더 많다는 것도 지적했다.

조지 W. 부시는 기후 변화에 대처하기 위한 조치를 취하는 데 드는 비용이 잠재적인 기후 변화의 영향에 대처하는 비용보다 훨씬 더 많다고, 또 미국이 다른 나라들에 빚진 것이 없다고 느끼고 있는 것이 분명하다. 하지만 미국 내의 수많은 사람들이 정부의 공식 입장을 존중하지 않고, 미국이 지구공동체의 일원이 되기를 원한다면 미국의 주요 활동가들이나 업계가 세계 여론에 신경을 곤두세워야 한다고 강하게 느끼고 있는 것 또한 사실이다.

그런데 최근 사람들에게 기분 좋은 메시지를 전해 주는 사건들이 일어나고 있다. 하나는 미국이 유엔 기구의 두 주요 직책에서 물러나는 것이 가결되었다는 사실이고, 또 하나는 교통의정서가 발효됨으로써 미국의 입장을 고려하지 않고도 합의점을 만들 수 있는 준비가 되었다는 것을 보여 준 것이다. 이는 곧 국제공동체가 유엔 내부의 투표권을 행사해 메시지를 보내고 있음을 의미한다. 동시에 미국 내에서도 긴장이 고조되고 있다. 미국에서 최근에 실시한 여론조사 결과는 기후 변화 문제에서 미국 정부가 행동을 지지하는 역할을 하길 바라는 의견이 많다는 것을 보여 주고 있다. 또 국내에서 소송이 빈발함으로써 정부와 업계가 연방정부의 결정 뒤에 숨을 수 있을 것이라고 안심할 수 없게 하고 있다. 이런 소송들은 이산화탄소가 오염물질이냐 아니냐, 환경영향평가에 온실가스 배출을 포함시켜야 하느냐의 문제 등을 다루고 있다. 미국 국무부가 2004년 11월 19일 발표한 백서에 따르면, 미국은 온실가스 강도(단위 경제활동당 배출량)를 2012년까지

18% 낮추는 것을 목표로 삼고 있다. 이 목표는 기후 변화 과학과 기술을 다루는 고위 내각위원회, 예산 증액, 청정 에너지에 대한 세금 감면, 수소연료 개발, 온실가스 배출이 없는 석탄 개발 등을 촉진하는 기후 변화 기술 프로그램 등의 조치에 의해 달성되어야 한다. 국제협력 차원에서는 미국은 '메탄 시판' 확대 방안을 몇몇 나라와 협력해서 추진중이며, 수소경제를 위한 국제 파트너십, 탄소제거 리더십 포럼, 재생가능한 에너지 파트너십, 지역적·쌍무적 협력, 지구환경기금에 대한 기금 지원, 적도 산림 보존법, 불법벌채 금지 대통령 제안 등을 지지하고 있다. 이런 제안들이 제시되기는 했지만, 과연 그런 것들이 어느 정도 효과를 거둘 것인가에 대한 의문은 남아 있다.

영국

영국은 1990년에 선진국 배출량의 4.3%를 차지했다(1997년 3차 당사국 총회 보고서). 영국에는 기후 변화 분야에 저명한 과학자들이 있는데, 이들은 1980년대 이후부터 이 문제의 심각성을 지적해 왔다. 마거릿 대처 자신이 1986년에 열린 세계기상기구의 주요 회의에서 이 문제를 제기했다고 알려지고 있으며, 대처는 기후 변화와 관련된 업계의 기회와 도전을 지적한 바 있다. 기후 변화 문제를 국내에서 그리고 국제 무대에서 널리 홍보하는 데 영국 연구자들의 지식과 역할이 기여한 정도는 높이 평가되어 마땅하다. 또한 1989~90년의 폭풍우와 가뭄이 이 문제를 일반 국민들에게 더욱 부각시켰다.

하지만 대처 여사가 1980년대 후반에 분명히 밝힌 것처럼, 영국은 2005년까지 이산화탄소 배출을 안정시키는 것 이상으로 갈 의향은 보이지 않았다. 그러나 1990년 영국은 유럽연합 전체의 통합 안정화 목표치를 채택하기로 한 유럽환경위원회의 결정을 지지했다(204~207쪽 참조).

미국이 구속력 있는 목표치를 채택하는 것을 달가워하지 않고 있던 1992년, 영국은 목표치에 관한 안案을 마련했다. 이것이 확실한 법적 효력을 가지고 있지는 못하지만, 목표치가 계속 실질적인 의미를 갖도록 하려는 데 목적이 있었다. 그 후 영국은 2000년까지 CO_2 배출을 1990년 수준으로 안정시키고 메탄 배출량을 10% 줄이며, N_2O의 배출량을 75% 줄인다는 국내 목표치를 결정했다. 이산화탄소로 환산할 때, 이것은 2000년까지 1990년보다 5% 줄이는 것을 의미했다. 이 목표치를 달성하기 위해서 영국 정부는 국내 연료에 부가가치세를 부과하고 산업연료에 대한 관세율을 올리기로 했다.

대처 여사는 또한 석탄 광산을 폐쇄했다. 이 조치는 뜻밖에도 온실가스 배출이 감소하는 효과를 가져왔다. 그래서 영국은 목표치를 초과 달성할 수도 있다는 놀라운 사실을 알게 되었다. 2000년까지 영국의 배출량은 줄어들었고, 영국은 교토에서 한 약속을 비교적 쉽게 지킬 수 있을 것으로 예상되고 있다. 노동당 정부는 2010년까지 전체 전력의 최소한 10%를 재생가능한 자원에서 얻어 낼 생각이다. 블레어 총리는 "나는 영국이 다가오는 이 녹색 산업혁명의 선두주자가 되기를 바란다"고 말했다(*Time*, 23 April 2000).

영국은 개발도상국의 주장을 인식하고 있으면서도 선진국의 책무에 관해 말하는 것은 늘 매우 삼갔다. 다른 선진국들이 공동이행, 공동이행 시범사업, 청정개발체제 프로젝트를 앞다투어 내놓는 데 반해, 영국 정부는 이런 문제들에 대해 소극적이었다. 그 이유는 영국이 비용효율적인 대안을 나라 밖에서 찾을 필요성을 느끼지 않았고, 또 영국이 개발도상국들의 주장에 민감했기 때문이다.

영국 정부는 기후변화세를 창설했고, 이 세금은 2001년 4월 1일부터 걷기 시작했다. 이 세금의 중과를 피하기 위해서 에너지 집약적인 15개 대기업이 공식적인 온실가스 배출 목표치를 결정할 의향이 있다고 발표했다. 영국은 초과 달성분을 배출권 거래제를 통해 판매하기를 바라는 것으로 알려지고 있다. 국내의 상황에 관해 자신감을 갖게 된 부총리 프레스콧은 미국의 입장—과학이 불확실하며, 배출을 줄이면 미국 경제가 황폐화될 것이고,

개발도상국들이 충분한 기여를 하고 있지 않으며, 흡수원을 이용하는 것이 단순히 행동을 지연시키기 위한 핑계만은 아니라는—이 거짓된 가설에 기초하고 있다고 주장했다.

영국은 현재 다른 나라들에게 온실가스 배출을 2050년까지 60% 줄여야 한다는 것을 확신시키려 하고 있다. 2012년까지 영국의 목표를 달성하기 위해서, 또 그 이후에도 온실가스 배출을 계속 줄여 나가기 위해서 수많은 정책과 방안들이 영국에서 개발되고 있다.

오스트레일리아, 캐나다, 네덜란드, 뉴질랜드, 노르웨이: 첫째가 꼴찌로 전락하다

오스트레일리아는 1990년도 선진국 배출량의 2.1%, 캐나다는 3.3%, 네덜란드는 1.2%, 뉴질랜드는 0.2%, 노르웨이는 0.3%를 각각 차지했다(1997년 3차 당사국 총회 보고서). 1990년대 초에는 이들 다섯 나라가 협상에서 선두주자를 자처했었다. 그들은 국내의 정치적 목표치를 설정하기로 동의했고, 세계적으로 주요한 변화가 있어야 한다고 주장했다. 오스트레일리아는 CFC 이외의 온실가스를 2000년에 1988년 수준으로 안정시키고, CFC도 2005년까지 1988년 수준의 80%로 줄이겠다는 국내 목표치를

<표 7> 첫째가 꼴찌로 전락?

국가	1990년 초에 세운 국내 목표	1992년에 세운 목표치	1997년에 세운 2008~12년의 목표치[a]	그 후의 수정
오스트레일리아	CFC를 제외한 온실가스를 2000년까지 1988년 수준으로 안정시킴. CFC 이외의 온실가스는 2005년까지 1988년 수준보다 20%를 감축	모든 국가들이 2000년까지 CO_2, CH_4, N_2O를 안정시킨다는 목표를 받아들일 의향을 보임	2008~12년의 배출량 8% 증가를 요청해서 받음	교토의정서를 비준하지 않고 있음
캐나다	CFC 이외의 온실가스를 2000년까지 1990년 수준으로 안정시킨다		−6% 목표치를 요구해서 받음	교토의정서 비준
네덜란드	1994~95년에 CO_2를 안정시킨다. 2000년까지 3~5% 감축한다		2008~12년의 목표치 −6%를 받아들임	교토의정서 비준
뉴질랜드	CO_2 배출을 2000년까지 1999년 수준보다 20% 줄인다		안정화 목표를 요구해서 받음	교토의정서 비준
노르웨이	CO_2 배출을 2000년까지 1990년 수준으로 안정시킨다		2008~12년의 목표치 +1%를 요구해서 받음	교토의정서 비준

[a] 6가지 가스의 기준연도는 1990년.

설정해 놓고 있었다. 1988년 토론토 회의의 주최국이었던 캐나다는 이제는 유명해진 토론토 목표치를 채택하는 데 주도적인 역할을 했다. 토론토 목표치는 2005년까지 선진국들에게 이산화탄소 배출을 20%까지 줄이도록 요구하는 내용을 담고 있다. 1989년 3월의 헤이그 국가수반회의와 11월의 기후 변화에 관한 노르트위크 장관회의를 주최한 네덜란드는 온실가스 배출을 2000년에 안정시킨다는 일방적인 목표치를 채택했고, 이듬해에는 2000년에 배출을 3~5% 줄이기로 목표를 상향 조정했다. 소위 '녹색 미인대회'에 적극 참여하고 있던 노르웨이 역시 2000년까지 자국의 이산화탄소 배출을 1990년 수준으로 줄이겠다고 발표했다. 기후 변화 협상이 진행되던 1992년 이들 나라들은 모두 안정화 목표치를 지지했다. 그러나 미국이 거부하자 약화된 조약 원문을 채택할 수밖에 없었다. 하지만 1997년 이들 나라 가운데 적어도 두 나라는 힘든 협상 끝에 1990년 배출 수준을 상회하는 목표치를 받을 수 있었다. 왜 이 나라들이 입장을 바꿨을까? 그것은 아마도 기후 변화 정책의 결과에 대한 정보가 늘어나면서 그들이 이전에 한 약속을 이행하는 데 더 신중해졌기 때문일 것이다. 미국이 교토의정서에서 탈퇴한 가운데도 나머지 선진국들이 힘을 합쳐 의정서를 발효시키기로 방침을 정한 후, 오스트레일리아를 제외한 대부분의 선진국들은 의정서를 비준했고 또 채택된 목표치를 이행하려고 하고 있다(〈표 7〉 참조).

러시아

러시아는 1990년도 선진국 이산화탄소 배출량의 17.4%를 차지했다(1997년 3차 당사국 총회 보고서). 그러나 러시아는 1980년대 말 이후로 커다란 변화를 겪고 있다. 냉전이 종식되고 소련과 바르샤바 조약이 해체되면서 러시아는 새로운 정체성과 이데올로기를 모색해 왔다. 서방은 시장 메커니즘과 재정 지원으로 러시아와 우크라이나의 환심을 사려고 애썼고, 러시아는 또한 G7에 가입하여 G8를 형성함으로써 서방과 관심과 소망을 같이하게 되었다. 1992년 러시아는 선진국 목록(부속서 I)에 오르는 것을 수락했고, 2000년까지 온실가스 배출을 1990년 수준으로 감축해야 하는 책무도 수락했다. 그러나 러시아 경제는 빠르게 붕괴되고 있었다. 2000년에 러시아의 소득과 온실가스 배출량은 1990년 수준보다 훨씬 더 적었다. 러시아의 경제가 회복되는 데 얼마나 긴 시간이 걸릴지는 아무도 모른다.

러시아는 현재 온실가스 배출량을 1990년 수준으로 늘리고 싶어하며, 교토에서 그런 방향으로 주장을 폈다. 지원이 예기치 않은 지역(주로 미국)에서 왔고, 그래서 러시아는 1997년 그 주장을 관철시키는 데 성공했다. 배출권 거래제가 추가되자, 러시아는 그 할당량 중 사용하지 않은 부분을 다른 나라들에 팔아서 재원을 마련할 가능성이 높아졌다. 교토 협상 이후, 무엇보다도 동

서 협력의 모델을 찾으려는 목적에서 엄브렐러 그룹이 설립되었
다. 그러나 러시아 배출권을 구매하려는 국가들이 꽤 많이 있음
에도 불구하고 러시아는 더욱 신중한 태도를 취하고 있다. 그들
은 공동이행을 통한 기술 이전을 더 선호하고 있어 배출권 거래
의 이용은 좀 더 뒤로 미루려고 하고 있다. 유럽연합은 무역협상
등의 전략을 구사해서 러시아가 교토의정서를 비준하도록 설득
할 수 있었다.

일본

1990년, 일본의 이산화탄소 배출량은 선진국 총 배출량의 8.5%
에 달했다(1997년 3차 당사국 총회 보고서). 일본은 에너지 효율이
매우 높은 나라이며, 일본 경제는 수입 화석연료에 의존하고 있
다. 일본은 또한 강대국이 되려고 애쓰는 나라이다. 따라서 일본
은 기후 변화 협상에서 다른 나라들에게 좋은 인상을 주려고 노
력했고, 그 결과 일본은 온실가스 배출을 줄여야 한다고 주장했
다. 일본은 또한 수입 화석연료에 대한 의존도를 줄이기 위한 기
술적 대안을 찾으려는 노력도 기울이고 있다.

　　이런 분위기에서 일본은 중요한 3차 교토의정서 당사국 총
회를 주최하겠다고 제의했다. 일단 온실가스 배출을 줄이겠다고

약속하기는 했지만, 일본은 의정서가 이미 지극히 에너지 효율이 높은 나라로서는 실현 불가능한 의무를 부과할 가능성도 있다는 사실을 깨달았다. 비공식적이긴 하지만 일본이 그 관용성의 결과를 걱정한다는 말이 나돌았다. 하지만 일단 회의를 주최하겠다는 제의를 했고, 그 회의에서 유럽연합의 야심에 찬 목표를 접하고 보니 일본은 뒷걸음질치기가 어렵다는 것을 알게 되었다. 일본은 2008~12년에 배출을 6% 줄인다는 목표를 받아들이기까지 했다. 그러나 일본은 그런 목표는 오직 핵발전소를 건설해야 달성될 수 있다는 점을 분명히 했다. 그런데 핵발전소 건설은 1945년 8월 이후로 핵이라면 무엇에 대해서나 거부반응을 보이고 있는 국민의 정서를 감안할 때 많은 문제를 안고 있다.

1998년 일본 정부는 '지구온난화 방지를 위한 조치 지침'을 채택했다. 이 지침은 2010년까지 요구되는 정책들을 개괄적으로 설명하고 있다. 일본 정부는 '지구온난화를 방지하는 조치 증진법'도 채택했다. 정부가 채택한 조치 가운데는 산업체, 교통, 상업 및 주거 부문에서의 에너지 절약과 재생가능한 에너지, 핵에너지의 권장 등이 포함되어 있다. 일본 정부는 산업체들이 2010년까지 이산화탄소 배출을 1990년 수준으로 줄이도록 권장하기 위한 자발적 행동 프로그램도 개발했다. 일본 역시 교토의정서를 비준했지만, 2005년 2월 16일 이후에 일본이 할당받은 목표치를 과연 달성할 수 있을까 우려하는 사람들도 적지 않다.

중국

중국의 입장은 애매하다. 한편으로는 안전보장이사회의 상임이사국으로 국제 문제에 강한 영향력을 행사하면서도, 다른 한편으로는 G77의 일원으로 개발도상국이다. 또한 중국의 경제는 매우 빠르게 발전하고 있다. 12억 인구에 가파른 경제 성장은 중국의 온실가스 배출량 역시 빠르게 증가할 가능성이 높다는 것을 말해 준다.

협상이 시작되면서 줄곧 중국은 배출 감축 책임은 선진국들에 있다는 입장을 유지해 왔다. 그리고 그런 책임에는 기술 이전이 뒤따라야 한다는 것이었다. 1992년 중국은 기후변화협약에 만족하고, 1993년 1월 이 협약을 비준했다. 그 후 몇 년 동안 중국은 공동이행이라는 수단에 대해 회의적이었고, 1995년의 시험 가동을 마지못해 승인했다. 1996년 중국 정부는 그들이 현대로 도약하는 데 도움이 된다고 생각하는 기술 목록을 제출했다. 하지만 선진국들은 이 목록에 대해 별 반응을 보이지 않았다. 중국은 교토의정서 조인국이기는 하지만, 처음에 중국 정부 각 부처는 세 가지 유연성 체제 채택에 대해 매우 분노했었다. 이들 체제들이 기정사실로 정착되자, 중국 정부는 흡수원은 청정개발체제에 포함되어서는 안 되며, 핵발전은 청정개발체제에 포함되어야 한다고 주장하는 정책들을 내놓았다. 이런 입장들은 그 후 협상 과정에서 표명되어 왔으며, 중국 정부는 또한 개발도상국들의 자발적인 약속이 있어서는 안 된다는 점을 분명히 밝혀 왔다.

그동안 중국 내 상황은 커다란 변동을 겪었다. 정부 구조가 몇 번 바뀌었고, 1990년대 초 이후 발전 및 산업 부문이 서서히 자유화되었으며, 작은 발전소들과 산업체들은 강제로 폐쇄되고 있다. 이런 조치가 발전 부문의 효율을 높이는 효과를 가져오고 있다. 에너지 효율이 가장 낮은 부문이 소규모 발전 부문과 소규모 철강, 알루미늄, 시멘트 업체들이기 때문이다. 중국의 경제가 발전하는 속도만큼 온실가스 배출이 증가하지는 않으리라는 것은 이미 확실해졌다. 그와는 반대로 중국 정부는 경제 발전과 온실가스 배출을 분리시킬 수 있을 것으로 보인다. '중국은 1980년 이후 소비단위당 에너지 소비를 반으로 줄였다. 이런 노력이 없었다면, 1997년의 이산화탄소 배출량은 그 실제 배출량보다 50% 이상 더 많았을 것이다'(Zhang, 1999: 55; Gupta et al., 2001b 참조). 이것은 중국 사회가 매우 빠르게 현대화되고 있다는 것을 뜻한다. 이 배후에 있는 추진력은 기후 변화가 아니고 자유화와 지방 오염의 감소 필요성이다. 물론 이런 노력은 기후 변화 방지 차원에도 도움이 된다. 중국의 전문가들은 그들이 비교적 부유해질 때까지는 어떤 배출 제한도 받아들여서는 안 된다고 주장하고 있으며, 그 시기를 21세기 중반으로 예상하고 있다.

인도

인도는 인구가 약 10억이나 되는 개발도상국이다. 인도의 경제는 중국보다는 덜하지만 역시 빠르게 성장하고 있다. 인도는 G77에서 영향력 있는 지위를 차지하고 있다. 1989년 인도의 한 장관은 이렇게 말했다. "대중의 생활조건을 향상시키려고 노력하고 있는 나라들에 대해 배출량 목표치를 설정하는 것은 반생산적일지 모른다. 하지만 세계 모든 국가의 참여를 보장하는 체제를 고안하지 않고 기후 변화와 싸우기 위한 합의에 도달하는 것 역시 똑같이 반생산적인 일일 것이다"(Prasad, 1990). 그때부터 인도 정부는 인도의 1인당 배출량은 미미하며, 따라서 선진국들이 행동을 취할 책임이 있다고 주장해 왔다(Dasgupta, 1994). 인도는 매우 신속하게 기후협약을 비준했다. 인도는 교토의정서를 비준하긴 했지만 서명을 하지는 않았다. 그것은 중국과 마찬가지로 인도도 공동이행과 유연성 체제에 대해 회의적이었기 때문이다. 인도의 한 협상자는 이렇게 주장하고 있다. "남측은 배출권 거래제와 국가간 '탄소 상쇄' 프로젝트에 대해 불쾌감을 나타냈다. 남측 국가들은 온실가스 할당량을 '사고 파는' 것을 가능케 하는 규칙이 남과 북의 간극을 고정시키는 결과를 가져오지 않을까 두려워했다." 그는 이렇게 말을 잇고 있다. "북이 현재 차지하고 있는 환경적 공간이 재산권으로 이어져서는 안 된다.…… 시애틀과 헤이그 회의는 실용주의적 합리주의가 남·북 대화를 유지하는 데 얼마나 위험한 요소가 되고 있는가를 보여 준다"(Sharma, 2001).

그러나 그런 방안들이 기정사실이 되고 또 매들린 올브라이트 국무장관과 클린턴 대통령 등 고위 인사들이 방문한 효과로 청정개발체제는 현재 인도의 몇 개 부서와 기업체 중역실의 의제에 올라 있다. 국내에서 토론이 활발하게 전개되었지만 쉽게 해답이 나올 것 같지는 않다. 에너지 분야의 선택은 세계적으로 커다란 문제를 안고 있다. 석탄의 사용이 의문시되고 있는 반면, 대규모 수력발전 역시 지역 및 세계적 반대에 직면해 있다. 핵발전 역시 마찬가지다. 선진국에서조차 너무 비싼 것으로 간주되고 있는 재생가능한 에너지는 개발도상국들에서는 사용할 여유가 없다. 1990년부터 인도 정부는 에너지 및 산업 부문을 자유화해 오고 있는데, 인도는 재생가능한 에너지를 권장하는 독립 부서를 둔 유일한 나라이다. 1990년대 후반에 인도는 이미 세계에서 다섯 번째로 많은 풍력발전을 하고 있는 나라였지만, 그 후로 다른 나라들에게 추월당했다. 인도 정부는 재생가능한 에너지가 2012년까지 인도에서 사용되는 전기의 10%를 생산하도록 한다는 법률과 에너지효율 법안을 채택했다. 조사 결과 인도는 전력 생산과 온실가스 배출을 분리시키고 있는 중이고, 에너지 효율도 서서히 높아지고 있는 것으로 나타나고 있다. 에너지 효율을 높일 잠재력이 아직 상당히 있고, 에너지 효율을 높이는 정책을 추구해야 할 국내적인 이유들도 있다. 한편 기후 변화가 인도에 끼칠 잠재적 영향은 상당하다. 히말라야의 빙하는 기후 변화에 취약한데, 그 빙하가 이미 녹고 있다고 한다. 앞으로 온도는 평균 1% 상승하고, 계절풍을 동반한 강우가 줄어들어 수자원이 상당히 감소할 것으로 예상된다. 해안의 저지대는 태풍과 해수면 상승에 취약하다. 또 농산물 생산도 감소하고 동물이 옮기는 전염병 또한 증가할 것으로 예상되고 있다. 2004년 인도 정부가 기후 변화 사무국에 제출한 보고서는 인도에 대한 기후 변화의 부정적 영향이 얼마나 심각할 수 있는지를 보여 주고 있다.

남아프리카공화국

남아프리카공화국은 오랫동안 지구공동체와 격리되어 있었으므로 아주 최근에 와서야 협상에 참가하기 시작했다. 중국, 인도와 마찬가지로 이 나라 역시 매우 많은 온실가스를 배출하고 있다. 그러나 두 나라와 달리 남아프리카는 1인당 배출량이 매우 많다. 남아프리카는 고도로 공업화된 나라처럼 보이지만 1인당 소득은 아주 낮다. 남아프리카가 1인당 배출량이 높은 것은 고도로 산업화된 부문이 대부분 화석연료에서 나오는 에너지를 사용하고 있기 때문이다. 석탄을 때는 발전소들이 온실가스의 주요 배출원이며, 거대한 광산들 역시 많은 온실가스를 배출하고 있다. 남아프리카 정부는 스스로가 세계에서 가장 큰 오염자 가운데 하나라는 사실을 뼈저리게 인식하고 있다. 그러나 남아프리카 정부는 또한 이 나라의 많은 지역이 개발되어 있지 않다는 사실도 알고 있다. 자기 나라가 개발도상국이며, 자기 나라의 정치적 전략은 우선 국가 차원에서 결정되고 다음에 남아프리카 개발공동체SADC 차원에서, 그리고 아프리카 수준에서, 그리고 G77 수준에서 결정된다고 주장하면서, 남아프리카 정부는 유연성 체제에 참여해서 기술협력의 기회를 활용할 생각이 있다고 밝혔다. 발전 부문은 세계에서 다섯 번째로 크다고 일컬어지는 준 국영업체 ESCOM의 수중에 있다. ESCOM은 석탄에 관한 명성과 기술적, 재정적 힘을 구축해 왔으며, 따라서 힘의 원천인 석탄 사용을 바꿀 의향이 별로 없다. 더욱이 이 회사는 정부 정책에 상당한 영향력을 행사하고 있다. 정부는 에너지 문제 외에도 주요한 여러 사회 문제를 안고 있다. 기후 변화 국가위원회가 있어 국가전략을 마련하고 있지만, 남아프리카 역시 다른 개발도상국들과 마찬가지로 국제협상에서 방어적 역할을 채택해 왔다.

요약

지금까지 살펴본 나라들의 국내 사정을 자세히 검토해 보면, 소
망하는 바는 어느 나라나 별 차이가 없다는 것을 알 수 있다. 개
발도상국들이 지속가능한 발전의 길을 밟지 않고 성장을 택하기
때문에 문젯거리로 간주되지만, 대부분의 선진국들 역시 경제 성
장이 주요한 동기 요인이 되고 있음이 점점 분명해지고 있다. 노
르웨이와 오스트레일리아는 가장 부유한 나라에 속하지만 더 부
유해지려는 생각 때문에 배출량 증가를 요구하고 있다. 미국은
부유할 뿐 아니라 배출을 감축할 기회가 아주 많은 나라지만, 국
민들의 고용기회가 줄어들지도 모른다는 생각에서 그런 행동을
취하려 하지 않고 있다. 비록 유럽연합이 지도적 역할을 하려고
노력해 왔고 또 교토의정서의 비준을 촉구해 왔지만, 미국이 온
실가스의 중요한 배출자라는 사실을 감안할 때 선진국의 배출량
감축에 미치는 전체적 영향은 미미할 것 같다. 한편 개발도상국
들은 협상에서 방어적 자세를 취하고 있지만, 그들 역시 나름의
행동을 취하고 있다. 비록 기후 변화가 행동의 동기는 아니지만
기후에 대한 토론과 기타 전세계적인 추세에 영향을 받고 있는
것이다. 존 프레스콧은 이렇게 말하고 있다. "사실 개발도상국들
은 이미 많은 행동을 취하고 있다. 이런 행동이 그들의 배출 증가
를 제한하게 될 것이다. 예를 들면, 중국의 경우 만약 에너지 개

혁이 없었다면 온실가스 배출이 50% 더 늘었을 것으로 짐작된
다"(Prescott, 2000).

6. 동맹 게임

국가들은 서로 동맹을 맺고, 세계는 늘 비슷한 관심을 가진 국가
들의 그룹으로 나뉜다. 앞에서 살펴본 것처럼, 세계는 본질적으
로 두 개의 그룹―선진국들과 개발도상국들―으로 나뉘어 있다.
이는 기후협약과 의정서에 따른 책임 분담에도 반영되고 있다.
각 그룹은 더 작은 그룹, 더욱 구분이 분명한 그룹들로 나뉘고,
그룹 안에서 다시 그룹들이 형성된다. 여기에서는 이런 그룹들과
그 그룹들이 협상과정에서 수행하는 역할에 대해 살펴본다. 점점
더 분명해지겠지만, 국가들은 지역에 따라 정치적 노선에 따라
뭉치는 경향을 보인다. 그리고 이런 동맹은 각국의 국익을 반드
시 반영하지는 않는다.

　국가들이 그룹을 형성하지 않으면 190개국이 협상한다는 것
은 분명히 어려운 일이다. 동맹은 국제공동체에 메시지를 전달하

는 비용을 줄이는 데 도움이 되고, 또 무임승차자 문제를 완화하는 역할도 한다. 또 각국은 동맹을 형성함으로써 그들의 협상력을 증가시킨다.

동맹은 유럽연합처럼 공통의 제도적 틀과 법률적 정체성을 토대로 형성될 수도 있고, 아프리카 통일기구처럼 지리적 위치를 토대로 형성될 수도 있으며, JUSSCANNZ처럼 공통 관심사에 대한 인식을 기초로 해서 형성될 수도 있고, 소도서국가동맹처럼 곤경이 원인이 되어 형성될 수도 있다.

남북 양분

매우 추상적인 관점에서 본다면, 협상은 남과 북 사이에 진행된다. 북North은 기후 변화 협상에서 부속서 I(선진국들)이나 부속서 B(구체적인 양적 의무량을 가진 선진국들)에 언급된 국가들로 대표된다(3장 참조). 남South은 대체로 G77 국가들로 대표된다. UN, WTO, GATT 안에서 진행되는 국제협상은 대개 이 같은 이분법에 따라 진행된다.

G77은 남측 국가들의 단결과 협상을 돕기 위해 1964년에 창설되었다. 현재 회원국은 133개국이며, 그중 130개국은 활동적인 민족국가이다. 대륙별로 돌아가며 회장국을 맡으며, 회장의

임기는 1년이다. 그러나 회장을 맡겠다고 자원하는 나라들은 많지 않다. 2000년에는 나이지리아가, 2001년에는 이란이 회장국을 맡았다. 재정자원이 빈약하고 회원국이 다양한 탓으로 G77이 국제협상에 등장하는 광범하고 다양한 문제들에 대해 명확하고 일관성 있는 협상전략을 내놓기는 어려운 형편이다. G77은 5개 지부(로마, 파리, 나이로비, 워싱턴, 빈)를 두고 있고 2000년에 처음으로 전 회원국 정상회담을 개최한 바 있다(〈박스 12〉 참조).

하지만 세계를 선진국과 개발도상국으로 나누면, 이른바 '개발도상' 그룹은 찌꺼기 비슷한 그룹이 된다. 이 그룹은 153개국으로 이루어져 있으며, 그중 130개국만이 G77 회원국이다. 23개국은 북에도 G77에도 소속되지 않지만, 남과 어울리고 있다. 이들 국가 가운데는 새로 OECD 회원국이 된 멕시코와 한국, 전에 동구권에 속했던 알바니아, 아르메니아, 아제르바이잔, 그루지아, 카자흐스탄, 키르기스스탄, 마케도니아, 몰도바, 타지키스탄, 우즈베키스탄, 유고슬라비아 연방, 그리고 도서국가들인 쿡 제도, 키리바티, 나우루, 니우에, 팔라우, 투발루, 그 밖에 안도라, 이스라엘, 교황청, 산마리노 등이 포함된다. 이 국가들이 어느 쪽에 충성을 바치는지는 분명치 않다. 남과 북과 다양한 유대관계를 맺고 있기 때문이다. 동맹관계가 앞으로 어떻게 전개될지는 분명치 않다. 카자흐스탄은 부에노스아이레스 협상에서 선진국들과 연합하고 싶다는 뜻을 분명히 밝혔다(〈박스 6〉 참조).

G77과 2000년의 첫 번째 정상회담

2000년, G77 그룹은 첫 번째 전세계정상회담을 열었다. 이 회담에서 그룹의 목적이 '회원국과 회원국 국민의 더 나은 미래 설계와 공정하고 민주적인 국제 경제 시스템의 확립을 위해 노력하는 것'임을 재확인했다. 개발도상국의 국가수반들은 그들이 당면한 주요 문제들의 목록을 만들었다. 그러나 환경 문제들은 큰 주목을 받지 못했다. 정상들은 다음과 같은 성명을 발표했다.

- 환경 보호, 노동 기준, 지적재산권 보호, 지역에 알맞은 개혁과 지역공동체, 건전한 거시경제적 관리, 발전의 권리를 포함하는 보편적으로 인정되는 인권과 기본적 자유의 증진과 보호, 그리고 국제기구 안에서의 각 문제의 취급 등의 가치를 인정하면서, 우리는 이런 문제들을 시장 접근이나 개발도상국들에 대한 원조 및 기술 이전을 제한하는 조건으로 이용하려는 모든 기도를 배격한다.

- 우리는 개발도상국, 특히 저개발 국가들의 개발 활동에 악영향을 끼쳐 온 공적개발원조ODA의 계속되는 감소에 대해 깊은 우려를 표시하며, 따라서 그들의 국민총생산GNP의 0.7%를 ODA로 제공하겠다는 약속을 아직 이행하지 않은 선진국들에게 즉각 약속을 이행할 것을 촉구하며, 그 목표 안에서 0.17~0.20%는 저개발 국가들에 제공할 것을 요구한다. 우리는 또한 공적원조가 개발도상국들의 국가적 개발

우선순위를 존중하는 가운데 제공되어야 하며, ODA에 조
건을 붙이는 일은 없어져야 한다고 촉구한다.
- 우리는 인류가 당면하고 있는 세계적, 지역적으로 심각한 환
경 문제들이 북의 환경적 부채를 인정하고 선진국과 개발도
상국이 공통된 책무를 지지만 그 정도는 달라야 한다는 원칙
에 기초해서 해결될 것을 촉구한다.

G77 남측 정상회담, 2000년 4월 10-14일, 아바나.

남과 북이 서로 대립할 때 논의는 양극화되는 경향을 보인
다. 그리고 관련이 있는 또는 관련이 없는 다른 국제협상에서 조
성된 불만이 기후 변화 협상에 영향을 끼치기도 한다. 많은 주요
남북 문제들이 몇 년째 해결되지 않고 있기 때문에, 또 기후 변
화 협상이 UNCED와 병행해서 진행되었기 때문에 이것은 불가
피하다(Chatterjee and Finger, 1994: 40; Arnold, 1993; Nath,
1993; Goldemberg, 1994). 개발도상국들의 협상 주역 및 이해당
사자들과 150회가 넘게 인터뷰를 한 결과 남South이 점점 더 기
후 변화를 또 하나의 남-북 문제로 보는 경향을 보이고 있음을
알 수 있다. 따라서 개발도상국들은 1960년대의 신국제경제질서
요구에 상응하는 새로운 질서, 그리고 개발도상국들이 성장하고

가난과 싸우고 지구의 환경자원을 공평하게 공유할 권리를 보장
해 줄 원칙을 새로이 요구하게 되었다.

　남-북의 양극화는 기후 변화 문제가 국제 경제 질서상의 불
공평, 예를 들면 WTO 내의 섬유 무역, 생물 다양성 협약과 관련
된 지적재산권(Chatterjee and Finger, 1994: 42), 목재 무역, 원료
가격의 하락 등과 관련을 갖게끔 했다. 그러나 개발도상국들이
북측의 선의와 도덕적 가치관에 호소해야 한다고 생각하는 다른
문제들과 달리, 기후 변화의 경우에는 북측이 지구의 대기를 오
염시키는 '나쁜 사람'이 분명하기 때문에 자신들이 강점을 가지
고 있다고 느꼈다. 정당한 분노에 입각해서 합법적인 주장을 하
고 다른 문제들과 관련시키기도 했다. 기후 변화가 '국가들간에
더욱 공평한 부의 재분배를 주장하는 계기가 되었기 때문'이다
(Goldemberg, 1994: 177).

　냉전이 종식되고 정치적 상황이 바뀌면서 동구권이 재원과
원조의 대안적 원천이 되는 대신에 그 자체가 선진국들의 도움을
구하는 처지가 되면서 개발도상국들의 취약성은 더욱 악화되었
다. 개발도상국들은 동구권 국가들의 이 같은 새로운 역할이 남
과 북 간의 힘의 불평등을 증가시킬 것이라고 더욱더 확신하게
되었다. 제3세계의 지식인들은 단 하나의 경제 이데올로기와 압
도적인 미국의 군사력이 지배하는 세계, 소수의 매우 부유한 국
가들이 군사, 의학, 에너지 기술을 독점하려 하고 나머지 세계를

제한과 조건으로 얽어매는 세상이 왔다고 느꼈다(Rao, 1993: 319; Arnold, 1993; Rao, 1994: 399; Agarwal et al., 1992:12; Nyerere et al., 1990). 선진국들이 세계의 의제를 설정하고, 그들의 국익을 지지하는 토론장으로 문제들을 상정시키는 것으로 비쳐졌다. 개발도상국의 전문가들은 북측이 UNCED에서 개발 문제들을 소홀히 다루고 신국제경제질서가 국제적 논의에서 사라졌으며, 지적재산권 논의가 세계지적재산권기구에서 WTO로 옮아간 것을 예로 들고 있다.

해양법, 생물 다양성 협약, 독성폐기물 협약 같은 개발도상국들에게 유리한 문제들을 협상할 수 있는 분야에서는 미국은 그런 조약을 비준하지 않음으로써 자국의 이익을 보호하려 하는 것으로 보인다. 교토 체제에서 탈퇴한 미국의 행동은 국제적인 환경회의에서 이전에 미국이 보여 준 관행과 일치하는 움직임으로 나타나고 있다.

과거에 국제협상을 경험한 개발도상국들은 새로운 북측의 행동과 제안들을 신식민주의적인 것으로 불신하고 있다. 남측은 불공평한 경제 질서가 불공평한 환경 질서로 대체될 것으로 예상하고 있다. 그 둘이 밀접하게 연관된 것으로 보고 있는 것이다. 즉 경제 질서가 변화되고 원료 값이 공평하게 매겨지고, 선진국들의 수입 제한이 철폐되고 부채가 탕감되어야, 비로소 남측이 그 세입을 늘리고 환경보호와 현대적 기술에 투자할 수 있는 기회를 갖게 될 것으로 보고 있는 것이다.

이 모든 것은 남측이 재정 지원과 보상, 비상업적 차원의 기술 이전을 요구하는 입장을 취하게 된다는 것을 의미한다. 이런 입장은 주제의 정확한 본질과는 관계 없이 폭넓게 사용되고 있다. 남측은 그 협상 입장을 세련되게 하지 못하고 제3세계의 단결이라는 수사적 진술을 넘어서지 못하는 것처럼 보인다. 선진국들은 이런 개발도상국들의 입장에 쉽사리 대처할 수 있다. 왜냐하면 개발도상국들은 한편으로는 서구처럼 되고 싶어하면서 다른 한편으로는 서구의 합리주의를 거부하기 때문이다. 그들은 '우는 소리'는 도움이 되지 않고 얻을 수 있는 것은 얻어야 한다고 느끼지만, 그들 스스로가 '가난하지만 고상하며…… 역사적 잘못에 복수하고 있다'고 여기고 싶어한다. 개발도상국들은 서구에 맞서고 싶어하지만 보복을 두려워하고 있다.

북측 동맹

기후 변화 협상을 위한 북측 그룹은 유럽연합과 그 외의 40개국으로 이루어져 있다. 주도적인 그룹은 15개국으로 이루어져 있는 유럽연합이며, 이 그룹은 중부 유럽과 동유럽에서 새로운 후보 국가들을 새로운 회원으로 맞아들여 그 규모가 더욱 커질 가능성이 높다. 유럽연합의 정책은 면밀하게 조정되어 있으며, 기후 변화의 경우 장관위원회가 협상재량권에 관한 결정을 한다.

미국은 그 인구와 경제 규모, 온실가스 배출량 때문에 북측 동맹에서 가장 영향력이 큰 회원국 가운데 하나이다. 미국은 또 독자적인 길을 가려고 하기 때문에 그런 태도가 미국을 협상에서 고려해야 할 주요 세력으로 만들고 있다. 그럼에도 불구하고 일본과 미국, 스위스, 캐나다, 노르웨이, 뉴질랜드는 각국의 이름 첫 글자를 따서 JUSSCANNZ라는 그룹을 결성했다. 1990년대 초에 최소한 캐나다와 노르웨이가 기후협상에서 지도자가 되려는 소망을 가지고 있었고, 교토 협상의 주최국으로서 일본이 교토의 정서를 지지하고 있다는 점을 고려할 때, 이 그룹은 이상한 동맹이다. 그러나 시간이 흐르면서 이들 국가들의 유사점이 명백하게 드러났다. 이들 국가들은 흡수원에 대해 비슷한 견해를 가지고 있고, 구속력 있는 약속을 꺼리며, 시장 체제의 필요성을 유난히 강조하고 있다. 그러나 이 국가들이 비준 과정에서 비슷한 입장을 취하기는 했지만 일부 회원국이 탈퇴함에 따라 현재는 그룹으로서 생명력을 잃고 있다.

동유럽과 중부 유럽에서는 벨로루시가 협약 부속서 I에 속해 있음에도 불구하고 의정서 부속서 B에는 포함되어 있지 않으며, 터키와 마찬가지로 협상에서 소극적인 태도를 취하고 있다. 2000년에 형성된 중부 유럽의 그룹-11은 불가리아, 체코공화국,

슬로바키아, 에스토니아, 헝가리, 라트비아, 리투아니아, 폴란드, 루마니아, 크로아티아, 슬로베니아가 참가하고 있다. 이 국가들은 비교적 소득 수준이 낮고 경제 규모가 작으며, 정치 체제가 불안정하고 유럽연합 회원국이 되려는 희망을 가지고 있다. 경제 규모가 상당히 큰 러시아와 우크라이나는 독립적인 입장을 취하고 있다.

러시아와 우크라이나는 일본, 아이슬란드, 미국, 캐나다, 오스트레일리아, 노르웨이, 뉴질랜드와 함께 엄브렐러 그룹에도 가입했다. 이 그룹은 일부 유연성 체제, 특히 배출권 거래제에 관해 공통 입장을 만들 수 있는지 알아보기 위해 형성된 그룹이다.

리히텐슈타인과 모나코는 협약 수정에 의해 부속서 I에 들어가기를 희망했고, 현재 어느 특정한 동맹에도 가입하지 않고 있다. 모나코는 아직 교토의정서를 비준하지 않았다.

유럽연합

유럽연합은 적극적으로 기후 변화 협상에 참가해 왔다. 1990년 이 문제가 점점 심각해지고 있다는 증거가 나타나자, 환경장관회의는 12개 회원국들의 이산화탄소 배출을 2000년까지 1990년 수준으로 안정시킨다는 공동 목표를 채택했다. 그 기간 동안 많은 회원국들이 하나 또는 그 이상의 온실가스와 관련된 국내 목표를 채택하려고 적극적으로 노력하거나 채택했다(〈표 8〉 참조). 원칙적으로 유럽인들은 짐을 서로 나눔으로써 덜 개발된 유럽 국가들이 그들의 온실가스 배출을 증가시킬 수 있도록 허용하겠다는 데 합의했다. 그러나 그 후 6년 동안 논의는 많이 있었지만, 짐을 나누어 지겠다는 합의를 실제로 어떻게 실천할 것인가에 대한 결정은 별로 이루어지지 않았다(Wettestad, 2000).

한편 유럽연합에서 공동의 탄소세를 도입하려는 노력이 시작되었다. 유럽연합 차원에서 그런 세금을 신설하면 회원국들이 이산화탄소 배출을 줄이는 데 도움이 될 것이라는 생각에서 나온 아이디어였다. 세금이 공동으로 적용되기 때문에 유럽연합 내의 에너지 집약적인 산업의 상대적 경쟁력에는 영향을 끼치지 않을 것이었다. 그러나 영국을 비롯한 몇 나라가 재정 문제에 대한 권한을 유럽위원회에 넘겨주기를 꺼렸다. 이 세금에 관한 협상은 지금도 계속되고 있다(Dahl, 2000; Gupta and Ringius, 2001). 1996년 교토에서 합의를 하리라고 예상한 네덜란드 정부는 한 연구소에 유럽연합 회원국들 사이에 부담을 공유하거나 목표를 공유하는 시스템을 개발해 달라고 의뢰했다. 의뢰를 받은 연구소는 세 가지 기준을 기초로 목표치를 선정한 제안서를 만들었다(〈박스 11〉 참조). 이들 목표치는 토론과 협상을 거쳐, 유럽연합 환경장관회의에서 3개 주요 온실가스의 배출을 2010년까지

<표 8> 유럽연합 배출 목표의 변화(%)

	국내목표 1990년대 초[a][b]	교토 이전 의도 (−15)[c]	교토 이후 의도[d] (−8)[e]
오스트리아	이산화탄소를 20% 줄인다 (2000/1988)	−25	−13
벨기에	이산화탄소를 5% 줄인다 (2000/1990)	−10	−7.5
덴마크	이산화탄소를 20% 줄인다 (2005/1988)	−25	−21
핀란드	이산화탄소를 안정시킨다 (2000/1990)	−10	0
프랑스	1인당 이산화탄소 배출을 2000년까지 2톤으로 안정시킨다	0	0
독일	이산화탄소를 25% 줄인다	−25	−21
그리스	EU의 목표를 지지한다	+30	+25
아일랜드		+15	+13
이탈리아	이산화탄소를 안정시킨다 (2000/1990), 이산화탄소를 20% 줄인다 (2005/1990)	−7	−6.5
룩셈부르크	EU 목표를 지지한다	−30	−28
네덜란드	이산화탄소를 3~5% 줄인다 (2000/1990)	−10	−6
포르투갈	EU 목표를 지지한다	+40	+27
스페인		+17	+15
스웨덴	EC/EFTA 목표를 지지한다	+5	+4
영국	이산화탄소 배출을 안정시킨다 (2005/1990)	−10	−12

[a] 월터스, 쉬거, 굽타 편찬(1991).

[b] 1992년 공동 목표: 공동 안정화 목표(2000/1990)를 받아들일 의도가 있음.

[c] 3개 가스와 관련해서 1997년 3월에 열린 환경장관회의의 결론.

[d] 교토 공동 목표: 6개 가스를 2008~12년에 1990년 수준보다 8% 줄인다는 공동 목표를 받아들일 의도가 있음.

[e] 6개 가스와 관련해서 1998년 6월에 열린 환경장관회의의 결론.

15% 줄이고, 그 목표량을 회원국들 사이에 분배한다는 합의에 기초한 협상 입장을 결정했다. 각 나라의 목표치의 범위는 25% 감축에서부터 40% 증가까지 다양하다(〈표 8〉 참조). 이로써 유럽연합은 협상에서 입장이 강화되었다. 1997년 12월까지 나머지 선진국들에 대한 압력이 가중되었고, 다른 선진국들도 2008~12년 회계기간에 온실가스 배출을 5.2% 줄인다는 공동 목표에 동의했다. 꽤 많은 협상을 거쳐 유럽연합은 기준연도인 1990년에 비해 온실가스 배출을 8% 줄인다는 공동 목표를 채택했다. 유럽연합 내에서 짐을 분담하는 협정은 1998년 3월에 체결되었다. 각 나라별 목표는 28% 감축에서 27% 증가까지 다양하다.

의정서를 비준하려는 노력은 미국이 의정서 비준을 꺼렸기 때문에 둔화되었다. 여러 보고서가 유럽연합의 의정서 비준을 촉구했고(Grubb et al., 1999; Gupta and Grubb, 2000; Oberthür and Ott, 1999), 또 이 보고서들은 의정서의 비준과 2002년까지 그 시행을 촉구하는 노력을 강화했다. 부시 대통령이 교토의정서를 못마땅해하자 유럽연합 내에서는 의정서를 비준하려는 노력이 오히려 강화되었다. 유럽연합 회장국이 된 스웨덴은 2001년 자신들은 비준을 추진할 것이라고 선언했다. 그 과정은 성공적으로 추진되었고, 그 결과 교토의정서는 2005년 2월 16일 발효되었다.

동유럽과 중부 유럽

동구권 국가들은 1980년대에는 상대적으로 강력했었다. 하지만 1980년대 말에 이르러 베를린 장벽이 붕괴되고 소련의 통제력이 감소하기 시작했다. 발트 연안 국가들이 독립을 요구하고 페레스트로이카가 등장하면서 소련은 수많은 나라들로 갈라졌다. 유고슬라비아의 티토가 죽고 루마니아의 체아우세스쿠가 실각하면서, 소련의 모든 위성국들은 개혁이 가져오는 국내 정치의 혼란을 겪었다. 이런 사건들은 이 국가들의 경제와 하부구조에 큰 충격을 주었고, 따라서 대부분의 국가들이 경제 침체에 빠졌다. 많은 국가들이 유럽연합에 가입하기를 원했고, 몇몇 국가들은 선진국의 지위와 책임을 받아들이기로 했다. 어떤 국가들은 완전히 붕괴되어 자기들도 모르는 사이에 개발도상국이 되어 버렸다.

1992년에는 벨로루시, 체코슬로바키아, 에스토니아, 헝가리, 라트비아, 리투아니아, 폴란드, 루마니아, 러시아 연방, 우크라이나가 기준연도와 시행의 엄격성에서 어느 정도 양보를 해 준다면 안정화 목표를 받아들이겠다는 의향을 보였다. 몇 년 후 크로아티아와 슬로베니아가 이 그룹에 합세했다. 국내 경제사정을 재검토한 벨로루시는 이 그룹에서 탈퇴했다. 체코슬로바키아는 두 나라로 갈라졌지만 두 나라 모두 새로운 목표를 받아들였다.

1997년에 이 국가들의 (경제적이라기보다는) 정치적 다양성이 교토의정서에서 더욱 명백하게 반영되었다. 불가리아, 체코공화국, 에스토니아, 라트비아, 리투아니아, 루마니아, 슬로바키아, 슬로베니아는 안정화를 넘어서 배출을 8% 줄이는 목표를 받아들이기로 결정했다. 이것은 유럽연합의 공동 목표를 분담하려는 이 국가들의 열망이 반영된 것이라고 볼 수 있다. 폴란드는 협상을 통해 6% 감축을 크로아티아는 5% 감축을 받아들였다. 우크라이나와 러시아는 안정화를 목표로 하기로 결정했다.

〈박스 8〉은 나머지 동유럽 및 중부 유럽 국가들과는 달리, 러시아와 우크라이나가 그들의 온실가스 배출량을 1990년도 수준으로 증가시킬 수 있도록 허용되었음을 보여 주고 있다. 이들 두 나라는 미래에는 배출량 증가를 허용받지 못할 것이고, 대신 배출을 안정시키거나 감축해야 할 것이다. 물론 두 나라는 두 번째 회계기간에도 배출량 증가가 허용될 가능성에 도박을 할지도 모른다. 하지만 이 나라들이 경제 성장과 온실가스 배출을 분리시키는 효과적인 방법을 발견하지 못한다면 경제 발전은 계속될 수 없을 것이다. 동시에 이들 국가들은 목표를 받아들임으로써 할당된 배출량 가운데 사용하지 않은 양을 다른 선진국들과의 배출권 거래를 통해 현금화할 수 있을 것이다. 만약 이 나라들의 상황을 다른 개발도상국들의 상황과 비교한다면, 이 나라들이 양적인 약속을 덜 두려워하는 듯하고 그런 약속이 그들의 경제 성장에 즉각적으로 악영향을 미칠 것으로 우려하는 것 같지도 않다는 것을

알 수 있다. 이들은 그런 약속을 수락해도 배출권 거래를 할 가능
성이 있으므로 그 보상을 받게 된다.

개발도상국 동맹

부속서 I에 포함되지 않은 국가들은 G77 회원국 약 130개국과
G77 비회원국 23개국이다. G77은 3개 지역별 그룹으로 나누어
진다. 아프리카 그룹이 53개국이며, 라틴 아메리카와 카리브 해
지역 그룹이 32개국(멕시코는 포함되지 않음), 아시아 그룹이 36개
국이다. 멕시코의 지위는 명확하지 않다. 멕시코는 OECD 국가
이므로 G77에서 제외된다고 볼 수 있기 때문이다. 그러나 기후
변화 협상에서 멕시코는 선진국 목록에 포함되는 것을 피해 왔
다. GRILA라 불리는 비공식적인 그룹도 있다. 이 그룹은 라틴 아
메리카 그룹 안에 있으면서 서로 뜻이 맞는 16개국으로 이루어
져 있다. 라틴 아메리카와 카리브 해 그룹은 협상에서 꽤 적극적
이다. 아시아는 45개국이지만 그중 9개국은 G77 회원국이 아니
다. ASEAN 국가들과 아랍국가연맹도 협상에서 그들의 국익을
보호하기 위한 작은 지역 네트워크를 형성하고 있다.

　　연간 1인당 국민소득이 300달러가 못 되고 전세계 온실가스
배출량의 2~3%만을 차지하는(배출량의 대부분이 남아프리카에서

나온다) 아프리카는 기후 변화 협상에서 손해를 보는 입장이다. 아프리카는 온실가스의 배출량은 가장 적지만, 기후 변화에는 가장 취약한 지역이다. 위기에 효과적으로 신속하게 대처할 수 있는 경제적, 기술적 능력이 부족한 데다가 통치 체제도 그리 좋지 못하기 때문이다. 모잠비크를 덮친 홍수가 토지를 황폐화시켜도 정부는 제때에 대처할 수 없을 정도이다. 아프리카의 또 다른 지역들은 가뭄과 질병으로 피해를 입고 있다. 또한 아프리카 여러 나라에서는 기후 변화에 대처하려는 노력이 제한적으로 이루어지고 있을 뿐이다.

지역별 그룹과는 별도로 사안에 따라 형성된 그룹들도 있다. 이런 그룹 가운데 가장 힘 있는 그룹은 회원국이 11개 나라인 OPEC이다. 상당한 부를 축적한 OPEC 회원국들은 G77 안에서 주도적 역할을 하려고 해 왔다. 이 국가들은 특히 신국제경제질서를 주창하는 데 앞장서 왔다. OPEC은 또한 후한 기부자들이며 따라서 G77에서 영향력이 막강하다. OPEC 회원국들은 선진국들에게 구속력을 갖는 의무를 부여하는 데 반대하는 경향을 보이고 있으며, 따라서 협상을 지연시키는 역할을 하고 있다.

스펙트럼의 다른 쪽 끝에 소도서국가동맹AOSIS이 있다. 기후 변화에 취약한 국가들로 이루어진 이 그룹에는 42개국이 참가하고 있으며, 대부분이 작은 섬으로 된 국가들이고 작은 해안 국가들도 있다. 1990년대 초에 AOSIS는 다음과 같은 호소문을 발표했다. "우리들에게는 기후 변화에 대비하는 것이 수사적 또는 이론적 주장보다 중요하다. 그것은 환경적으로나 도덕적으로나 가장 우선순위가 높은 일이다. 우리에게는 과거에 일부 국가들이 제안했던 것처럼 결정적 증거를 기다리는 사치가 허용되지 않는다. 그런 증거를 기다리다가는 우리는 죽고 말 것이다"
(Wolters et al., 1991에서 인용). 이 그룹의 회원국 가운데 4개 나
라는 독립국가가 아니다. AOSIS는 일관되게 실천하기 힘든 목표
를 제시하고 협약 안에 숨어 있는 허점을 없애야 한다고 주장해
오고 있다.

이상한 동맹들

가끔 남과 북이 섞인 동맹이 생겨나기도 한다. 예를 들면, 아르헨
티나와 카자흐스탄이 부속서 B 국가들과 합세한 동맹체 비슷한
것도 있다. 두 나라가 법률적으로 구속력을 갖는 목표치를 수용
할 의사를 밝힌 것이다. 멕시코와 한국, 스위스가 만든 환경보전
그룹Environmental Integrity Group도 있다. 공동이행, 공동이행 시
범사업, 청정개발체제와 관련해서, 늘 이것들을 좋아하고 이 문
제에서는 선진국들과 같은 입장을 취해 온 남측 국가들의 그룹도
있다. 2001년 본 회의 이후, 미국을 제외한 전세계 국가들이 하
나의 동맹을 이루고 있는 듯하다.

　1인당 소득과 공업 부문의 이산화탄소 배출량이라는 면에서
선진국들을 좀 더 자세히 살펴보면, 1인당 소득과 배출량이 모두
매우 높은 노르웨이, 아이슬란드, 오스트레일리아는 배출량을 늘

리도록 허용되고 있다. 반면에 두 가지 수치가 역시 매우 높은 룩셈부르크는 배출량을 28% 줄이겠다고 약속했다. 러시아, 우크라이나, 루마니아 등 소득이 중간 정도인 국가들도 배출량을 줄이겠다고 약속했다.

OPEC 회원국들의 경우 1인당 소득은 1,000달러 이하(나이지리아)부터 2만 2,000달러 이상(카타르)까지 다양하다. 1인당 이산화탄소 배출량 역시 약 1톤(나이지리아)부터 28톤 이상(카타르)까지 다양하다. 상당히 가난한 나라가 있고(알제리, 인도네시아, 이란, 이라크, 나이지리아), 상당히 부유한 나라도 있다(쿠웨이트, 리비아, 카타르, 사우디아라비아, 아랍에미리트).

소도서 국가들의 대부분은 상대적으로 배출량이 낮고 국민소득도 적은 나라들이다. 그러나 이 그룹에 들어 있는 나라 가운데서도 싱가포르는 매우 부유하고 배출량도 상당히 많은 나라로 눈에 띄며, 팔라우와 트리니다드토바고도 상당히 부유하고 배출량도 많은 나라들이다. 이들은 도서국가라는 공통점을 뺀다면, 다른 소도서 국가들과 공통점이 별로 없는 국가들이다.

아시아의 경우, 1인당 소득은 네팔(220달러)부터 싱가포르(2만 9,610달러)까지 아주 다양하다. 이스라엘, 브루나이, 바레인, 한국, 대만, 그리고 태국까지도 상당히 부유한 나라에 속한다. 나머지 아시아 국가들은 1인당 소득과 산업에 의한 이산화탄소 배출량이 아주 비슷하다.

아프리카 53개국 가운데 30개국이 소득이 낮은 저개발 국가 LLDC이다. 2개 아프리카 국가(리비아와 세이셸)만이 1인당 소득이 3,000달러가 넘는다. 리비아와 남아프리카의 1인당 배출량은 매우 많지만, 세이셸의 1인당 배출량은 상당히 적다. 이들 나라들을 빼면, 아프리카 국가들은 여러 가지 점에서 상당히 비슷하다.

라틴 아메리카 역시 아주 부유한 나라들(바하마, 아르헨티나, 바베이도스, 앤티가바부다, 세인트키츠네비스, 칠레, 멕시코, 트리니다드토바고)과 매우 가난한 나라들(아이티와 니카라과)이 뒤섞여 있다. 이 가운데 1인당 배출량은 트리니다드토바고가 가장 많다.

1인당 소득에 기초해서 세계를 다시 한번 살펴본다면, 북(부속서 I 국가들)과 남(부속서 I에 언급되지 않은 국가들)의 구분이 그 의미를 잃어 가고 있다는 것이 금방 드러날 것이다. 싱가포르는 세계에서 가장 부유한 나라 가운데 하나로 분류될 수 있다. 바하마, 브루나이, 이스라엘, 쿠웨이트, 카타르도 스페인이나 포르투갈만큼 부유하다. 반면에 우크라이나, 러시아와 중부그룹 11개국은 대부분 중간 소득 국가들만큼 가난하다. 부국과 빈국 간의 경계가 이처럼 불분명해지면서 기존 동맹들이 그 입장의 진실성을 유지하기가 더욱 어려워지고 있다.

우리는 남-북 논의의 의미가 변화되고 있음을 목격하고 있다. 그것은 부국과 빈국 간의 논의라기보다는 부국 클럽에 끼고 싶어하는 나라들과 빈국 클럽에 속할 수밖에 없다는 사실을 인정하는 나라들 간의 논의이다.

미래에 대한 전망

전통적으로 남과 북을 갈라놓고 있는 깊은 간극이 기후 변화 분야에도 그대로 반영되어 왔다.

기후 변화 문제는 그 결과가 지구의 곳곳에 미치기 때문에 가장 작은 나라들, 가장 궁벽한 곳에 있는 나라들을 논의의 중심으로 등장시켰고, 그 결과 이전의 남-북 협상을 더욱 복잡하게 만들었다. 또한 냉전이 종식되면서 경제적, 정치적 유사성보다는 지리적 인접성과 자기 이미지에 더 기초한 동맹체들이 생겨나면서 남-북 관계는 더욱 복잡해졌다.

하지만 빈국과 부국에 공통으로 중요한 문제들이 있다. 그러나 이런 중요한 문제들조차 그 분류의 명확한 기준이 없어 그 중요성이 인정되지 못하고 있는 실정이다. 이 같은 사정을 빌미로 북측 국가들은 기후협상을 위해서는 남측에 속한 국가들이 현재의 수준을 '졸업하고' 북측에 들어와야 한다는 주장을 펴기에 이르렀다. 이런 얘기가 많이 오가고 있긴 하지만, 153개 개발도상국 가운데 부유하거나 매우 부유한 국가의 범주로 편입된 나라는 불과 7개국뿐이다. 이것은 극히 적은 숫자이다. 이런 와중에 사람들은 소위 '선진' 국이라는 40개국 가운데 적어도 13개국은 실상은 정치적, 경제적 위기에 빠져 있고 소득도 중간 정도에 불과한 국가라는 것, 사실 이들 국가들은 진정한 부국의 자격이 없으면서도 상당한 대가를 치르며 부유한 국가들 클럽에 들어 있는 것이라는 사실을 잊어 버리고 있다. 벨로루시가 그 처지를 재고하고 부국 클럽에서 빠져나간 것도 이상한 일은 아니다.

7. 비국가행위자들과 동맹

폭증하는 비국가행위자들

기후 변화 문제는 우리 모두에게 영향을 미치는 중대한 문제이지만, 그에 관한 협상에는 국가와 그 대표들만 참가한다. 하지만 비국가행위자non-state actor들이 참관인으로 협상 과정에 초청되어 참가하기도 한다. 이것은 유엔헌장(1945) 71조에 의해 허용되며 1992년 유엔환경개발회의에서 재확인되었다. 점점 더 많은 비국가행위자들이 협상과 그에 관련된 기타 행사에 참가함으로써 협상에 활력을 불어넣기도 하고 반대로 협상을 방해하기도 한다. 이런 비국가행위자들에는 환경단체, 신앙에 기초한 기관, 개발기구, 그리고 역시 비중이 큰 산업 부문의 기관들이 포함된다. 1991년 샨티이(파리 북동부에 있는 거리)에서 열린 1차 협상 모임에는 50개가 넘는 비정부기구NGO들이 참가했다. 1차 당사국 총회에는 165개 NGO, 12개 정부간 기구, 19개 유엔 기관들이 출석했다. 3차 회의에는 236개 NGO, 15개 정부간 기구, 27개 유엔 기관으로 숫자가 불어났다. 언론의 보도는 주요 문제들을 일반 국민들에게 제시한다. 비국가행위자들이 일부 국가들에서는 영향력 있는 역할을 수행하고 있다. 여기에서는 토론의 성격과 관련된 문제들을 간단하게 다룬다. 국제적으로 볼 때, 비국가행위자들은 그 목적이 다소 상반되는 3개 그룹으로 나누어질 수 있다. 환경 비정부기구ENGO, 산업체, 그리고 연구공동체 등이다. 이들 단체에 소속된 사람들 1만 명 이상이 협상에 참가하고 있다.

환경 비정부기구

1980년대 이후로 환경 NGO들은 공통된 입장을 천명하고 정보를 공유함으로써 국제협상 과정에서 그들의 영향력을 극대화할 수 있다는 것을 깨달았다. 이런 깨달음에 입각해서 1989년 환경 NGO들은 기후행동네트워크Climate Action Network를 결성했고, 그후 몇 해에 걸쳐 회원단체 수를 약 300개로 늘렸다. 기후행동 네트워크는 8개 지부를 두고 있다. 때로는 개별 NGO들의 관심과 욕구가 이 단체와 다른 경우도 있다. 이 점은 국제적으로 나누

환경 NGO가 제공하는 읽을거리들

많은 출판물들이 다소 가벼운 면이 없는 것은 아니지만, 환경 NGO들의 출판물은 해가 가면서 점점 더 복잡해지고 더욱 세련되어지고 있다. 그래도 이 출판물들은 과학자들이 내놓는 방대한 자료에 비하면 읽기 쉽다. NGO들의 출판물 몇 종을 소개한다.

• *Earth Negotiation Bulletin*: 매일 진행되는 협상을 사실적으로 서술하고 있으며, 지속가능한 개발을 위한 국제연구소가 제작함.

• *ENB— On the Side*: 협상 과정에서 매일 일어나는 부수적인 사건들을 사실적으로 서술하고 있으며, 지속가능한 개발을 위한 국제연구소와 FCCC 사무국이 제작함.

• *ECO*: 중요한 협상의 진행 과정을 재미있게 서술한 출판물. 1972년 스톡홀름 환경회의 이후 환경 NGO들이 제작하고 있음. 기후협상에 관한 *ECO*는 기후행동네트워크가 제작하고 있음.

• *Climate Asia*: 남아시아와 관련된 문제들을 다루고 있으며, 기후행동네트워크 남아시아 지부가 제작함.

• *IMPACT*: 아프리카와 관련된 문제들을 다루고 있으며, 기후행동네트워크 아프리카 지부가 제작함.

• *Hotspot*: 유럽과 관련된 문제들을 다루고 있으며, 기후행동네트워크 유럽지부가 제작함.

• *Climate Notes*: 기후 변화에 관련된 문제들을 세세하게 다루고 있으며, 세계자원연구소가 제작함.

어주는 잡지나 신문들에 반영되고 있다.

많은 환경 NGO들은 분명한 개성과 입장을 가지고 있다. 세계자연기금World Wide Fund for Nature, 그린피스 인터내셔널 Greenpeace International, 지구의 친구들Friends of the Earth 등은 자기 분야에서 적극적으로 활동을 하며, 광범한 문헌을 제작하고 다양한 전략으로 협상 과정에 영향을 끼치고 있는 단체들이다. 환경 문제에 대한 과학적 정보를 제공하고 다른 단체들과 함께 로비를 하는 단체들도 있다. 남측의 주요한 NGO로는 제네바에 있는 사우스센터, 뉴델리에 있는 과학환경센터, 다카에 있는 방글라데시 고등연구센터, 자카르타의 펠랑지, 요하네스버그에 있는 어스라이프 아프리카 등이 있다. 워싱턴의 세계자원연구소, 런던의 왕립국제문제연구소와 국제환경법 및 개발 재단, 워싱턴의 지속가능한 아메리카 개발 센터, 캐나다의 지속가능 개발 국제연구소, 독일의 뷔페르탈 연구소, 암스테르담의 환경연구소 등이 협상을 뒷받침하는 과학적 자료를 준비해 주고 있다. 많은 NGO들이 자기 나라에서 회보를 발간하며 그 회보를 통해 기후 변화 문제를 다루고 있다(《박스 14》 참조).

환경 NGO들은 여러 해에 걸쳐 그들의 입장을 조율해 오고 있다. 많은 단체들이 교토의정서에 대해 비판적이지만, 그들은 여전히 의정서가 길고 힘든 여정으로 나아가는 중요한 첫 단계라고 보고 있다. 많은 단체들이 의정서의 환경 보호 측면을 강화하

교토의정서 성패의 조건

2000년 세계자연기금은 성공적인 의정서와 비성공적인 의정서의 특성을 열거한 문건을 만들었다. 그 문건에 따르면 교토의정서의 성공 조건은 다음과 같다.

- 목표를 국내에서 실행해 달성한다.
- 목표를 흡수원을 통해서가 아니라 배출 감축을 통해 달성한다.
- CDM은 적극적인 청정 기술, 즉 에너지 효율과 재생가능한 에너지에 초점을 맞추는 기술에 우선순위를 둔다.
- 목표를 강력하게 실천한다.

반면에 의정서가 실패할 조건은 다음과 같다고 세계자연기금은 주장하고 있다.

- 각국이 온실가스 배출권을 살 수 있도록 허용한다.
- 흡수원이 목표 달성에 이용될 수 있도록 허용한다.
- CDM이 핵발전, 대규모 수력발전, 청정 석탄 개발에 이용된다.
- 이산화탄소를 많이 흡수하는 농원을 만들기 위해 자연산림을 벌채한다.
- 각국이 목표 달성을 뒤로 미룰 수 있도록 허용한다.

한편 뉴델리에 있는 과학환경센터의 아가르왈(Agarwal, 2000)은 환경을 의식하고 있는 사람들은 의정서가 생태학적으로 효과적이기를 바라고, 가난한 사람들은 의정서가 평등하고 사회적으로 정의롭기를 바라며, 나머지는 의정서가 경제적으로 효과적이기를 바라고 있다고 쓰고 있다. 그는 생태적으로 효과적인 조치를 취하려면 온실가스 농도가 450ppmv(parts per million by volume)로 안정되어야 하고, 그렇게 되기 위해서는 북측은 배출량을 90%, 남측은 50% 줄여야 할 것이라고 주장하고 있다. 기후협약이 경제적으로 효과가 있으려면 선진국들은 유연성 체제가 필요할 것이다. 공평하게 되기 위해서는 선진국이 온실가스를 전혀 배출하지 않는 기술을 개발할 필요가 있다. 전세계가 재생가능한 에너지만을 쓰게 된다면, 배출 자격에 대한 논의는 필요없게 될 것이기 때문이다.

뉘앙스의 차이는 있지만 북측이나 남측이나 사실상 유연성 체제를 통해 재생가능한 에너지를 개발하는 데 찬성하고 있다.

는 방안을 논의해야 한다는 입장을 취하고 있다(〈박스 15〉 참조).

하지만 환경 NGO들이 항상 어떤 문제에 관해 견해가 일치하는 것은 아니다. 어떤 단체들은 흡수원을 의정서 이행의 수단으로 허용하는 것이 현명치 못한 조치라고 믿고 있는 반면, 그 반대의 주장을 펴고 있는 단체들도 있다(〈박스 16〉 참조).

교토의정서를 침몰시킨다?

일부 환경 NGO들—어스라이프 아프리카 요하네스버그, 환경 모니터링 그룹, 환경 모니터링을 위한 그룹, 대(大)에덴데일 환경 네트워크, 남아프리카 기후행동네트워크—이 최근에 의정서 이행에 흡수원을 포함시키는 문제에 관한 논문을 발표했다. 이들 단체의 견해에 따르면, 각국이 흡수원을 개발함으로써 배출을 상쇄할 수 있다는 이론적 가정은 기후 체계가 동적이고 예측 불가능한 것이 아니라 선적線的이라는 순진한 개념을 기초로 하고 있는 것이다. 더욱이 그런 조림계획은 화석연료 사용을 감축하라는 압력을 지연시키고 미래의 화석연료 감축을 더욱 어렵게 만든다. 흡수원을 조성하면서 각국은 나무를 이용해서 대부분의 탄소를 흡수하려는 생각을 하게 될 것이다. 그렇게 될 경우, 불가피하게 농원이 조성되어 생물 다양성과 자연보호, 유전적 다양성이 희생되게 된다. 바로 이런 이유들이 첫 번째 공약기간 동안 토지 이용 변화와 조림을 제외해야 한다는 강력한 근거가 되고 있다. 다음과 같은 이유들도 제시되고 있다. 흡수원을 측정하는 방법에 대한 과학적 불확실성 때문에 진정한 배출 감소 효과를 제대로 반영시킬 수 없다는 것이다. 또한 어떤 주어진 형태의 토지 이용이 영속적이라고 믿을 수도 없다. 자연적으로 조성되는 숲과 달리 인위적으로 조성되는 나무농원은 생태적으로 효율적이지 못하며, 숲 거주자와 빈곤한 지역 공동체의 생활을 악화시키는 결과를 가져온다. 흡수원으로서 숲의 개념은 기존의 숲과 전세계 농업에 대한 기후 변화의 잠재적 영향을 고려하지 않고 있다. 그리고 흡수원의 인정이 생물 다양성, 습지, 사막화 및 숲에 관한 다른 다국간 합의들을 무력화시킬지도 모른다. 그들은 또 흡수원의 정의를 확장함으로써 선진국들이 자기네들은 배출을 줄이는 조치를 취할 필요가 없다고 주장할 수 있게 되고, 이렇게 되면 기후 변화협약의 효율성이 저해되지 않을까 우려하고 있다.

한편 흡수원이 지역 공동체와 농촌 생계에 도움이 될 수 있다고 믿고 있는 라틴 아메리카의 NGO들도 있다. 즉 흡수원이 황무지에 조성되고 새로운 일자리를 창출하며, 사회·문화적 요소들을 고려하고 또 생물 다양성을 손상하지 않는다면, 흡수원을 포함시키는 것이 기후 변화는 물론이고, 이와 관련된 많은 문제들을 해결하는 데 도움이 될 것이며, 모두에게 도움이 되는 윈윈 win-win 전략이 될 수 있다는 것이다.

그러나 많은 환경 관련 NGO들은 자원이 제한되어 있고 비용 효율성이 투자자들의 목표이기 때문에 생물 다양성과 지역의 문화를 희생하면서 비용효율성을 달성하게 될 것이고, 그렇게 되면 농원이 조성되어 양질의 농지나 기존의 임야를 대신하게 될 것으로 우려하고 있다. 그럴 경우 탄소 흡수원은 지역의 지속가능성을 희생하면서 조성되게 될 것이다. 지역의 지속가능성을 희생하지 않으면서 흡수원을 조성할 수 있는 규칙을 개발하는 것이 과제이다. 시장에 기초한 기구 안에서 그것이 과연 가능한가를 의심하는 사람들이 많다.

앞에서 말했듯이, 기본적으로 환경지향적인 북측의 NGO와 기본적으로 개발지향적인 남측의 NGO들 간에 문제의 본질에 관한 견해 차이가 드러나고 있다. "전자가 경제 성장에 제동을 걸어야 할 필요가 있다고 주장하는 반면, 후자는 최악의 문제는 북측의 산업과 지나친 소비, 그리고 세계 경제 체제의 불평등에서 야기되고 있다고 주장한다"(McCormick, 1999: 60). 의정서의 허점을 보완해야 한다는 NGO들과 여러 나라를 참여시키는 획기적인 방안을 강구해야 한다고 생각하는 NGO들이 서로 대립하고 있는 것이다.

업계와 기업: '러시안 룰렛' 또는 '카지노 자본주의'

기후 변화 문제는 경제적 이윤 및 업체의 생존과 매우 밀접하게 관련되어 있으므로 협상 초기부터 업계와 기업체들이 국내 및 국제 수준에서 깊은 관심을 보여 온 것은 불가피한 일이었다. 시장 메커니즘의 세계에서는 적자생존의 법칙이 지배한다. 문제는 무엇에 가장 적합한 사람이 살아남느냐이다.

업계 최초의 반응은 과학적 이론을 믿을 수 없다고 주장하면서 기후정책 입안에 반대하는 것이었다. 지구기후동맹Global Climate Coalition은 그런 단체 가운데 하나였다. 이 단체는 1989

년에 창설되었는데, 이런 이름을 택한 것은 외부인에게 이 단체의 목적을 혼동시키기 위해서였다. 이 단체는 아직 기후 변화에 관한 과학적 이론을 확신하지 못하는 약 60개 기업체들로 이루어져 있다. 그들은 기후정책이 러시안 룰렛(총알이 한 발만 들어 있는 회전식 권총의 탄창을 돌리면서 몇 사람이 차례로 자기 관자놀이에 총구를 대고 방아쇠를 당기는 생사를 건 위험한 내기) 같이 될 수도 있다고 주장하는 것으로 알려져 있다. 각국과 기업들이 그들의 경제적 안정에 치명적인 결과를 가져올 수도 있는 의무를 떠안기 때문에 아주 위험하다는 것이다(Stone, 1999). 이 단체는 몇 년 후 차량선택동맹(그리고 이 단체의 지구기후정보 프로젝트), 기후위원회(OPEC 국가들을 지지하고 OPEC 국가들과 유사한 세력을 대변하는 로비단체), 그리고 기후와 관련된 조치들에 반대하는 화학업체 연합체인 유럽화확산업협회CEFIC와 제휴했다(CEO, 2000: 38). 탄소클럽은 버드-하겔 결의안(〈박스 5〉 참조)을 추진하는 매개 역할을 했고, 교토의정서는 개발도상국들에게 아무런 의무도 부과하지 않으며, 의정서의 내용을 실천하려면 미국은 엄청난 돈을 들여야 한다고 주장하는 1,600만 달러짜리 캠페인을 시작했다. 탄소클럽은 한편으로 개발도상국들에게 그들이 배출 제한을 감당할 수 없을 것임을 믿게 하려고 노력하고 있는 것으로 알려지고 있다. 엑손 사社가 중국에서 있었던 한 모임에서 개발도상국들이 자기들과 같은 기업체들과 협력해서 그들의 경제 성장을 목

조를 수도 있는 정책에 저항해야 한다고 말한 것은 이런 맥락에
서 한 말이라고 볼 수 있다(Oberthür and Ott, 1999: 73).

한편 일부 기업들은 새로운 사업을 일으킬 가능성을 발견했
다. 이런 이유로 그들은 지구기후동맹에서 탈퇴하고 스스로를 상
대적으로 '자연친화적'인 기업으로 보이도록 하려고 애썼다. 이
런 기업들 가운데 몇몇은 기술 개발에 진심으로 관심을 보이고
있지만, 다른 일부 기업체들은 양쪽에 다리를 걸치고 있기도 하
다. 어떤 기업체들은 배출 브로커가 되어 자본과 환경 시장을 연
결해 주는 역할을 하기도 한다. 이런 형태들을 카지노 자본주의
라고 일컫는다(CEO, 2000: 14).

기업가 유럽원탁회의ERT는 가장 크고 영향력 있는 다국적기
업의 사장 48명으로 이루어져 있으며, 규제를 불필요하게 만들
조치들을 마련하려고 노력하는 기후 변화와 관련된 단체이다. 유
럽의 고용자연맹인 UNICE는 기업이 자발적으로 활동하고 유연
성 체제에 참여하도록 하기 위해 열심히 로비 활동을 벌이고 있
다. 국제상공회의소는 자발적으로 협력하고 행동을 취하는 기업
의 미래상을 제시하고 있다. 그러나 부회장 매코믹은 이렇게 경
고한다. "만약 그들(정부들)이 선진국들의 에너지 사용 방식을 급
격하게 값비싸게 변화시키는 '졸속적이고 외형만 그럴듯한' 해
결책을 선택한다면, 전세계와 각국의 경제를 붕괴시키는 위험이
초래될지도 모른다. 그런 조치는 환경도 위험에 빠뜨리는 결과를

가져올 것이다"(McCormick, 2000).

석유 산업은 주요한 온실가스 배출원이다. 엑슨 모빌Exxon Mobile과 텍사코Texaco는 상대적으로 보수적인 입장을 취하고 있다. 그들은 과학적 연구가 더 필요하다는 주장을 펴고 있다. 셸Shell과 BP 아모코BP Amoco는 재생가능한 에너지와 민중들을 계몽시키는 캠페인에 점점 더 많은 돈을 투자하고 있다. 텍사코는 지구기후동맹에서 탈퇴했다. 셸과 BP 아모코는 그들이 이제 에너지 공급 회사이지 석유 회사가 아니라는 내용의 선전 책자와 성명서를 내놓았다. 이들 두 업체는 그들이 점점 더 그들의 생산 과정을 자연친화적으로 바꾸고 재생가능한 에너지에 투자하고 있다는 메시지를 전달하려고 노력하고 있다. 예를 들면, 셸은 2002년까지 온실가스 배출을 1990년 수준보다 10% 줄이겠다고 발표했다. 한편 회의론자들은 이것이 모두 '겉치레'에 불과하며, 재생가능한 에너지와 광고에 얼마간의 돈을 씀으로써 이 회사들은 매년 석유 생산을 늘려 가고 있는 거대한 핵심 사업에 대한 관심을 다른 곳으로 돌리려고 하고 있다고 주장한다. 이들 비판자들은 이 두 업체가 자기네들은 녹색업체라고 요란하게 선전하고 있지만 그들은 기후 변화에 회의적인 미국석유연구협회의 회원이며, 가스 배출 제한조치에 반대하는 업체원탁회의의 회원이고, 또 BP 아모코는 환경정책과 교토의정서 비준에 반대하고 있는 미국 의회 의원들에게 자금을 지원했다고 보고하고 있다(CEO,

2000 : 31).

화공업체들은 다량의 온실가스와 HFC를 배출한다. 하지만 일부 화공회사들은 기후 변화에 대응하는 조치를 취해야 한다는 입장을 취하고 있다. 예를 들면 다우 유럽Dow Europe의 클로드 퍼슬러(Claude Fussler, 1998)는 기후 변화에 대한 이론적, 관리적 접근법을 개발하려고 노력하고 있다. 그는 기업체가 환경효율에 초점을 맞출 것을 부추기고 있다. 고객을 위한 가치관을 창출하고, 지속가능성을 위한 분명한 목적과 목표를 가져야 하고, 종업원들과 시민들 그리고 지역사회에게 권한을 이양하고, 윤리와 사회경제적 안전에 마음을 쓰며, 또 창의적으로 사고하고, 세상을 바꾸려는 세력들과 대화를 가져야 한다고 그는 주장하고 있다. 뒤퐁, 바이에르, ICI 같은 몇몇 회사들은 다른 이유 때문에 온실가스에서 제외되고 있는 CFC와 N_2O를 포함하는 것만으로 온실가스를 30~60% 줄였다고 주장하고 있다. 이 회사들 가운데 다수가 몇몇 에너지 효율 목표를 채택했다. 뒤퐁은 또한 재생가능한 에너지의 사용을 전체 에너지의 10%까지 늘리겠다는 목표를 세워 놓고 있다(Van der Woerd et al., 2000). 뒤퐁의 회장이며 CEO인 홀리데이는 이렇게 말한다. "우리 뒤퐁 사는 더욱 기후친화적이고 환경적으로 건전한 세계 경제로의 긴 여정에 대한 준비를 하고 있다. 우리는 이미 온실가스 배출을 약 60% 줄였지만, 다음 단계의 더욱 높은 목표를 세워 놓고 있다. 우리는 2010년까지 1990년을 기준연도로 해서 온실가스 배출을 65% 줄이고, 재생가능한 자원의 사용을 우리 에너지 사용량의 10%까지 높일 것을 목표로 잡고 있다"(Pew Centre/IHT, 2000).

자동차 업계에서도 다소 더디나마 발전하고 있다. 1999년 7월, 유럽연합과 유럽에서 자동차를 파는 자동차 업체들 간에 자발적인 합의가 이루어졌다. 2008년까지 평균 탄소 배출량을 1㎞당 140g 줄이기로 한 것이다. 이것은 탄소 배출량을 약 25% 줄이는 것이다. 이 합의는 디젤이나 연료전지로 달릴 수 있는 새로운 세대의 경량급 자동차의 등장을 유도할 것이다. 미국에서는 새로운 세대의 차량을 위한 파트너십PNGV을 발전시키려고 노력했다. 이것은 자동차의 편리성은 유지하면서 가스 배출을 줄이는 것을 목표로 삼고 있다. 미국 정부로부터 일부 재정을 지원 받고 있는 이 프로그램은 가벼운 재질, 대체연료, 하이브리드 카 등을 개발하는 데 눈을 돌리고 있다. 교토회담 이후, 포드 사는 연료전지 연구, 하이브리드 SUV, 전기자동차 등에 투자하기 시작했다. 제너럴모터스와 도요타도 새로운 연구를 위해 협력하고 있다. 대체연료 개발을 위해서 제너럴모터스는 BP와, 포드는 BP 및 모빌과 협력하고 있다. 도요타의 다구치 사장은 이렇게 장담하고 있다. "도요타는 더 깨끗한 자동차, 더 깨끗한 공기, 더 깨끗한 환경에 도달하는 다양한 수단 가운데 하나로서, 세계 최초로 하이브리드 전기자동차인 프리우스Prius를 대량생산했다"(Pew

Centre/IHT, 2000).

유나이티드 테크놀로지스, 인텔, AEP, 뒤퐁, BP, 셸, 도요타, 보잉, ABB, 록히드 마틴, 엔론, 에디슨 인터내셔널 등을 회원으로 1998년에 창설된 지구기후변화 퓨센터The Pew Center on Global Climate Change는 '안전한 기후와 건전한 기업'을 목표로 삼고 있다. 이 단체 역시 기후 변화에 대처하는 방식으로 자발적인 행동을 중시한다. 이들은 「인터내셔널 헤럴드 트리뷴」에 다음과 같은 광고를 실었다. '기업이 기후 변화에 무관심하다고 생각하는가? 다시 생각해 보라. 점점 더 많은 업계 경영자들이 무언가를 해야 한다는 데 의견을 모으고 있다. 그들은 말만 하고 있는 것이 아니다. 그들은 책임을 떠맡고 있다. 투자를 하고 사업을 벌여 자기의 말을 실천하고 있는 것이다."

세계지속가능발전기업협의회WBCSD도 지속가능한 개발을 위해 헌신하겠다고 선언했다. 이 위원회에는 초대를 통해서만 가입할 수 있다. 'WBCSD는 지속가능한 발전을 위한 변화의 촉매 역할을 한다. 우리는 환경효율성, 혁신, 책임 있는 기업정신을 주창한다. 우리는 또한 해결책을 찾으려고 노력하는 정부, NGO, 그리고 기타 단체들과 협력한다.' 지속가능한 에너지의 미래를 위한 유럽기업위원회는 1996년에 창설되었고, 그 회원 가운데는 폐열발전회사도 포함되어 있다. 사고가 빈발함에 따라 보험업계도 더욱 관심을 갖고 행동에 나서고 있다. 보험회사 뮤닉 레는

1998년 지난 40년 동안 폭풍과 태풍, 홍수가 증가한 현황과 그에 따른 경비의 증가를 보여 주는 보고서를 작성했다. 보험회사들이 극심한 기상이변이 증가하고 이에 따른 경비가 증가했다는 것을 알리려고 애쓰고 있는 것은 사실이지만, 그들이 그런 행동을 하는 동기는 보험료를 올리려는 데 있을 것이다.

이 모임에는 강력한 핵 로비도 작용하고 있다. 유럽원자력포럼, 유럽핵협회, 국제핵포럼 등이 핵에너지의 사용을 주장하는 대표적인 로비단체들이다.

기후 변화 과정에 이의를 제기하고 과학에 도전하는 업체들이 있는 것 또한 분명한 사실이다. 이런 업체들은 백악관에서 가장 든든한 후원자를 찾아냈다. 한편 스스로를 책임지는 민중이라고 내세우는 거물급 단체들 또한 많다. 이들의 공통점은 분명한 가이드라인과 시장 체제가 단순하고 직접적으로 작동되게끔 하는 유연성을 요구한다는 점이다. 그들은 수많은 거추장스러운 규칙과 '관료적 형식주의red tape'에 짓눌리기를 원치 않는다. WBCSD의 무어크로프트는 이렇게 말하고 있다. "정책입안자들이 기본적인 조건들을 올바르게 유지할 수 있고 업계가 계속해서 비전과 리더십을 보여 준다면, 진보된다는 느낌이 분명하게 나타날 것이다. 그렇게 되면 우리 모두가 기후 변화 문제에 대해 느끼고 있는 우려의 상당 부분이 사라질지도 모른다"(Moorcroft, 2000).

　　서구 국가의 정부들 대부분은 기후 변화 논의에서 업계가 수행할 역할을 점점 더 중시하고 있다. 이들 정부는 자기들이 업계가 받아들일 의향이 있는 신호를 보낼 수만 있다면, 업계는 온실가스를 아주 적게 배출하거나 또는 전혀 배출하지 않는 기술을 개발해야겠다는 생각을 하게 될 것이고, 그러면 이 기술이 전세계로 퍼져나가 궁극적으로는 기후 변화 문제를 해결하는 데 큰 도움이 될 것이라고 믿고 있다.

　　그러나 회의론자들은 업계가 단지 협상 과정에서 자기 이득을 챙기려고 노력하고 있을 뿐이라고 주장한다. 국제 배출권 거래제 협회에는 셸, BP 아모코, 스탯오일, 도쿄전력, 오스트레일리아 증권거래소, 국제석유거래소 등이 가입되어 있으며, 이들은 교토의정서가 발효되지 않는다 해도 배출권 거래제 시장을 발전시키고 싶어한다. 많은 사람들은 이 회사들이 협상에서 민주적 절차가 타협되기 전에 규칙을 만들고 싶어하며, 이 회사들의 규모와 잠재력을 감안할 때 충분히 그럴 능력이 있다고 우려하고 있다. 신용 자금과 그 자금을 세탁하는 암시장이 형성될 가능성을 두려워하는 사람들도 있다. 어떤 사람들은 기업 부문은 단지 가짜 해결책을 제시할 뿐이라고 주장한다. 유럽기업관측소 Corporate Europe Observatory는 특히 업계의 역할에 대해 회의적이다. "기후 변화 논의에 기업체들이 관여하면 교토의정서는 부패해지고 무기력해질 것이다. 복잡한 거미줄처럼 국내, 지역, 세계적 그룹으로 조직되어 있는 기업체들은 기후 변화에 대처하는 어떤 조치가 있어야 한다는 로비를 펼치고 있지만, 그 진정한 목적은 그들이 생각하는 최악의 시나리오—기업체들에게 온실가스 배출을 줄이도록 강요하는 정부의 구속력 있는 규제—를 미연에 방지하는 데 있다"(CEO, 2000). 이 단체는 업계가 그들의 협상 무대를 넓히기 위해 기후 변화 협상에 다각적 시장 체제를 도입했다고 주장한다.

그 밖의 사회단체들

기후학자들이 기후와 관련된 문제들을 집중적으로 연구하는 기간이 길어지면서, 1990년대 이후로 다른 분야의 전문가들이 이 문제에 끼어들게 되었다. 경제학자, 법학자, 사회과학자, 생태학자들이 이 과학적 연구에 신속히 참여하게 되었다. 이런 연구는 기후 변화에 관한 정부간 협의체를 통해 점검되고 있다(2장 참조). 몇몇 대학과 연구소가 이 연구에 종사하고 있고, 이들 연구자들이 기후 변화 협상에 옵서버로 출석하는 일이 잦아지고 있다. 그들은 최근에 나온 출판물, 저널, 그리고 이해하기 쉬운 포스터를 배포하기도 한다. 그들은 또한 과학적 정보를 소화하기 쉬운 형태로 협상자들에게 전달하기 위한 행사를 개최하기도 한다. 주요 문제에 대한 정보를 제공하는 국제적 네트워크들도 있다. 세계 각 지역을 대표하는 14개 단체로 구성된 기후변화지식네트워크가 그중 하나이다.

수많은 정부간 조직들도 협상에 적극적으로 참가하고 있다. 유엔환경계획, 유엔개발계획, 국제민간항공기구, 유엔무역개발회의, 세계은행, 세계기상기구, 국제표준기구 등이 그런 기구들이다. 지역환경선도국제동맹은 유럽과 북아메리카에 있는 240개 도시를 대표한다. 정치인들까지도 그들 자신의 의제를 가지고 이 국제적 싸움에 뛰어든 듯하다. 글로브 인터내셔널Globe International은 100개국 이상의 국회의원 550명으로 구성되어 있다. 이 단체는 환경 분야에서의 정책입안의 중요성을 믿고 있으며 이렇게 선언하고 있다. "협상 절차가 활력을 유지하고, 협상이 밀실에 갇혀 경제학자와 은행가들의 언어로 표현되지 않고 전 세계 유권자들과 연결되도록 보장하는 것은 우리 의원들의 책무이다.…… 우리는 교토의정서의 조속한 비준을 위해 노력할 것이다.…… 교토의정서의 발효는 기업체들에게 기회가 될 것이고 일자리 창출에도 도움이 될 것이다"(Globe International Press Release, 14 November 1998).

주요 쟁점들

앞에서 언급한 세 그룹들 안에서 그리고 그룹들 사이에 견해차가 나타나고 있다. 먼저, 업계에서는 대기업과 소기업 간에 충돌이 일어나고 있다. 대기업들은 협상에 영향을 끼칠 수 있는 반면, 소기업들은 협상의 영향을 받는다. 여러 가지 측면에서 큰 기관이나 업체는 작은 기관이나 업체의 희생을 기반으로 이득을 얻는다. 큰 기관이나 업체들은 더 많은 자원을 가지고 있고 필요할 경우 변화하는 환경에 적응할 수 있기 때문이다. 대기업 안에서도 서로 다른 정책간에 충돌이 일어날 수 있고, 서로 다른 동맹을 결성하기도 한다. 업계는 해답을 가지고 있을 수도 있고 문제의 원인일 수도 있다. 따라서 업계는 기술을 개발할 수도 있고 또 지속가능한 발전을 향해 나아갈 수도 있다. 반면에 압력이 사라지면, 기업체들은 문제를 일으키는 기술을 선호하는 경향을 보인다. 이런 면에서 업계가 협상 과정에 참여하는 것이 절대적으로 필요하다. 중요한 문제는 남측의 업계가 협상에 참여하지 않고 있다는 점이다. 따라서 오래된 기술을 도입하는 데 따르는 문제와 새로운 기술 도입의 기준을 이해하지 못하면 장기적 생존 전략을 세우지 못한다.

더욱이 업체들과 환경 NGO들 사이의 갈등이 있다. 후자는 철저한 환경보존을 원하고, 따라서 환경 문제를 해결하기 위해

완벽한 배출 감축 시스템을 구축하려고 한다. 반면에 업체들은 국제 시장에서 자유롭게 사업을 벌이기 위해 구속력 있는 의무조항이 없는 시스템을 유지하려고 노력한다. 각 사회단체들이 마련하는 정보는 그 내용이 서로 다르다. 세계야생생물기금WWF 같은 환경 관련 NGO들은 '기후를 보호하는 것 그것이 나의 일이다' 라는 말이 찍힌 티셔츠를 나누어주고, 국가자원방어위원회는 환경정책을 통해 많은 새 일자리가 생길 수 있다고 지적하지만, 지구기후동맹 같은 다른 단체들은 일자리가 줄어들 가능성에 초점을 맞추고 있다. 분명히 잃는 자가 있으면 얻는 자가 있을 것이다. 그러나 사회 전체로 보아서 순이익net gain이 있을지 없을지는 지금으로서는 누구도 장담할 수 없는 것 같다. 가장 정교한 시나리오를 제시하는 전문가들조차도 세계 각지에 그 영향이 미칠 기후 변화 아래서 변화무쌍한 시장에 어떤 사태가 벌어질지는 다소 근거 있는 추측 이상을 내놓지 못하고 있는 실정이다(IPCC report, Nakićenović et al., 2000 참조). 한편 새로운 형태의 동맹체들이 생겨나고 있다. 그린피스는 태양에너지 개발에 관해 셸과 제휴하고 있다. 또한 WWF는 기후구조프로그램Climate Savers Programme을 제의했고(www.wwf.org/climatesavers), 미국에 있는 환경방어기금은 기후행동파트너십이라는 단체를 창설하고 BP, 셸, 뒤퐁 등과 협력하고 있다(www.environmentaldefense.org).

사회적인 NGO들 가운데는 개발 의제를 살리고 싶어하는 단체들이 있는가 하면, 반면에 오로지 환경 문제에만 초점을 맞추고자 하는 단체들이 있다. 이 논의에는 두 가지 요소가 있다. 철학적 차원에서 이 문제는 개발을 어떻게 정의하느냐 하는 것이다. 개발이 서구를 모방하고 시장 지향적인 자유로운 현대사회의 이념적 토대를 도입하는 것인가? 이 문제를 중점적으로 다룬 많은 저작들이 있다(McCormick, 1999: 58; Chatterjee and Finger, 1994). 반면에 북측의 환경단체들은 환경보호에 초점을 맞추려고 한다. 왜냐하면 그들은 사회가 어떤 조치를 취하기에 충분할 정도로 부유하다고 믿고 있기 때문이다. 반면에 남측의 단체들은 과소비와 지역간의 불평등에 초점을 맞추고 있다. 조금 낮은 철학적인 수준에서는 이 논의는 단순히 누가 언제 개발을 할 수 있느냐에 관한 것이다. 개발기구들은 개발할 수 있는 권리를 쟁취하기 위해 싸우며, 개발도상국들이 개발과정을 밀고 나가기에 적합한 기술을 채택해 주기를 바란다. 환경단체들은 그런 기술들이 대부분 환경적 관점에서 볼 때 부적절하며 개발도상국들은 개발로 가는 지름길을 택해야 한다고 주장하면서 제동을 걸고 있다. 하지만 지름길의 문제는 비용이다.

환경 NGO들도 중요한 어려움에 처해 있다. 한편으로는 다른 환경단체들과 개발에 관한 공통된 입장을 개발해야 하고, 또 한편으로는 자국민들의 관점을 대변해야 한다. 이것은 유럽연합 안에서 일어나고 있는 '세 단계 게임three level game'과 유사하

상반된 신호

개발도상국들은 서로 상반된 신호를 받고 있는가? 한편으로 그들은 자유화하라는 말을 듣고 있다. 자유화가 그들의 경제적 문제를 해결해 주고 그들이 부유해지도록 도와줄 것이라는 충고를 받고 있는 것이다. 반면에 그들은, 적어도 미국 행정부로부터, 온실가스 배출을 줄이기 위해 충분히 노력하지 않는다고 비난받고 있다. 자유화가 배출 감축과 병행될 수 있을까?

기후 변화 협상은 온실가스 배출을 줄이는 기술의 이전을 촉구하는 데 목적이 있다. 하지만 선진국들은 사실상 온실가스 배출을 증가시키는 기술을 이전하고 싶어한다. 예를 들면, 선진국들은 수출금융기관들을 가지고 있는데, 이 기관들은 세금으로 거두어들인 돈을 이용해서 개발도상국으로의 수출이 늘어나도록 돕는다. 1994~99년에 이 기관들은 개발도상국에서 화석연료 발전소, 석유 및 가스 자원 사용 및 에너지 집약적 제조업 같은 프로젝트를 진흥하는 데 또 다른 600억 달러를 투자하기 위해 융자, 주식 투자, 보증 또는 보험 등으로 44억 달러를 제공했다. 단 20억 달러만이 재생가능한 에너지를 진흥하는 데 사용되었다. 기후협약에 따른 재정 메커니즘은 환경친화적인 기술을 진흥하도록 되어 있는데도 말이다!

다. 유럽연합의 각 회원국은 자국의 이익을 대변하면서 공통된 입장을 개발해야 한다. 그들은 또 유럽연합과 자국의 이익을 대변하면서 나머지 세계와 공통된 입장을 찾아내야 한다. 하지만 유럽연합은 이 문제에 대응하는 비교적 세련된 체제를 개발한 반면, 환경단체들은 세 단계의 협상의 균형을 찾는 과정에 있다고 할 수 있다.

남북 관계에서 볼 때, 기후 변화 논의는 등넘기식leapfrog 기술 이전 문제를 제기한다. 그런 기술 이전이 일어난다면, 우리는 기후 변화 문제에 제대로 대처할 수 있을지 모른다. 그러나 개발도상국들의 기술적(그리고 재정적) 의존도는 심각할 것이다. 한편 남측은 북측으로부터 상반되는 신호를 받게 될 것이다. 즉 외국인 투자의 정상적인 채널을 통해서는 정상적인 기술 이전이 진행될 것이고, 기후변화협약과 교토의정서에 따른 메커니즘을 통해서는 등넘기식 기술 이전이 이루어질 것이다. 그럴 경우 환경은 기업의 이윤과 그 이윤으로 혜택을 받는 사람들에게 밀려 무시될지도 모른다(〈박스 17〉 참조).

NGO들은 전통적으로 정부의 의제에 반대해 왔지만, 지금은 그들이 협상 테이블에서 정부를 대변하고 있는 경우도 있다. 기후위원회의 D. 펄먼은 OPEC 협상자들과 함께 앉아서 그들이 입장을 정리하는 일을 도왔다. 국제환경법 및 개발재단의 변호사들은 일부 소도서 국가들의 국가 배지를 착용하고, 그 국가들이 국가 및 동맹체의 입장을 정리하는 일을 도왔다. 한편 일부 기업체들은 그들의 입장이 그들 국가의 경제부처에 의해 다듬어진 것이라고 확신하고 있다.

8. 정당한 절차와 법의 지배: 투명성의 감소

정통성: 증가하는 어려움

국제법은 국내법과는 달리 참가국들의 신의와 호의에 의지해서 생명력을 갖는다. 국제법을 시행하는 국제경찰은 없다. 따라서 국제적 협정은 정통성을 가져야 하고 법의 지배를 받아야 하며, 정당한 절차에 따라 이루어져야 하고 또 선례와 원칙에 입각해야 하며, 협상 당사국들의 의지를 반영해야 한다. 협상을 통해 조금씩 주고받고, 또 협정 자체가 미래를 위한 좋은 선례가 되어야 한다. 이 같은 조건을 갖출 때에 비로소 각국은 국제법의 규정을 준수해야겠다고 생각하게 된다. 안정되고 공평한 전지구적 법 체제를 갖는 것이 장기적으로 자국의 이익에 도움이 될 것이라고 생각하기 때문이다.

그러나 중요한 문제가 남는다. 어떻게 절차의 정통성을 보장할 것인가? 공식적인 답은 분명하다. 투명한 준비와 결정을 허용하는 절차를 채택하는 것이 공평성의 명확한 척도가 된다(〈박스 18〉 참조). 하지만 이것이 정통성을 보장하기에 충분치 않을 수도 있다.

　규칙들은 각국간의 커다란 구조적 차이와 회합 시기의 적절성, 그리고 정보상의 불일치를 일일이 고려하지 못하며 아마 고려할 수도 없을 것이다. 이런 요소들은 어떤 나라가 국제협상에서 스스로를 대표하고 효과적으로 협상에 참가할 수 있는 능력에 심각한 영향을 끼친다.

각국의 협상 준비상의 차이

선진국과 개발도상국 간의 중요한 차이점은 국내의 정치적, 경제적, 법률적 체계의 구조적 안정성이다. 어떤 나라에는 분명한 이데올로기가 있고 그 기본적 사상을 국민 대부분이 공유한다. 또 다른 나라에서는 그 나라의 기본적 이데올로기가 서로 경쟁하는 정당들간의 주요한 쟁점이 된다. 정당들이 그 이데올로기의 기본적 사상을 놓고 서로 다투는 것이다. 이런 사정이 협상 과정에 어떤 영향을 미칠까? 간단히 설명하면 다음과 같다. 어떤 협정을 시행하는 데 관련한 책임을 민간 부문으로 이전하자는 제안이 나오면, 민간 부문과 협력한 경험이 있고 시장 체제에 대한 믿음을 가지고 있으며, 또 정부가 축소될 필요가 있다는 암묵적 믿음을 가진 국가들은 그들의 철학적 토대에 입각해서 그런 제안을 받아들일 수 있는 경우가 많다. 이런 나라의 협상자들은 그런 조항의 정확한 문구를 협상하고, 그들의 국익이 조문에 의해 제대로 보호될 수 있도록 문구를 다듬는 작업에 들어간다. 남측의 국가들은 이데올로기적 절차가 완전히 정착되지 못했다. 이것은 중국이나 인도처럼 변환기에 있는 나라나, 그렇지 않은 이스라엘이나 남아프리카 같은 나라나 마찬가지다. 라틴 아메리카는 시장 이데올로기를 받아들이고 있는 것처럼 보이지만, 국내에서 논의가 끝난 것은 결코 아니다. 따라서 이데올로기 논의가 진행되고 있는 나라에서 온 협상자들은 협상 테이블에 어떤 제안이 올라올 때 그 제안에 대해 즉각적인 찬성이나 반대를 하기가 어렵다. 그들은 조문의 문구보다는 협정의 기초가 되고 있는 기본적 가정에 더 초점을 맞추는 경향을 보인다. 이런 태도는 불가피하게 국제적 합의가 어려운 새로운 제안을 낳게 되고 따라서 협상은 정체에 빠지게 된다.

이런 생각을 세계의 서로 다른 국가들에 적용할 때, 우선 OECD 국가들은 비록 정도의 차이는 있지만 이데올로기적으로 일치하고 있다고 할 수 있다. 동구권에 속했던 국가들은 소련 스타일의 정치를 배격하고 자본주의 시장 이데올로기를 받아들였다. 그들은 현재 자유시장에 대처하는 법을 배우고 있는 중이다. 따라서 이 국가들은 그런 이데올로기의 틀에 맞는 제안은 받아들이고, 세부조정을 둘러싼 미국과 유럽 간의 싸움에서는 관심을 가진 구경꾼이 되어 있다. 재미있는 예로 보완 기준에 관한 논의가 있다. 교토의정서의 여러 조항에 따르면, 유연성 체제는 국내에서 취해지는 조치를 보완하는 것이어야 한다. 개발도상국들과 자연친화적인 NGO들은 조치의 대부분이 원칙적으로 선진국들의 자국 내에서 취해지기를 바라고 있다. 도덕적 입장을 취하고 있는 유럽연합도 어떤 나라가 달성하는 배출 감축의 최소한 50%는 그 나라 안에서 이루어져야 한다는 결정을 지지하기로 했다. 그러나 이 결정은 유럽연합으로서는 쉽게 내려진 결정이 아니고, 또 회원국들이 모두 한결같이 이 결정에 열성적인 것도 아니다. 유럽연합 외의 선진국들은 이 결정에 반대하고 있다. 그들은 비용효율성 원칙을 받아들인다면 배출 감축을 어디서 달성하든 간섭할 필요가 없다고 주장하고 있다. 업계도 그 같은 견해에 동조하고 있다. 이런 견해차는 2000년 11월에 열렸던 헤이그 회의가 결렬된 이유 가운데 하나였다.

국제 협상을 위한 준비에 영향을 미치는 또 다른 중요한 문제는 과학적 준비와 주요 문제에 대한 분석이다. 영국, 미국, 캐나다, 네덜란드, 노르웨이, 일본 같은 일부 국가들에는 기후 변화에 관련된 문제들을 연구하고 분석하는 소수의 과학자들이 있다. 그들은 정책과 관련한 제안을 하고 그 제안은 비록 늘 고려의 대상이 되는 것은 아니지만 최소한 정책결정자들에게 전달은 되고 있다. 그러나 개발도상국들에서는 사정이 이렇지 못하다. 이렇듯

협상에서 나타나는 구조적 불균형은 연구 수준의 차이에 기인한다. 기후에 대한 연구가 얼마나 지원을 받고 그 지원자가 누구이며, 사용된 가설과 이론은 어떤 것이냐에 따라 구조적 불균형이 생긴다. 또 이데올로기적 출발점과 문화적 차이, 기존의 정보를 어떻게 부연하고 해석하느냐의 차이도 구조적 불균형을 가져오는 요인들이다(Gupta, 1997 ; Kandlikar and Sagar, 1999 ; Boehmer-Christiansen and Skea, 1994 ; Agarwal and Narain, 1991, 1992 ; Rao, 1992). 과학적 정보는 대체로 동료 과학자들의 검토와 개선이라는 절차를 거친다. 하지만 북측의 과학적 정보를 남측의 연구자들이 검토하는 경우는 드물다. 견제와 균형이라는 통상적인 과정도 결여되어 있다. 남측의 전문가들은 가끔 실수를 발견하기도 하고 어떤 연구 결과를 다르게 해석하기도 한다. 그 결과 그들은 북측의 모든 문헌이 그들의 이익에 불리하도록 편향되어 있는 것이 아닌가 의심한다. 예를 들어 IPCC 1996 워킹그룹 I은 미국 과학자(158), 인도(3), 중국(5) 과학자들 간의 심한 불균형을 보여 주고 있다(Sagar and Kandlikar, 1997).

　　과학자들과 연구원들은 대개 정보의 일부분만을 접할 수 있을 뿐이다. 그들의 시야는 그들의 세계관과 방법론적 한계 때문에 제한 받는다. 정보를 취합할 때 더 큰 그림이 나타나는 것 같다. 하지만 과학자들에 따라 나타나는 그 큰 그림은 서로 다르다. 그 큰 그림은 서로 다른 방식으로 해석될 수 있고, 서로 다른 행

과학과 비과학

과학적 해답이 도출되는 과정은 주변 환경과 밀접하게 연관되어 있기 때문에 우리는 연구의 공평성보다는 그 결과가 국제적 정책결정과 어떤 연관을 갖는 것이 아닌가 의심하고 싶은 유혹을 받는다. 기후 변화 논의와 관련해서 일어나는 몇 가지 의문을 열거하면 다음과 같다.

- 온실가스 집적 수준의 안전한 한계는 어느 정도이며, 언제 그 한계에 도달할 것인가? IPCC는 왜 이 문제에 대한 분명한 대답을 제시하지 않고 시나리오만 제시하는가? 어째서 이것이 과학적 문제가 아니라 정치적 문제가 되고 있는가? 모든 인간에게 인권이 있고 모든 나라가 존재할 권리를 갖는다면, 안전한 집적 수준은 어떤 인간이나 나라의 생존도 위협받지 않는 수준이 되어야 하지 않을까? 어째서 법률가들은 정치적 무활동의 결과로 나타나는 인권 침해보다는 정치적 행동의 결과로 나타나는 인권 침해에 더 관심을 집중하고 있을까?

- 기후 변화의 정치적 경비보다 기후 변화의 사회적 경비에 대해 얘기하는 것이 더 온당한 이유는 무엇인가? 생명, 재산, 환경 비용에 대해 이야기할 수는 있으면서 국가와 지역사회, 생태계 상실 비용에 대해 이야기할 수 없는 이유는 무엇인가? 죽음이 숫자가 아니라 돈으로 측정되어야 하는 이유는

무엇인가?

- 항공기와 선박에 팔리는 연료가 그것들로부터 이윤을 추구하는 나라에 귀속되어 계산되지 않는 이유는 무엇인가? 그것들이 너무 복잡해서 각국의 배출량에 포함될 수 없다고 간주되는 이유는 무엇인가? 이것이 과학적 문제가 아닌 이유는? 사회과학과 자연과학이 합력해서 배출 책임을 묻는 시스템을 만들어 내지 못하는 이유는 무엇인가?

- 빈곤층의 생존 활동으로 생기는 배출과 사치.품목에서 발생하는 배출을 같이 취급하는 이유는 무엇인가? 어째서 이것이 과학적 문제가 아닌가? 과학이 이 둘을 구분할 수 없단 말인가?

- 과학은 이론과 방법, 데이터에 의존한다. 이론적 틀과 방법론, 데이터의 선택이 과학적 연구 결과에 영향을 미칠 수 있다. 소가 배출하는 메탄가스는 어떻게 측정하는가? 표준이 될 만한 소 한 마리를 택해서 그 소가 내뿜는 가스(방귀와 트림)의 양을 측정한 다음 거기에 소의 수를 곱한다. 하지만 모든 소가 똑같지는 않다. 또 모든 소들이 똑같은 먹이를 먹는 것도 아니다. 그렇다면 어떻게 표준이 되는 소를 택할 수 있단 말인가? 논농사를 지을 때도 메탄이 방출된다. 그러나 방출량은 토양의 종류, 논에서 이용하는 물의 양에 따라 달라진다. 그렇다면 서로 다른 환경을 가진 수많은 나라에서 이루어지고 있는 논농사와 관련된 메탄 방출량을 어떻게 계산할 것인가? 벌목에 의한 방출량은 어떻게 계산할 것인가?

모든 나무가 똑같은 양의 온실가스를 방출하는가? 그 나무
의 목재가 가구를 만드는 데 쓰이면 어떻게 할 것인가?
• 과학은 어째서 공평성에 대해 얘기하는 것을 어려워하는가?
철학자들과 법률학자들은 과거에 정의와 공평성에 대한 논
의를 주저하지 않았고, 그 결과 공평성은 점점 더 복잡한 개
념이 되었다. 각 분야에서 공평성에 관한 논의에 참가하면서
그 개념은 더욱 불분명해지고 객관적·과학적 관점에서 온
갖 종류의 정의가 거기 추가되고 있다. 공평성이 편견 없이
다루어지는 경우는 문헌에서 경비효율성이 엄격하게 다루
어지는 경우처럼 보기 드물다.

위자들이 그 정보를 그들의 목적에 맞게 사용할 수 있다.

첫 번째 중요한 문제는 과학적 객관성의 문제이다. 사실 과
학은 객관성을 목표로 삼지 않고 어떤 가설에 기초하고 특정한
방법론을 사용해서 일관된 결과를 얻으려고 한다. 과학은 똑같은
환경에서 다른 사람들도 그 결과를 얻을 수 있도록 보장하려고
한다. 과학적 절차에는 견제와 균형의 시스템이 수반된다. 동료
검토자들이 주어진 가설과 사용된 방법론에 기초해서 어떤 논문
이 흠잡을 데 없다고 인정할 때에 비로소 그 논문은 잡지에 발표
될 수 있다. 하지만 남과 북의 관점에서 볼 때, 이것은 흔히 북측

의 과학에 대해 남측 과학자들이 충분히 과학적 검토를 하지 않고 있다는 것을 의미한다.

두 번째로 중요한 문제는 과학적 합의이다. 일부 과학자들은 과학적 완전성은 결과의 질에 있지 얼마나 많은 사람들이 그 결과에 동의하느냐에 있지 않다고 한다. 다른 과학자들은 상충하는 모델에서 나온 상충하는 결과들을 논의함으로써 전체적인 그림을 가늠해 보면 과학적 완전성이 향상될 수 있다고 믿는다. 그들은 서로 다른 유파의 과학적 사고간의 합의가 필요하다고 강조한다. IPCC는 후자 타입의 과학적 사고의 산물이다. 전자의 사고 절차를 옹호하는 사람들은 그런 합의를 추구하는 과정이 비과학적이며 그것은 정치가들의 몫이라고 생각한다.

세 번째로 중요한 문제는 과학의 모든 분야를 참여시키는 문제이다. 과학은 자금이 필요하다. 자금 제공자들은 비용 지출을 정당화시켜 주는 이유가 있어야 한다. 그 결과 자금은 불가피하게 건강이나 경제 면에서 국가 사회 전체에 혜택을 줄 것처럼 보이는 분야로 지출되게 된다. 이것은 흔히 사회과학이 상대적으로 자금을 더 적게 지원 받는다는 것을 뜻한다. 기본적인 자연과학과 경제학, 기술 등에 중점을 두고 기타 사회과학은 소홀히 다루는데, 이런 추세가 지속되면 왜곡된 결과를 가져올 것이다. 기후변화 협상에서는 이것은 흔히 기준을 정하는 과학, 경제적, 정치적 개혁을 통한 전세계의 안정과 평화를 도모하려는 노력에 대한 홀대로 나타난다. 그리고 남측의 이익과 어려움에 초점을 맞추는 과학적 연구가 부족하다. 이것은 문제들이 때로는 과학적인 문제보다는 정치적인 문제로 정의되고, 따라서 과학적 분석의 범위 밖으로 벗어나는 결과를 가져온다.

사실을 제대로 알지 못하면 국익이 무엇인지 가늠하기도 어렵다. 협상이 진행되고 논의가 급하게 전개되며 협상 입장이 바뀌면 각국은 그에 대처할 수 있는 준비를 해야 한다.

배출권 거래제의 예는 우리에게 시사해 주는 바가 많다. 개발도상국들과 유럽연합은 교토에서 선진국들이 이행할 목표치를 설정하고 싶어했다. 배출권 거래제는 하나의 선택사항이었지만, 배출권이 어떻게 할당될 것이냐에 관한 논의에 파묻혀 배출권 거래제에 관한 실질적인 논의는 이루어지지 않았다. 마지막 순간에 목표치가 배출권 거래제와 연관되어 협상되자, 개발도상국들은 어떻게 대응해야 할지 난처해했다. 목표치가 과연 배출권이 돈으로 환산되는 전례와 맞바꿀 만한 가치가 있었을까?

협상 과정에서 소홀히 다루고 있는 또 하나의 중요한 요소는 협상 입장에 대한 국내의 지지이다. 흔히 국내에서 먼저 논의되고 그 논의가 분명하게 또는 암묵적으로 그 나라의 협상 입장을 뒷받침해야 하지만, 대부분의 나라는 그렇지 못하다. 국민들 대부분은 정부의 입장을 모르고 있으며, 협상이 타결된 뒤에야 그 결과를 알게 되는 경우가 점점 더 많아지고 있다(〈박스 20〉 참조).

<박스 20>

합법성과 정통성

협상에 임하는 입장과 국내의 정책입안자들 및 이익집단들의 입장 간의 차이를 가늠하기는 대체로 매우 어렵다. 개발도상국의 많은 협상자들이 그들의 뜻을 문서화하기를 꺼리기 때문에 이 가늠은 더욱 어려워진다. 그러나 한 가지 소개할 만한 일화가 있다. 일부 아프리카 국가들이 공동이행에 반대한 사실과 관련된 이야기이다. 협상 초기에 이들 국가에서 나온 협상자들은 이 문제에 대한 그들 국가의 입장에 대해 말했다. 반대의 정확한 이유와 지지할 수 있는 조건을 알아내기 위해 실시된 이후의 조사에서 관련 국가의 연구원들은 정책입안자들을 비롯한 이익집단들을 만나서 그들이 실제로 원하는 바가 무엇인지 알아보라는 요청을 받았다.

하라레에서 열린 연구 모임에서 나는 협상 과정에서 협상자들이 한 연설에 반영된 여러 나라들의 입장을 제시했다. 그 나라의 연구원들은 그들의 국가는 이 문제에 관해 어떤 입장을 가지고 있지 않다고 하면서 내가 제시한 내용에 이의를 제기했다. 모든 것이 변하고 있는 상태라는 것이었다. 우리는 모두 그때 그 방 안에 있던 관련국가의 협상자들에게로 시선을 돌렸다. 그들은 평온해 보였다. 그들은 자신들이 국제협상 자리에서 그런 말을 했다는 사실을 부인하지도 않았고 사실 자기 나라의 입장이 정해지지 않았다는 사실을 받아들이지도 않았다. 그 후에 이어진 토론에서 협상자들이 커다란 딜레마에 빠져 있다는 사실이 드러났다. 국제 사회에서 이런 문제는 신속한 타결을 요한다는 점을 감안할 때, 그리고 국제협상에서 이 문제가 갖는 중요성과 이 문제에 대한 국내의 절대적인 무관심을 감안할 때, 협상자들은 불가피한 선택을 해야 한다. 즉 침묵을 지킴으로써 그 제의를 받아들이느냐, 아니면 그들의 육감을 이용해서 그 문제에 대한 국민적 감정에 합치할 협상 입장을 준비할 것이냐, 둘 중의 하나를 택해야 하는 것이다. 침묵을 지키는 것은 가장 쉬운 방법이지만 그럴 경우 그들의 나라는 합의사항을 준수해야 한다. 협상 입장을 밝힐 경우 국내에 그 사실이 알려지고 상급자들과 문제가 생길 위험이 있다. 잘못하다간 파면당할 위험도 있다. 협상 테이블에서 이 문제에 대해 생각해 볼 시간을 달라고 요구할 수도 있지만, 이것은 진정한 해결책이 될 수는 없다. 그것은 협상을 무기한 연기시키는 결과가 될 것이기 때문이다. 그래서 이 아프리카의 협상자들은 완전히 합법적인 입장을 표명했지만, 그들의 입장의 정통성이 의심받게 되었던 것이다.

이 일화는 각국에서 파견된 협상자들이 그들 정부로부터 그렇게 할 수 있는 구체적인 위임을 반드시 받지 않은 경우에도 협상 절차를 효과적으로 이용하려고 한다는 것을 보여 주고 있다. 그러나 최종적으로 합의가 이루어진다 해도, 본국 정부와 이익집단들이 그것을 받아들일 것이라는 보장이 없다. 이것이 인력과 자원의 엄청난 낭비, 그리고 협상 절차의 신빙성에 대한 의문을 초래할 수 있다. 이론상으로는 협상자들은 협상에 대한 준비를 완벽하게 하고 협상 자리에 나와야 한다. 그러나 실제로는 수많은 나라와 사회단체들이 참여하는 역동적인 협상 과정을 예측한다는 것은 매우 어렵다. 어떤 문제들이 회의에서 논의될 것인지, 협상을 위한 충분한 시간이 있을 것인지 아닌지를 미리 예측하기도 어렵다. 또한 협의되는 문제들이 너무나 복잡하기 때문에 그에 어떻게 대처할 것인지를 국내에서 완벽하게 미리 생각한다는 것은 많은 개발도상국들에서 기후 변화에 주어지는 낮은 우선순위를 감안할 때 불가능해 보인다.

특히 개발도상국들이 이런 딜레마에 빠져 있는 경우가 많지만, 선진국 국민들 또한 크게 다르지 않은 것이 사실이다. 집에 앉아서 2001년 7월 23일 본에서 내려진 기후협상의 돌파구가 된 흡수원에 관한 중요한 결정의 의미를 알아내려고 애쓰면서, 필자는 그 결정을 간단한 영어로 번역하는 일이 지극히 어렵다는 것을 알게 되었다. 러시아의 통역관도 결정 초안의 복잡한 용어의 의미를 파악할 수 없었다고 한다. 사람들이 무슨 얘기를 하고 있는지 모른다면, 협상의 뜨거운 압박에 대응하는 것은 명백히 어렵다. 개발도상국, 그리고 많은 동구권 전 회원국들에서 볼 수 있는 혼동은 선진국들에서도 역시 자주 볼 수 있는 현상일 것이다 (〈박스 21〉 참조).

선진국의 정통성

네덜란드: 신용과 신빙성. 네덜란드의 입장을 유심히 들여다보면 시사하는 바가 많다. 네덜란드 협상자의 자화상은 자기가 공평성과 환경보호를 위해 싸우고 있다는 것이다. 그들의 이 같은 자화상은 네덜란드인들로 하여금 대폭적인 배출 감축을 지지하는 주장을 펴고 국제협상 과정에 영향을 미칠 일련의 개념과 아이디어를 제의하게 하는 등 1990년대 이후로 지도적인 역할을 떠맡게끔 했다. 한편 네덜란드인들은 기후협약에서 안정 목표치를 설정하는 운동을 선도했으면서도 스스로 그 목표를 달성하는 데 실패했다. 네덜란드의 오늘날 온실가스 배출량은 1990년 수준보다 약 11~13% 더 많다. 다시 1997년에 유럽에 대해서는 −15%, 자국에 대해서는 −10%의 목표치를 주장했던 네덜란드는 결국에는 유럽 −8%, 네덜란드 −6%라는 목표치를 수락했다. 또한 네덜란드가 원칙상으로는 보완 원칙을 지지하지만, 속으로는 그 원칙을 거부하고 있다는 보도도 있다. 설상가상으로 겉으로는 기후 변화 협상에서 지도적 위치를 차지하려고 하면서도 1998년 집권한 연립정권은 미국과 일본이 비준하지 않으면 자기 나라도 교토의정서를 비준하지 않겠다고 선언했다. 이 같은 조건부 비준 입장은 네덜란드에게 협상력을 높여 준다. 비록 네덜란드가 이끄는 협상 지도부가 기후 변화 문제에 대한 (미국을 제외한) 전세계의 타협안을 도출해 내는 데 성공했다고는 하지만, 그 비준을 둘

러싼 내부적 움직임을 지켜보는 것은 흥미로울 듯하다.

미국: 오만과 편견. 미국 정부의 입장 변화 또한 시사하는 바가 매우 크다고 할 수 있다. 일련의 유연성 체제를 받아들이도록 전 세계를 설득하고 또 목표치에 동의하고 나서, 미국 대통령은 교토의정서의 비준을 거부할 것 같은 공화당이 다수의석을 차지했다는 것을 알게 되었다. 2000년 대통령 선거에서 부시는 온실가스 배출을 줄이는 조치를 취하겠다고 선언했다. 그러나 집권하자 그는 즉시 개발도상국들이 적극적으로 이 절차에 동참할 때까지 의정서 지지를 거부하겠다고 선언했다. 그러나 2001년 6월 이후 그는 상원의 다수 의석을 반대당에 빼앗겼고, 따라서 다시 입장을 바꿔야 할 것으로 보인다. 2001년 7월, 본에서 있었던 협상에서 상대적으로 수동적인 역할을 함으로써, 미국은 스스로를 더욱 고립시켰다. 세계의 나머지 국가들이 타협안에 도달했을 뿐 아니라 그렇게 할 수 있었던 것을 크게 기뻐하고 있으므로 미국의 고립은 더욱 심화될 수밖에 없을 듯하다.

국제협상을 위한 준비의 질과 깊이에서 나타나는 각국간의 상당한 차이는 조약 본문과 문서를 기초하는 과정에서 그 국가들이 발휘하는 영향력에도 반영된다. 선진국들은 의정서 본문 초안이나 문헌들을 가지고 와서 나누어주는 경우가 종종 있지만, 개발도상국들이 그렇게 하는 경우는 찾아보기 어렵다.

협상 테이블에서: 협상이 정체에 빠질 때

협상 현장에서도 어떤 국가들은 무려 150명의 대표들이 참석하는가 하면, 어떤 나라들은 한두 명의 협상자가 참가할 뿐이다. 어떤 나라들은 여러 가지 문제를 다루고 교대로 작업을 할 만큼 인원이 충분한 반면, 한두 명으로 이루어진 대표단은 그 적은 인원으로 동시에 진행되는 회의들과 부대행사들(국가들, NGO, 과학자들이 관점과 입장, 연구 결과를 발표하는 행사)에 대해 신경을 곤두세워야 한다. 이 같은 인력상의 불균형은 협상 과정으로 고스란히 이어진다.

준비를 하는 여러 포럼에서 협상 절차에 영향을 끼칠 수 있는 국가들이 의제를 결정하는 데 중점적 역할을 하게 된다는 것은 불가피한 일이다. 개발도상국의 어느 대표가 한 말은 시사하는 바가 매우 크다. "우린 비록 참가하기는 하지만, 문제는 참가의 폭이 아니고 참가의 깊이다."

환경론자들이 보기에는 기후 변화 협상이 느리게 진행되는 것 같지만 사실 그 진행 속도는 꽤 빠르고, 넓은 범위의 복잡한 문제들을 다루며 1년에 몇 차례씩 회의가 열린다. 참가국들은 회의와 회의 사이에 협상에 대한 준비를 하고 싶어한다. 국제협상 절차에서는 대체로 두 차례 공식적인 전체회의가 열리고, 협상 과정이 순조롭지 않을 때 전체회의가 중단되고 몇 개의 소규모 비공식 그룹을 만들어서 중요한 문제들을 협상한다. 기후 변화 협상의 경우, '의장의 친구들Friends of the Chair'이라고 불리는 다양한 비공식 그룹들이 있다. 특정 문제를 다루는 실무그룹, 합동실무그룹, 당사국들간에 새로이 생겨난 이견을 논의하기 위해 임시로 만들어지는 접촉그룹, 합동접촉그룹, 협상은 하지 않고 단지 토론만을 할 수 있는 비공식 그룹들 등이 있다. 대부분 이런 그룹들에서 협상을 하게 된다. 그리고 제안이 준비되면 그때 전체회의에서 논의한다.

이런 그룹들을 활용하는 것은 분명히 이점이 있다. 180개가 넘는 당사국들이 수많은 문제들을 동시에 협상한다는 것은 분명히 불가능하기 때문이다. 이 그룹들이 협상안을 만들어 내고 다른 나라들의 견해를 모은다. 따라서 이런 그룹들은 협상 과정에 절대로 필요하며 시간을 절약하는 데 도움이 된다. 하지만 비공식회의는 대개 영어로 진행되며, 협상 초안도 대개 영어를 유창하게 하는 외교관들과 법률가들이 영어로 만든다. 비영어권 사람들은 그 초안의 문구를 고치는 데 영향을 미치는 것은 고사하고 그 협상 과정을 이해하는 것조차 어렵다. 이런 사정이 비영어권 협상자들을 소외시키고 협상 과정의 투명성을 감소시키게 된다. 유럽연합 회원국들은 다른 유럽연합 회원국들에게 어느 정도 자국의 입장을 대변하도록 할 수 있지만, 경제가 변화하고 있는 국가, 개발도상국의 협상대표들은 커다란 불이익을 당한다. 많은 개발도상국들과 몇몇 동유럽 및 중부 유럽 국가들은 여러 접촉그룹에 참여하는 것 자체가 불가능하다.

논의가 매우 복잡하기 때문에 조약 초안 작성 전문가와 기후학자, 외교관은 물론이고 에너지, 임업, 재정, 기술 전문가들도 필요하다. 따라서 이들 전문가들을 포함할 만큼 규모가 큰 대표단들만이 협상에 효과적으로 참가할 수 있다. 다른 대표단들은 논의의 속도를 쫓아가려고 안간힘을 쓰지만, 그것은 결코 쉬운 일이 아니다. 협상의 진행 상황 파악을 아예 포기해 버리는 대표단들도 많다.

대개 협상에서는 표준 유엔 절차가 준수된다. 하지만 가끔 진행되는 특정한 협상에 맞추기 위해 이 절차가 변경되기도 한다. 표준 유엔 절차는 회의가 얼마나 자주 열릴 수 있는가, 누가 회의 진행 책임을 질 것인가 등의 문제를 포함하고 있다. 회의 진행 규칙, 누가 어떤 문제를 다루는 회의의 의장이 되고 그 문제를 관리할 것인가, 또 의제가 어떻게 결정될 것인가 등도 논의한다.

특정한 결정이 내려지지 않았을 경우, 다수결보다는 전원 찬성으로 결정을 해야 한다고 믿고 있다. 다시 말해서 아무도 그 문안에 대해 반대하지 않아야 결정이 된다. 이 전원 찬성 규칙은 특정한 결정에 반대함으로써 협상 과정을 지연시키려는 국가들에게 힘을 실어 주고 있다. 하지만 각국은 대체로 혼자서 반대하는 것을 두려워한다. 그런 행동이 사회적, 외교적 관계에 미칠 영향 때문이다. 따라서 혼자서 반대하는 나라는 대개 미국이나 사우디아라비아 같은 OPEC 국가뿐이다. 유럽연합 회원국들은 그룹으로 반대하려고 한다. G77 회원국들도 마찬가지다.

몇몇 나라의 반대에 발목이 잡히는 것을 피하기 위해서 다수결의 원칙을 채택할 수도 있다. 그러나 다수결의 원칙은 자동적으로 개발도상국들에 힘을 실어 주게 될 것이다. 왜냐하면 기후변화 협상에서 개발도상국들이 다수를 차지하고 있기 때문이다. 하지만 선진국과 OPEC 국가들은 이런 사태를 받아들일 수 없다. 이 국가들은 개발도상국과 의견이 다르기 때문이다. 그래서 다수결의 원칙을 둘러싼 논의는 타결을 보지 못하고 있다. 2001년 본 회의의 특이한 점은 미국이 협상 진행을 방해하기 위해 거부권을 행사하지 않았다는 점이다.

합의문은 흔히 협상이 끝난 후에 만들어진다. 교토회의의 경우, 다수의 대표들은 자기 나라로 돌아가는 길에 CNN을 통해 합의문이 채택되었다는 뉴스를 들었다. 헤이그 회의 역시 예정된 폐회시한을 넘겨 진행되었다.

결론

국제협상은 진행의 공정성을 보장하기 위해 절차에 대한 규칙을 마련해 놓고 있다. 그러나 공정성이란 애매한 것이다. 실질적인 협력이 아니라 형식적인 협력이 너무나 일상화된 탓으로 개발도 상국들은 국제조약 참가에 다만 순응하고 있는 것처럼 보인다. 사교적 학습은 이루어지고 있지만 입력되는 내용은 별로 없다. 따라서 협력이 제도화된 듯하지만, 이 제도화는 표면적인 것일 뿐일지도 모른다. 이런 상황은 남측의 좌절감을 가중시킬 것이 다. 남측 국가들은 국제회의에서 논의되는 광범한 문제들을 다룰 능력이 없기 때문이다. 필자가 인터뷰한 남측 인사들은 이렇게 말한다. "우리는 다른 누군가가 산 물건의 값을 지불하라는 요구 를 받고 있다. 그것이 다음 5~10년 동안 우리에게 영향을 미칠 것이다. 이런 약속은 우리에게 해가 될 것이다." 둘째로, 남측 국 가들은 그들이 과거에 국제합의를 실천한 실적이 나쁘기 때문에 좌절감을 느낀다. 그들은 그런 추세가 처음부터 뻔한 결론으로 굳어질까 두려워한다(Birnie and Boyle, 1992: 546; Young and Moltke, 1994; Jacobson and Weiss, 1995 참조). 셋째로, 국제법 체 계가 절차상의 규칙을 약속하면서도 실질적인 지침을 마련해 주 지 못하는 데서 느끼는 좌절감 또한 커지고 있다. 정의와 공정성 이라는 법률적 원칙이 확립되지 않고 오히려 국제법 체계가 현실 정치의 무대를 마련해 주고 있으며, 선례의 법적 효력이 제도화 되고 있다는 두려움도 있다. 인터뷰에 응한 남측 인사들은 국제 법 절차가 단지 '예절 질서'만을 보장할 뿐, 그 질서 안에서 실제로는 '정글의 법칙'이 작용하고 있다고 걱정했다. "그 절차는 불이행에 의한 법적 절차, 정치적인 절차이다. 공정성은 쟁취되어야 한다. 그것은 국제적 절차에서 권리로 부여되지 않는다." "모든 국제적 절차가 환경, 무역, 무기 감축에서 현상을 유지하려고 애쓰고 있다. 우리에게 영향을 미치는 모든 체제에서 국제적 현상태를 유지하려는 노력이 진행되고 있는 것이다.…… 평등이 없다면 우리는 불안정해지고 그것은 우리에게 이득이 되지 않는다. 우리는 그것이 도덕적으로 정의롭기 때문에 평등을 위해 싸우고 있는 것이 아니다. 안정을 원하기 때문에 평등을 쟁취하려 하는 것이다. 환경재해는 가난한 자들에게 맨 먼저 영향을 미친다. 그래서 NGO들은 이 문제들에 영향력을 행사하려고 열심히 노력하고 있다." "우리는 북을 불신한다. 그래서 우리는 우리의 의제를 준비하는 것보다 그들의 의제를 분석하는 데 우리의 모든 시간을 바치고 있다"(더 자세한 것은 Gupta, 2000a 참조).

하지만 선진국들 역시 혁신적이고 창의적인 제안에 반대하기 위해 남측이 사용하는 상대적으로 더디고 방어적인 전략 때문에, 남측이 협상에서 나타내는 비조직성, 관심 부족 때문에, 남측이 계속 국제적 약속을 이행하지 않는 사태 때문에, 그리고 질서 있는 국제 시스템에서 진행되는 능숙한 협상이 그들의 이익에 합치되는 결과는 가져오겠지만, 그것이 문제 해결로 이어지지는 않을 것임을 알고 좌절감을 느끼게 될 것이다. 만약 개발도상국들이 충분한 준비를 갖추고 협상 테이블에 나올 수 없다면, 또 계속해서 약속을 제대로 이행하지 못한다면, 일부 북측 국가들은 이같은 사실들을 개발도상국들이 북측의 환경정책에 무임승차하고 있으며, 따라서 남측 국가들의 이행을 조건으로 북측 국가들이 행동해야 한다는 주장을 펴는 데 이용할 가능성이 높다.

그런데 또 다른 의문이 제기되고 있다. 개발도상국들이 '시간표가 확정된 기차'에 타고 있는 격인 이런 형태의 국제협상에 참가하는 것이 과연 의미 있는 일일까? 그 대답은 두 갈래로 나뉜다. 어떤 사람들은 이렇게 주장한다. "이런 회의에 참가하는 것은 장기적으로 볼 때 남측에는 이롭지 않고 북측에만 득이 될 것이다. 북은 그들의 이익을 추구하는 데 이 협상을 이용하고 있다." 하지만 참석하지 않는 것이 참석하는 것보다 더 나쁠 것이라고 보는 인사들도 있다. 세계화 추세를 감안할 때 특히 그렇다는 것이다.

신은 스스로 돕는 자를 돕는다.
—이솝

3보 전진, 2보 후퇴

우리가 지금 정치적으로 점점 뜨거워지고 있는 행성에 살고 있다는 것은 아주 분명한 사실이다. 하지만 기후도 과연 점점 더워지고 있느냐 아니냐 하는 문제는 직접적인 인과적 추론을 좋아하고, 불확실성과 두려움에 대처할 수 없는 사람들에게는 조금 덜 분명한 사실이다.

세계 도처에서 일어나는 모든 개별적 사건들을 하나의 유형에 맞출 수 있을까? 그 유형이 기후과학의 지구순환모델과 합치한다면, 그것이 과연 우리가 기후 변화 문제를 가지고 있다는 것을 의미하는 것일까? 그 합의에는 문제가 있다. 그러나 몇몇 과학자들은 과학에서 합의는 난센스라고 주장한다. 이렇게 의견이 충돌하는 데 근거를 제공하는 것은 바로 불확실성이다. 악마도 자기 목적에 합치하는 구절을 성경에서 인용할 수 있듯이 말이다.

그럼에도 불구하고 186개국이 이 문제를 다루기 위해 합세했다. 1992년에 체결된 기후 변화에 관한 유엔 기본협약에 참가한 나라가 186개국이다. 1997년에 합의된 교토의정서에도 140개국 이상이 참가하고 있다. 이런 협약은 리더십 패러다임, 즉 부국들이 그들의 배출을 감축함으로써 앞장서서 남측을 돕는다는 패러다임에 기초를 두고 있었다. 그러나 시간이 5년쯤 흐르면서 부국들은 겁을 먹었고, 어디서나 가장 비용효율적인 곳에서 배출을 감축할 수 있도록 허용하는 유연성 체제를 통해 다른 나라들을 도움으로써 그들 자신의 배출을 감축하는 방법을 찾기 시작했다.

1998년에는 미국이 개발도상국들이 어떠한 조치를 취하기 전에는 교토의정서를 비준하지 않으리라는 것이 점점 더 분명해졌다. 개발도상국들은 선진국들 스스로 그들의 배출 증가를 제한하는 조치를 취하기 전에는 양적인 의무를 받아들이려 하지 않았다. 유럽연합 국가들도 미국과 일본이 비준하기 전에는 교토의정서를 비준할 의도가 없었다. 리더십 패러다임이 조건부적 리더십 패러다임으로 전락해 버린 것이다.

2001년 부시 대통령이 이 정체 상태를 끝장내 버렸다. 세계에서 가장 부유하고 힘센 국가가 독자적인 행보를 취하기로 하고 교토의정서에 대한 지지를 철회해 버렸던 것이다. 부시는 합의에 대한 지지를 철회하고 대신 새로운 국내 에너지 프로그램을 시작 하겠다고 선언했다. 그 에너지 프로그램은 화석연료 로비세력을 즐겁게 하고 환경보호주의자들과 녹색 업체들을 불쾌하게 하는 것이었다. 부시의 이 선언은 나머지 선진국들에 일련의 파장을 불러일으켰다. 여러 나라들이 그들의 의무에서 벗어나게 된 것을 내심 기뻐했다. 그들은 미국이 참여하지 않는다면 우리가 동의한 다고 해도 아무 의미가 없다는 구실을 내세울 수 있게 되었던 것 이다.

그러나 세계의 나머지 국가들은 2001년 7월에 열린 기후변 화협약 당사국 총회 마지막 회의에서 비록 비싼 값을 치른 합의 이긴 했지만 정치적 합의를 이끌어 냈다. 타협안이 타결되자 대 표들은 기립박수를 보냈다. 세계의 나머지 국가들은 미국 없이도 감히 앞으로 나아갔다는 데서 엄청난 안도감을 느꼈다. 미국에 대한 이 집단적인 대항은 2005년까지 이어져 많은 정치학자 및 경제학자들의 예상과는 달리 교토의정서가 효력을 얻게 되었다. 이것이 세계의 정치와 경제에서 미국이 누려온 '주도권의 종말' 의 시작인지는 두고 볼 일이다.

2001년 본 회의: 피로스의 승리

1992년의 기후협약은 어떤 조치가 필요하다는 것을 일반적으로 밝힌 기본틀에 불과했다. 교토의정서는 선진국들에게 법적 구속력을 갖는 양적 의무량을 부과했다는 점에서 훨씬 진전된 것이었지만, 그런 구속력은 유연성 체제와 기타 옵션을 채택함으로써 많이 희석되었다. 따라서 처음부터 목표량은 미미했고, 그것은 추가된 가스에 초점이 맞추어져 있었다. 그런데다 흡수원이 포함되고, 각국이 배출권 거래제, 공동이행, 청정개발체제에 참가하는 것이 허용되었다. 이런 옵션들은 결국 감축 약속의 실효와 의정서가 새로운 기술 개발을 위해 마련한 인센티브를 약화시키는 결과를 가져왔다. 기술 이전과 재정 지원을 요구하는 개발도상국들의 목소리는 완전히 외면당한 듯했다.

속에서 들끓고 있던 이견은 헤이그 회의에서 표면화되었다. 헤이그 회의는 흡수원과 유연성 체제, 개발도상국에 대한 재정 지원, 협력 체제에 대한 이견 때문에 결렬되었다. 그런데 놀랍게도 의정서 협상에서 미국이 물러난 가운데, 본에서 이 모든 문제들에 대한 정치적 합의가 도출되었다. 기금이 창설되었고, 유연성 체제, 흡수원, 협력에 대한 규칙들이 타협되었다. 물론 이런 합의가 법적 구속력을 갖기 위해서는 더 많은 작업이 필요하다. 하지만 그래도 축제 분위기가 조성된 것은 사실이었다.

하지만 이 모든 것이 무슨 의미가 있을까? 기금에 대한 기부는 대부분 자발적으로 하게 되어 있다. 과거에도 마지못해 기금을 내놓던 국가들이 과연 더 많은 자금을 내놓으려 할까? 여전히 잘 이해되지 않고 있는 흡수원의 이용이 정말로 중요한 분야, 즉 각국이 온실가스를 줄이는 기술을 개발하도록 강요하는 일에서 압력을 약화시키는 결과를 가져오지 않을까? 유연성 체제에 관한 규칙들은 사실 개발도상국의 관심사와 달랐지만, 그래도 합의가 된 것이 합의되지 않은 것보다 나은 것은 분명하다. 하지만 미국의 불참이 세계에서 가장 큰 오염원, 1인당 오염 정도가 가장 높은 나라가 그 힘을 이용해서 무책임하게 문제를 외면할 수 있다는 것을 암시한다면 어떻게 될 것인가? 그렇다면 미국은 지구 기후정책에서 '불량국가'가 된다. 그리고 모든 국가들을 참여시키기 위한 양보가 조약을 한층 더 약화시켰다고도 할 수 있다. 그렇다면 이것은 희생이 너무 큰 승리가 아닐까?

그동안 100년에 걸쳐 협상이 진행되어 왔거니와 다음 단계는 이전의 단계들을 바탕으로 조심스럽게 마련해야 할 것이다. 교토의정서가 시행됨과 동시에 미래의 의정서에 대한 기획을 시작해야 한다. 현재 수많은 기획 옵션들을 논의하고 있으며, 이런 옵션들은 대체로 기후 변화 체제 안에서 취해질 필요가 있는 조치, 기후 변화 체제와 다른 체제들 간의 협력을 증진하는 조치, 그리고 기후 변화에 대한 대책을 증진하는 지역적, 부문간 합의 개발 등에 초점을 맞추고 있다. 한편 NGO와 시민사회는 계속 압력을 가해야 한다. 기업들은 지금까지 너무도 분명한 신호를 받아 왔고, 구조적으로 또 다른 미래를 개발할 수 있기 위해 미래의 목표치가 설정될 방향에 대한 새로운 신호를 받아야 할 것이다.

문제의 재정의: 이념적, 기술적, 제도적 '제약'

기후 변화는 온실가스 배출의 문제인가, 아니면 우리의 생산 및 소비 형태에 관한 문제인가? 여러 가지 면에서 그것은 양쪽 모두의 문제이다. 좁은 의미에서 그것은 배출에 관한 문제로 정의할 수 있지만, 중요한 과학 보고서들이 제시하는 것처럼 배출을 대폭 감축하려면, 그것은 불가피하게 우리의 생산 및 소비 형태, 그리고 우리의 생활양식에 관한 문제가 될 수밖에 없다.

　　하지만 생활양식과 이데올로기에 대한 논의는 흔히 매우 민감해지기 쉽다. 아버지 부시 대통령은 1992년 유엔환경개발회의에서 자기는 미국의 생활양식을 추호도 양보할 수 없다고 분명히 선언했다. 조지 W. 부시는 이 문제에 대해 더욱 극단적인 견해를 가지고 있는 듯하다. 하지만 자유주의와 자유시장이 환경해방의 길을 얼마간 열어 놓을지도 모른다는 희망이 있다. 유럽에서는 시장의 힘이 기본적인 환경적 틀 안에서 작용해야 한다는 인식이

깊어지고 있는 반면, 다른 나라들에서는 이런 인식이 경시되고 있다. 시기 또한 불운하다. 자유화된 세계는 공산주의에 대한 승리를 이제 막 축하하기 시작한 참이며, 자본주의와 세계화에도 부패의 씨앗이 분명히 숨어 있다는 사실을 이제 겨우 발견하기 시작하고 있을 뿐이다. 성공에 도취되고 형식으로 무장한 브레턴우즈 기관들(세계은행, IMF 등)은 개발도상국들에게 신자유주의가 전진하는 길이며, 시장은 개방해야 하고, 보조금은 폐지해야 하며, 각국은 새로운 이데올로기를 받아들여야 한다고 설득했다. 하지만 1장에서 주장했던 것처럼, 세계화가 신식민주의일지도 모르며, 세계화의 뒤에 숨은 좋은 의도가 낙관론자들이 바라는 것과 같은 결과를 가져오지 못할지도 모른다.

환경보호의 필요성을 인식하고 있는 사람들이 많지만, 우리는 단기적 경제이익에 초점을 맞추는 정치, 경제 이데올로기에 갇혀 있는 듯하다. 유엔환경개발회의에서 참가국들은 이 딜레마에서 탈출하는 길을 찾지 못했다(Chatterjee and Finger, 1994: 172). "새로운 모델의 부와 지속가능한, 모방가능한 생활방식의 필요성은 오늘날의 현실과는 정반대된다. 하지만 그런 새로운 생활방식의 도입은 불가피하다(Weizäcker et al., 1998: 205)." 이 문제는 또한 산업화의 문제이기도 하며 산업과 사회의 구조하고도 밀접하게 관련되어 있다. 산업 체계가 발전하면서, 여러 기술이 서로 뒤엉키고 각각의 새로운 체계는 이전의 체계 위에 구축된다

(Womack et al., 1990; Grubler, 1994; Mokyr, 1994). 이런 뒤엉킴 과정은 변화에 저항한다. 설사 변화의 필요성을 인식한다 해도 그 변화에 저항하는 것이다.

선진국과 사이렌: 통제 유지의 신화

선진국들은 자신들이 지구의 문제에 대한 해답과 세계 발전에 대한 공식을 가지고 있으며, 스스로 잘 통제하고 있다고 생각하지만, 그들은 분명히 거울 들여다보는 것을 두려워하고 있다. 그들이 거울을 들여다본다면, 그들은 자기네들이 정치적 단기 시간 틀, 시장 점유율, 이념적·기술적 속박의 포로라는 것을 알게 될 것이다. 현재의 생활방식에 너무나 속박당하고 있고, 또 너무나 이기적이기 때문에 그들은 그들이 더 크고 더 복잡한 문제에 패배당했다는 사실을 감히 인정하지 못한다. 그들은 새로 구축되고 있는 시스템의 결과에 대해 잘못 생각하고 있다. 각 나라와 사회는 개발 방식에 꽉 잡혀 있고 생활과 절차, 시스템은 다른 모든 것들과 연관되어 있다. 변화는 문제가 있는 것으로 인식된다. 변화가 산업의 경쟁력에 영향을 줄 것이고, 경쟁력이 떨어지면 국민소득과 국민의 안녕이 위협받을 것이기 때문이다. 각국은 어떤 행동을 취할 때 그들이 일련의 반응에 의존한다는 점에서 지극히 상처받기 쉬운 처지에 놓이고 있다. 그래서 누구나 미미한 변화 또는 현상 유지에 안주해 버린다. 그들은 매우 부유하고, 미래를 중시하지 않으며, 자기네가 승자가 된다는 데 희망을 걸고 있다. 구동구권 국가들은 선진국 대열에 끼기 위해 서두르고 있다. 공산주의가 쇠퇴하면서 자유시장의 매력이 그들에게 손짓하고 있고, 그들은 그 길이 부와 영광으로 인도하는 길일 것이라는 희망을 가지고 허둥지둥 자본주의의 길로 나서고 있다. 선진국들은 점점 좁아지고 있는 세계에서 개발도상국들의 문제들이 부메랑이 되어 그들에게 돌아올지도 모른다는 생각을 하지 못한다.

사이렌(아름다운 노랫소리로 뱃사람을 유혹하여 조난시킨다는 바다의 요정—옮긴이)의 노래가 그들을 유혹하고 있는 것이다.

개발도상국들: 자기연민에 빠져 허우적거리다

한편 개발도상국들은 오래된 원한을 토로하며 자기연민에 빠져 허우적대면서 행동을 취하지 않는 데 대한 구차한 구실을 대고 있다. 그들이 스스로 약하고 분열되어 있음을 드러내는 한, 그들은 최악의 경우 강간당하고 약탈당할 것이며, 기껏 잘된다고 해도 별 도움이 안 되는 보잘것없는 존재로 취급될 것이다. 지금은 그들이 들고일어나서 그들이 원하는 것을 얻기 위해 싸워야 할 때이다.

개발도상국들은 서구화하지 않고 현대화하며, 자연자원을 낭비하지 않으면서 경제를 살리고, 미래를 담보로 내주지 않으면서 재정적·기술적 도움을 요청하며, 공적 우선순위를 희생하지 않으면서 거대한 다국적기업들의 진출을 허용하고, 국내에서는 그것을 보장하지 않으면서 북측에 대해서는 공평과 평등을 요구하며, 장기적 손실을 유발하지 않으면서 단기적 경제 이득을 얻기 위해 노력해야 하는 어려움에 처해 있다.

이제 남측의 다양성을 살펴보자. 통계가 불확실한 경우도 있지만, 개발도상국 가운데는 싱가포르나 카타르처럼 매우 부유한 나라도 있다. 이런 나라들은 세계에서 가장 부유한 나라들에 속하지만, G77 회원국이며 그래서 기후조약에 의해 법적으로 구속력을 갖는 양적 의무를 지지 않는 그들의 지위를 유지하고 있다. 그렇다면 일부 개발도상국들은 G77 회원국이라는 자격을 오용함으로써 G77의 신뢰성을 떨어뜨리고 있는 것이 아닐까?

남-북 관계: 좌절이 좌절을 낳다

점점 더 긴장되어 가는 남과 북의 관계에는 좌절감이 또한 도사리고 있다. 남측의 경우는 효과적으로 준비하고 협상할 수 없다는 점, 현상을 유지하려는 경향에 대항해 싸울 능력이 없다는 점, 그들의 장기적 이득에 해가 되는 새로운 선례들이 정착되는 것을 막지 못한다는 점이 좌절감의 원인이 되고 있다. 오랫동안 국제적 의제가 되어 온 광범한 사회·환경 문제들에 대한 진정한 해결책이 개발되지 못했다는 우려감 역시 좌절감을 느끼는 원인이 되고 있다. 남측은 또한 스스로 북의 책략에 넘어가서 자신들이

받아들이고 싶지 않은 협상안을 받아들이고 있으며, 법이 정상적
으로 기능하지 못하고 있다고 느끼고 있다.

북측 역시 편안한 입장은 아니다. 북은 남의 낡아 빠진, 방어
적·수사적 전략에 염증을 느끼고 있으며, 스스로 효과적인 해결
책을 제시하지 못하고 있다는 데 대해 좌절감을 느끼고 있다. 이
런 사정 때문에 일부 전문가들은 남-북의 틀을 사용하면 필연적
으로 조약은 성사될 수 없다고 주장하기도 한다. 남이 그들이 품
고 있는 온갖 원한을 들고 나오기 때문에 협상이 진행될 수 없다
는 것이다. '그런 틀 안에서는 부채, 가난, 이전의 조건 등의 복
잡한 고리가 정책 옵션 논의의 비생산적 출발점이 된다'는 것이
다(Pearce and Perrings, 1995: 24). 그러나 또 다른 사람들은 남-
북의 틀은 논의를 위한 유일한 현실적 틀이라고 주장한다. 대부
분의 환경 문제가 불가피하게 불평등의 문제와 연관되어 있기 때
문이라는 것이다.

시나리오

타조 현상

하지만 정말로 기후 변화 문제라는 것이 존재하는가? 이 문제에
대처하는 엄청난 어려움을 감안할 때, 우리는 그런 문제는 없다

고 결론짓고 우리 머리를 모래 속에 처박아야 할 것인가?

　　2장에서 우리는 기후 변화 문제가 엄연히 존재한다는 증거가 늘어나고 있다는 주장들을 소개했다. 하지만 불확실한 점이 있는 것 또한 사실이다. 우리들 대부분은 질서 있게 삶을 영위하고 싶어하며 확실성에 기초를 두고 행동하기를 원한다. 그러나 현대의 삶은 점점 더 불확실해지고 있다. 우리는 흡연이 암을 일으킬 수 있다는 사실을 알고 있다. 하지만 원자로 근처에 사는 것도 암을 유발하고 기형아 출산의 원인이 되고 있지 않은가? 직선적인 인과관계를 결정하기 위해서 원인이 되는 요소들을 격리할 수 있을까? 불확실성이 있다고 해서 그것이 우리가 행동을 해서는 안 된다는 것을 의미하는 것일까? 이 딜레마는 거듭거듭 논의되어 왔고, 그 결과 이른바 예방 원칙이 채택되기에 이른 것이다.

　　1987년, 환경개발세계위원회World Commission on Environment and Development는 「우리의 공통된 미래」라는 보고서에서 이렇게 밝혔다. "각국 정부가 행동을 취하는 데 동의하려면 얼마만큼의 확실성이 확보되어야 하는가? 각국 정부는 행동을 취하는 데 동의할 것인가? 그들이 상당한 기후 변화가 입증될 때까지 기다린다면, 그때까지 이 방대한 지구 시스템에 저장된 관성에 대항해서 효과를 낼 수 있는 어떤 조치를 취하기에는 이미 때가 늦을지도 모른다"(Brundtland et al., 1987).

　　이런 개념은 2차 세계기후회의 선언에도 사용되었다. "모든 국가의 지속가능한 발전을 성취하고, 현재 및 미래 세대의 필요에 부응하기 위해서, 기후 변화로 야기될 환경 악화를 예측하고 방지하고 공격하고 또는 그 원인을 최소화하고 그 악영향을 줄이는 예방적 조치가 취해져야 한다."

예방적 원칙은 기후 변화에 관한 유엔 기본협약에서 다음과 같이 정의되어 있다.

기후 변화의 원인을 예측하고 방지하거나 최소화하고 악영향을 완화하는 조치. 심각하거나 돌이킬 수 없는 피해가 닥칠 위험이 있으므로, 충분한 과학적 확실성이 결여되어 있다는 사실이 그런 조치들을 연기하는 이유로 이용되어서는 안 된다. 기후 변화에 대처하는 정책과 조치는 가능한 한 최소의 비용으로 전세계에 혜택을 줄 수 있어야 한다. 이 목표를 달성하기 위해서, 그런 정책과 조치는 서로 다른 사회경제적 사정을 고려해야 하고, 포괄적이어야 하며, 모든 관련된 발생원과 흡수원, 온실가스 저장고, 적응 등을 망라해야 하고, 모든 경제 부문을 포함해야 한다. 기후 변화에 대처하는 노력은 관심 있는 당사국들의 협력으로 수행될 수 있다.

이 원칙은 비록 그 결과가 확실하지는 않더라도 돌이킬 수 없는 결과가 나타날 위험이 있을 경우, 조치를 취할 수 있는 근거를 정책입안자들과 정치인들에게 마련해 주고 있다. 환경적인 관점에서 볼 때 이 주장은 아주 타당하다. 그러나 법률적인 관점에서 볼 때, 이것은 중요한 첫 단계이지만 한편 별 내용이 없다는 해석이 나올 소지도 안고 있다(Freestone and Hey, 1996 참조). 그러나 다른 정책입안자들은 돌이킬 수 없는 잠재적 결과에 대처하는 비용이 지금 조치를 취하는 비용보다 적을 때만 예방적 원칙이 행동을 정당화한다고 주장할지도 모른다. 경제적인 관점에서 볼 때 이 주장은 매우 타당하다. 그 영향이 그 사회에 대해 경제적으로 비교적 무시할 정도인 잠재적 위기를 피하기 위해 엄청난 액수의 돈을 쓴다는 것은 웃기는 일처럼 보이기 때문이다.

여기서 우리는 불가피하게 들어갈 경비와 누가 그 경비를 부담할 것인가 하는 문제에 대해 생각해 보게 된다. IPCC의 2차 평가보고서 가운데 기후 변화의 잠재적 영향이 인간 생활에 끼칠 비용에 관한 부분을 둘러싸고 열띤 논란이 벌어지자 과학자들은 점점 전세계의 경비 예측을 꺼리는 분위기다. 확정되지 않은 정책에 소요될 경비를 산정하기도 어렵지만, 미래의 경비를 산정하는 것은 늘 한층 더 어렵기 때문이다.

하지만 더욱 어려운 문제는 현재와 미래에 누가 그 경비를 부담해야 하느냐 하는 문제이다. IPCC의 평가가 정확하다면, 그리고 지구의 온도가 약간 올라간 것이 사실이라면, 남측에서 많은 문제가 일어날 가능성이 높다. 그렇다면 북측이 자신들의 입장에서 보면 장기적으로 보아도 경제적 영향이 적을 것으로 보이는데, 에너지 체계와 생산 과정, 교통 체계, 그리고 국민소득과 세계 시장의 경쟁력에 영향을 줄 가능성이 높은 정책과 조치를 취해야 할 이유가 무엇인가? 물론 북이 개발도상국들에 그들의 상품을 파는 능력에는 어느 정도 영향이 있겠지만, 과연 그 영향이 얼마나 클까? 또한 많은 수의 환경난민들이 생겨날지 모르는데, 현재 시행되는 정책으로는 정치난민들만이 선진국 입국이 허용되고 있다. 환경난민을 정치난민으로 보아야 할 것인가 말아야 할 것인가? 한편 지구온난화의 속도가 더 빨라진다면, 선진국들 또한 고통을 당하게 될 것이다. 남측의 입장에서 보면, 그런 불행한 사태가 닥칠 경우 남측은 그 문제를 일으킨 주범이 아니면서도 가장 큰 희생자가 되고, 또 그에 대처할 수단마저 없는 어려운 처지가 될 위험이 있다.

선진국의 산업 전환

기후 변화가 유발하는 딜레마에서 벗어나는 확실한 방법은 많다. 관건이 되는 해결책은 온실가스 배출과 경제를 성장시키는 요인들을 서로 떼어 놓는 것이다. 그렇게 하자면 새로운 생산과 소비 체계, 화석연료의 전세계적인 퇴출, 지속가능하고 재생가능한 형태의 에너지를 통한 연료 대체 등이 필요하다. 경제학에서는 이것을 환경쿠즈네츠 곡선으로 설명하고 있다. 이 곡선은 국가가 더욱 부유해지고 발전하면 사회는 구조적으로 변화하게 되고, 그 부가 증가함으로써 더욱 친환경적인 기술과 생활양식에 투자할 수 있게 된다는 뜻을 함축하고 있다. 이 곡선은 수많은 개인, 지방, 지역의 오염자들에 의해 경험적으로 입증되었다. 이러한 경우 지역 주민들은 그 오염자를 다루는 정책의 혜택을 즉시 보게된다.

그러나 이론적으로는 세계가 온실가스가 없는 상태로 이동할 수 있지만, 실제로는 일반적으로 주변에서 기후와 관련된 비극이 일어난 후에야 그런 위험한 정치적 조치에 대해 지지하게된다. 가장 곤란한 점은, 효율이라는 것이 매력적으로 보이지만어느 사회가 성취할 수 있는 효율에는 한계가 있다는 것이다. 단순히 부만 증가하면 그에 따라 수요가 증가하고, 그러면 에너지수요도 늘어난다.

하지만 쿠즈네츠 곡선은 매력적인 모델에 불과할 뿐이다. 이모델을 선진국과 개발도상국에 적용하기 위해서 팩터Factor 4와팩터 10이라는 개념이 생겨났다. 팩터 4는 에너지와 자원의 사용은 반으로 줄이면서 생산성은 2배로 늘릴 것을 요구한다. 팩터10은 생산성을 높이고 에너지와 자원 사용률을 낮춤으로써 개발도상국들이 성장할 공간을 마련해 줄 것을 요구한다(Weiszäcker, 1998; Sachs et al., 1998 참조). 팩터 10은 선진국들이 문제를 일으켰으며, 수정된 생산 및 소비 체계와 변화된 생활양식을 갖는산업 전환 단계로 나아가는 데 필요한 자원과 기술을 또한 선진국이 가지고 있다는 주장에 기초하고 있다. 퍼슬러와 제임스(Fussler and James, 1996)는 지속가능한 기술이 존재하며 그런 기술들이 빠른 속도로 개발되고 있다고 주장하고 있다. 하지만 기업들은 소비자의 수요보다 앞서갈까 두려워서 그런 기술을 도입하는 데 신중한 태도를 취하고 있다는 것이다. 산업계는 인습에 젖어 있으며, 산업계가 그 인습에서 벗어나기 위해서는 정부의 분명한 신호가 필요하다는 것이다(Byé, 1997).

선진국들이 행동을 취해야 할 또 다른 이유들도 있다. 가난과 고통, 사회적 소요가 없는 세상을 만든다는 것은 누구에게나 좋은 일이다. 환경난민들의 면전에서 문을 닫아 버리는 것이 쉬울지는 몰라도, 그런 몰인정은 시민사회의 양심과 양립하기 어려울 것이다. 전세계적인 미디어가 그런 사태를 보도한다면 그렇게 외면하기는 더욱 어려울 것이다. 그리고 재생가능한 기술이 경제적으로 경쟁력을 갖게 된다면, 여러 나라의 정부들이 그런 기술을 팔아 개발도상국들에 발판을 마련하려고 할 것이다. 많은 일자리도 생겨날 것이다. 자기 나라의 상품을 팔 풍요로운 시장이 있다는 것은 항상 좋은 일이다. 마지막으로 융과 로스케(Jung and Loske, 2000)의 주장처럼 재생가능한 에너지로 전환하면 평화 정착에도 도움이 된다. 산유국들이 대부분 전쟁놀이에서 벗어나기 때문이다.

하지만 이렇게 전환하기 위해서는 강대국 지도자들의 용기가 있어야 한다. 녹색 산업체와 시민사회가 이 문제를 관심 있게 지켜보고 있으며, 일반 국민들도 기후 변화 조치를 지지할 용의

가 있다는 것을 그들이 알아야 한다. 1997년 6월 일본에서 실시된 한 여론조사에 따르면, 응답자의 86%가 기후 변화에 관심을 가지고 있으며, 84%는 경제비용이 들더라도 배출감축 조치가 취해져야 한다고 생각하고 있었다. 미국에서 실시된 세계야생생물기금WWF 여론조사에 따르면, 응답자의 74%가 2005년까지 온실가스의 상당한 감축(20%)을 요구하는 의정서를 받아들일 뜻을 가지고 있었다.

개발도상국들을 위한 기회

한편 또 다른 곤란한 점은 선진국들이 이념적으로 기술적으로 생활방식에 꽉 붙잡혀 있다는 사실이다. 변화에 저항하는 매우 강한 기득권 세력들은 변화가 그들에게 어떤 영향을 미칠까 봐 변화에 반대한다. 사회학자들은 바로 이런 이유 때문에 변화의 여지를 가지고 있는 나라는 개발도상국들이라고 주장한다. 개발도상국은 대개 변화하는 상태에 있고, 그런 사회는 조종의 여지가 더 많다는 것이다. 저개발 국가들에서는 이른바 '그린필드green field' 경제가 가능하다. 그린필드 경제란 지속가능한 산업 패러다임을 요구하는, 사회 및 산업 조직 안의 상호연관된 개혁의 여지를 허용하는 경제를 말한다. 이런 사회에도 기득권 세력이 있지만, 이 사회는 서구 사회처럼 기존의 생활방식에 꽉 잡혀 있지는 않다. 이 그린필드 경제는 공공정책의 지원과 재정 및 인적 자원이 이용가능한 만큼 기술과 노하우를 채택할 수 있다(Wallace, 1996). 새로 산업화되는 많은 국가들이 기술 혁신과 조직적 능력보다는 자본 투자에 그 성장을 의존하고 있지만, 간혹 그런 혁신을 성취하는 사례들도 있다(Kim and Lau, 1994). 예를 들면 일부 개발도상국들은 지상에 케이블을 깔기에 앞서 이동전화를 사용하고 있다. 하지만 그런 시스템이 효과적으로 시행되기 위해서는 국가의 혁신 체계가 정착되어 적절한 기술을 선택할 수 있도록 격려해야 한다. 마지막 분석에서 문제는 선택일 뿐이다. 각 사회는 변화로 나가는 자신의 길을 택해야 한다. 하지만 NGO, 개발기구, 녹색산업체, 환경부서 간의 유익한 결합이 좋은 결과를 가져올 가능성은 얼마든지 있다. 만약 압력이 발견된다면 모든 산업체들이 대응해야 할 것이다.

한편 선진국과 개발도상국 양쪽 모두의 행동을 정당화시켜주는 다른 이유들이 많이 있다. 그 지역에서 이용할 수 있는 재생가능한 자원에서 나오는 에너지를 사용한다면, 그 나라의 다른 지방이나 다른 나라에서 나오는 원료에 대한 의존도가 즉각 줄어들 것이다. 그렇게 되면 에너지 생산의 경비가 줄어들고 또 부족한 외화도 절약할 수 있게 된다. 게다가 동력과 에너지 생산에 따르는 환경에 부정적인 다른 영향도 줄어들게 될 것이다. 풍력 에너지는 세계 여러 곳에서 경제적 경쟁력을 갖추어 나가는 잠재력 있는 에너지원이다. 소규모 수력발전과 태양 에너지도 미래의 중요한 에너지원으로 각광받고 있다. 에너지 절약 역시 엄청난 잠재력을 가지고 있다. 최근의 연구 결과에 따르면, 중국과 인도는 에너지 효율적인 기술과 건축법을 채택함으로써 향후 20년 사이에 에너지 수요를 최소한 30% 줄일 수 있을 것이라고 한다 (Gupta et al., 2001b). 이것은 돈과 자원을 크게 절약하는 일이 될 것이다.

많은 산업이 바뀌면 새로운 일자리가 생겨나고 기업가들에게도 많은 기회가 생길 것이다. 바로 이 분야에서 개발도상국들이 기술 개발의 선도자가 될 수도 있다. 오래전부터 북이 경쟁력을 확보했던 분야에서 개발도상국들이 경쟁하는 데는 어려움이 많다. 따라서 개발도상국이 경쟁력을 갖출 수 있는 분야는 새로운 분야이다. 인도와 중국의 젊은 컴퓨터 전문가들은 이미 이 분야에서 그들의 기술을 드러내고 있으며, 그들은 서구 선진국들에서 환영받고 있다.

기술혁신을 시도해야 하는 또 다른 이유는 '너희가 오염시켰으니 우리도 오염시킨다'는 식의 흉내내는 태도는 장기적 목표에 아무런 도움이 되지 않는다는 데 있다. 개발도상국들은 이미 해결해야 할 문제들이 너무나 많기 때문에 기후 변화 문제까지 추가해서 사태를 더욱 어렵게 만든다는 것은 말이 안 된다. 제1세계에 대한 정당한 분노와 복수는 도움이 되지 않는다. 개발도상국들이 힘의 정치에 의해 지배되는 세계에서 효과적으로 협상할 능력을 갖추지 않는 한, 북이 당연히 감당해야 할 의무가 있다는 사실을 북측으로 하여금 믿게끔 할 수 없을 것이기 때문이다. 더욱이 정당한 분노는 그 개발도상국의 경제가 일정한 수준으로 성숙하면 사그라지는 경향을 보인다.

남측은 부채, 가난 퇴치, 무역 및 재정 협상 등 너무나 복잡한 문제들에 짓눌려 있기 때문에 기후 변화 협상에 제대로 임할 수 없다고 주장하는 사람들도 있다. 그러나 남측은 기후 변화 문제를 이 모든 문제들을 토로하는 메커니즘으로 보아서는 안 된다. 그런 시각은 문제에 대한 근시안적 접근법이다. 문제를 단순하게 유지하고 싶은 생각이 굴뚝같을지 모르지만, 기후 변화 문제는 단순하지 않으며, 그리고 불행하게 또는 경우에 따라서는 다행스럽게도 여러 다른 문제들과 밀접하게 연관되어 있다. "기후정책은 구체적 이익에 봉사하지 못하고 몇 가지 목적을 추구한다면 실패할 것이다. 한편 기후정책이 존재하지 않는 문제를 해결한다면 역시 이 정책은 실패할 것이다"(Boehmer-Christiansen, 1999: 395).

승자에게 유리한 분야

항상 승자와 패자가 있기 마련이다. 그렇다고 승자가 이윤을 최대화할 수 있도록 내버려 두어야 할 것인가? 승자가 이윤을 독식하는 승자에게 매우 유리한 몇몇 분야가 있다.

- 핵에너지—불사조의 등장. 몇몇 잠재적 승자들은 기후 문제를 핵에너지와 연관시킴으로써 이윤을 얻을 수 있을 것으로 믿고 있다. 핵에너지는 (우라늄을 채광할 때 외에는) 온실가스가 별로 배출되지 않는다. 이것이 핵발전 업체와 오래전부터 핵 연구를 지원해 온 정부들에게 새로운 힘을 실어 주고 있다. 캐나다, 프랑스, 미국이 핵 기술을 수출함으로써 기후 변화가 가져올 부담을 경감시킬지도 모른다고 전망하는 사람들이 있다. 하지만 이 전망은 중국과 인도, 남아프리카가 핵 쓰레기를 처리하는 비용을 감수하면서도 같은 길을 갈 의향이 있을 것이라는 편리한 가정에 기초하고 있다. 또한 이 옵션은 최근에 나온 6차 당사국 총회 2부에서 채택한 '핵 시설에서 발생하는 점수는 투자국으로 가지 못하도록 한다'는 결정에 따라 부분적으로 논의에서 제외되었다.

- '오염자 지불' 원칙—법에서는 다른 사람들에게 상해를 입힌 자가 대개 그 책임을 지도록 되어 있다. 국제 오염 논의에서 제기되는 오염자 지불 원칙이 바로 이런 논리이다. 그러나 최근의 국제협상에서는 누구에게나 책임이 있고,

따라서 책임을 누구에게 전가하는 문제보다는 국가든 개
인이든 자기가 할 능력과 의지가 있는 만큼 행동을 취해야
한다고 생각하는 경향이 나타나고 있다. 기후 변화 협상에
서 미국은 1인당 오염량이나 전체 오염량이 가장 많은 최
대 오염자로서 가장 많은 액수를 지불해야 함에도 불구하
고, 그 대신 교토의정서에 의해 미국이 원할 경우 돈으로
바꿀 수 있는 배출 할당량을 가장 많이 받았다. 오염자 지
불 원칙이 오염자가 지불을 받는 원칙으로 변질된 것이다.

• 기후 통화—이제 새로운 시장과 새로운 통화가 생겼다. 기
술개발자들은 새로운 자원에 접근할 수 있고, 또 그들의
부를 증가시킬 수 있게 되었다. 기업체들은 이미 이산화탄
소 배출권 판매를 광고하고 있다. 네덜란드의 국제적 임업
회사인 NIBO는 최근 다음과 같은 광고를 냈다. "NIBO
NV는 재정 투자의 대가로 새로 획득한 수림에 기초한 이
산화탄소 배출권을 제공한다. 출자자는 농원의 미래 소득
의 일부도 받게 될 것이다. 따라서 이산화탄소 배출권을
구입하는 것은 금전적으로 이득이 되는 투자가 될 것이다.
농원은 FSC(숲 관리위원회)의 원칙과 기준에 따라 조성될
것이다. 숲의 유지와 매년 확보되는 이산화탄소 배출량은
독립적인 제3자에 의해 확인될 것이다." 헤이그에서 열린
6차 당사국 총회에서 NGO들은 새로운 지폐를 돌리고 있

었다. 달러와 같은 녹색 바탕에 한쪽 면에는 이런 말이 인
쇄되어 있었다. "식민주의의 역사는 노예, 설탕, 차, 커피,
석유, 탄소 등 새로운 상품의 창조와 평행선을 그리고 있
는 것일까?" 다른 면에는 이런 글이 씌어 있다. "1카본 크
레디트…… 크레디트의 가치는 국제시장의 투기에 의해
오르락내리락 할 것이며, 어떤 경우에도 결코 기업 행동의
환경비용과는 관련이 없다.…… 핵발전소나 유전자 조작
산림, 그리고 기타 비슷하게 파괴적인 프로젝트와 교환될
수 있다. 이 지폐는 오로지 기업의 이윤을 증가시키는 데
목적이 있을 뿐, 기후 변화의 경쟁력 있는 해결책으로 간
주되어서는 안 된다." 마침내 기후 브로커들이 사용할 지
폐가 등장한 것이다!

- 기술 통제—기후 변화 문제에 대처할 수 있는 기술의 대부
  분이 선진국들의 수중에 있으므로, 기후 변화 문제는 이들
  개발자들에게 독점적인 시장을 제공해 준다. 적합한 기술
  이 어떤 것인지를 누가 정하는가? 핵 기술을 가진 자들은
  그것을 팔려고 한다. 가스 기술을 가진 자들은 그것을 팔
  고 싶어한다. 누가 객관적으로 지구공동체에 가장 적합한
  기술이 어느 것인지를 판정해야 하는가? 북측 국가들의
  기술적 폐쇄성이 이제 남측에 판매되고 있다.

체면 살리기

문제는 우리가 모두 기존의 사고틀에 꽉 갇혀 있고, 그와 다르게 사고하거나 행동하는 것이 우리가 감히 겪고 싶어하지 않는 도전을 제기한다는 것이다. 하지만 이 도전은 앞으로 우리가 감당해야 할 가장 중요한 시험이 될 것이다.

남측에 대한 재고: 현실에 대한 도전

분명히 개발도상국들은 어렵게 살아 왔다. 식민주의, 노예제도, 가난, 주권 상실로 점철된 그들의 역사는 그들로 하여금 스스로 얻을 수 있는 것을 얻음으로써 현실 정치를 승인하는 것 외에 아무 일도 할 수 없는 희생자로 보게끔 했다. 그러나 언제까지 희생자 역할만 할 것인가. 개발도상국들은 다음 문제들을 진지하게 생각해 보아야 한다.

- 협상 밖의 기회를 평가하라. 그린필드 사회는 현대 기술을 채택함으로써 21세기로 건너뛸 기회가 있다. 이동전화가 아직 깔린 적이 없는 전화선을 대신할 수 있다면, 또 최신식 컴퓨터가 구입한 적이 없는 구식 컴퓨터를 대신할 수 있다면, 개별화된 재생가능한 에너지 시스템이 아직 건설되지 않은 중앙집중식 화석연료 발전소와 에너지 시스템

을 대신하지 못할 이유가 어디에 있는가? 개발도상국들은 또한 그들 스스로 세계적으로 경쟁력이 있는 기술을 개발할 수도 있다. 중국과 인도에서 행해진 연구는 이들 두 나라가 최소한 에너지 효율, 에너지 보존, 재생가능한 에너지에 투자할 수많은 이유들을 가지고 있음을 밝혀 주고 있다. 그 결과 이들 두 나라가 지구 기후 변화 문제에 기여할 수 있게 된다면 그것은 보너스가 될 것이다.

• 개발도상국의 자격을 재고하라. 6장에서 언급한 것처럼, 빈국과 부국의 현재의 구분은 양쪽 그룹에 동시에 속한 나라들이 다수 등장함으로써 매우 모호해져 개발도상국 자격의 타당성과 신빙성이 국제협상에서 문제가 되고 있다.

• 협상에서 개발도상국이 가질 수 있는 강점들을 찾아내고 평가하라. 개발도상국들은 흔히 그들이 국제정치의 희생자라는 견해에 입각해서 방어적이고 수사적인 입장을 취한다. 그런 태도로는 영영 희생자의 자리에서 벗어날 수 없다. 대신 그들은 그들의 강점을 찾아내고 그 강점에 입각한 전략을 짜야 한다. 예를 들면, 그들은 기후 변화의 부정적 부작용이 남측의 구매력을 떨어뜨리고 사회적 위기를 조성하며 환경난민들의 수를 증가시킴으로써 북측에 부메랑 효과를 가져올 수도 있다는 점을 지적해야 한다. 그들은 또 그들이 가진 많은 인구와 자원이 상당한 힘이

될 수 있다는 사실도 깨달아야 한다.

- 비슷한 생각을 가진 나라들과 동맹을 맺어라. 역사적 관계를 기초로 지역의 파트너들과 합세하는 대신, 개발도상국들은 특정한 협상에서의 공통된 이익을 바탕으로 파트너가 될 만한 국가들을 적극적으로 탐색해야 한다.
- 협상에서의 기회를 평가하라. 논란이 많은 청정개발체제나 지구환경기금 같은 조약협상에 기회가 있다. 그런 것들을 자국에 유리하게 이용할 수 있기 때문이다. 하지만 그것은 그렇게 하겠다는 전략적 정책이 있을 때만 가능하다.

북에 대한 재고: 금이 간 거울

부유하고 강력한 북측 국가들은 자신들이 이념적, 재정적, 기술적, 제도적 기존 틀에 꽉 갇혀 있다는 사실을 인정하기 어렵다. 스스로를 민주주의와 민권의 자유로운 수호자라고 보는 데 익숙해진 그들은 그들과 그들의 경제가 쉽사리 변화될 수 없는 시스템과 생활 스타일에 갇혀 있다는 것, 실상은 그들이 그들의 경제와 삶을 통제하고 있지 않다는 것, 또 그들이 새로운 도전에 효과적으로 즉각 대응할 수 없다는 것을 알기 어렵다. 동구와 중부 유럽 국가들은 서유럽의 부와 번영에 눈이 먼 나머지 번쩍이는 것이 모두 금은 아니라는 것을 아직 깨닫지 못하고 있다. 유럽인들은 전 식민지들과의 복잡한 애증관계를 의식하고 있지만, 미국인들은 남·북 관계의 복잡성을 망각하는 경향이 있다. 미국의 부시 대통령은 지난 30년 동안의 사회적 · 지구적 학습경험을 의식하지 못한 채 탄도미사일조약, 생물무기조약, 기후변화협약에 관련된 미국의 정책을 바꿈으로써 역사를 새로 쓰려고 하고 있다. 예방원칙이 기후 변화 문제에서 미국이 감당해야 할 엄청난 비용을 정당화시켜 주지 못한다고 주장하면서도, 그는 은연중에 같은 예방원칙을 이른바 불량국가들에 대한 방어 방패를 정당화시키는 데 이용하고 있다! 하지만 부시의 고립주의 전략은 비싼 대가를 지불하게 될 것이다. 유럽이 그들의 열등감을 떨쳐 버리고 그들이 옳다고 생각하는 대로 행동하지 않는다면, 또 동유럽과 중부 유럽이 독자적으로 생각하려 하지 않는다면 엄청난 재앙이 닥치고 말 것이다. 북측 국가들에게는 다음과 같은 행동이 필요하다.

- 자성의 시간과 그들의 경제 내에 존재하는 부와 복지의 추진력을 이해하는 시간을 가져야 한다.
- 팩터 10 정책의 채택 가능성을 고려하고 세계를 변화시킬 수 있는 정책을 개발하는 아량을 가져야 한다. 그렇게 하려면 산업 전환을 증진하는 전략을 채택해야 한다.
- 세계화 때문에 좁아진 세계에서는 지구 한쪽 끝에서 일어

난 재난이 곧 자기 보금자리에까지 퍼진다는 것을 깨달아
야 한다.

남-북 관계의 재고

약 200개 국가를 다루어야 하므로 세계를 그룹으로 나누는 것은
불가피하다. 부국과 빈국으로 나누는 분류법도 다른 어느 분류법
못지 않은 좋은 분류법이며, 더욱이 그것은 시간의 테스트를 거
친 분류법이기도 하다. 하지만 그런 관계가 개선되기 위해서는
다음과 같은 일이 필요하다.

- 양 당사자 간의 체계적인 대화를 통해 사회적 학습과 상호
  존중, 이해와 용서를 유도하고 필요한 사회적 자본과 상호
  신뢰를 구축해야 한다. 그렇게 되면 더 좋은 동맹관계가
  구축되고 더 좋은 제도가 발전하고 거래경비는 줄어들 것
  이다.
- 원칙이 책무와 행동을 결정하는 기초가 되고, 투명도가 높
  은 효과적이고 원칙에 입각한 협상이 필요하다. 예를 들면
  '오염자 지불' 원칙 같은 것이 채택되어야 한다. 지불능력
  을 감안해서 최빈국들은 행동에서 제외되어야 할 것이고,
  또 기후 변화의 잠재적 결과에 적응할 수 있도록 도움을
  받아야 한다. 다른 개발도상국들은 특별한 방향으로 행동

을 취하도록 격려해야지 그 나라들을 궁지에 몰아넣어서
는 안 될 것이다. 부국으로 새로 분류되어 어떤 조치를 취
할 자격을 갖게 된 나라들에게는 일정한 유예기간이 제공
되어야 한다. 자기네 국경 밖에서 어떤 조치를 취하려고
하는 나라들에게는 유연성 세금flexibility tax을 부과해야
하고, 약속을 이행하지 못한 나라들에게는 벌금을 부과해
야 한다. 이렇게 해서 들어온 돈은 적응에 필요한 자원을
창출하는 데 사용될 수 있을 것이다.

• 약자의 문제 고리issue-links에 기초해서 구축되는 가속화
전략이 필요하다. 사슬에서 가장 약한 고리는 개발도상국
들이다. 그들에게 동기를 부여하기 위해서 그들의 문제 고
리를 고려하고 그와 연관해서 해결책을 도출하는 것이 중
요하다. 그렇게 되면 부채 탕감, 무역 장벽, 관세, 조세회
피지tax haven의 철폐 등의 문제들이 그에 걸맞은 중요성
을 갖게 될 것이다.

• 개발도상국들이 협상 과정에서 공평한 기회를 가질 수 있
도록 보장하는 전략이 필요하다. 그러자면 최빈국들에게
법률적인 도움을 제공하고, 그들의 협상 참여도를 높이고,
엄격한 시간표에 따라 회의를 더 짧고 더 적게 그리고 더
간결하게 진행할 필요가 있다. 그래야 가난한 나라들이 지
쳐서 회의에서 빠져나가는 일을 막을 수 있다. 또 가난한

나라들은 그들의 역할에 관해 외국에서 나온 과학적 증거에 당면할 때 언제나 그와 반대되는 과학적 증거에 접근할 수 있는 권리를 가질 수 있어야 한다.

에필로그

기후 변화 문제가 실제로 존재하는가? 아니면 우리는 그 해결책들이 갑자기 매력적으로 보여 우리가 그 문제를 다룰 여유를 갖게 될 때만 그 문제를 인식하는 것일까? 또는 지구공동체는 아직도 해결책이 부국은 스스로를 구하고 나머지 국가들은 능력껏 스스로를 구한다는 구명정 정치에 있다고 생각하고 있는 것일까? '공유의 비극'이란 개념은 지역의 공유지에서의 방목권 과용에 대한 단순한 논의로 시작되었다. 오늘날 우리가 협력해서 이 문제에 대처하지 않는다면 우리는 전지구적인 공유지의 비극을 목격하게 될 것이다.

우리는 지구공동체의 미래에 관한 수많은 시나리오를 제시할 수 있다. 타조 접근법은 지구온난화와 온실가스 배출의 연관성을 부정하거나 이 문제가 행동을 정당화할 만큼 심각하지 않다고 주장하는 데 초점을 맞추고 있다. 포트 노스Fort North 접근법은 성장의 권리와 주권을 격리시키고 있다. 즉 모든 나라가 성장의 권리를 가지고 있는 것은 아니라고 주장한다. 자원은 제한되어 있고 기득권 세력은 강하다는 점을 감안할 때, 하던 Hardin(1974)의 구명정 이론이 포트 노스로 다시 등장할 수 있을 것이다. 그렇게 될 경우, 남측의 성장은 국제적 재정, 경제, 무역, 정치 시스템에 의해 제한을 받는다. 이것은 개발도상국들이 항상 느끼는 두려움이다. 산업전환 접근법은 주로 기술 개발과 제도적 지원을 통해 온실가스 배출과 경제 성장의 연관성을 제거하는 데 초점을 맞추고 있다. 공동 접근법은 배출과 현상을 격리시킨다. 이 모델에서는 공평성이 중심적 역할을 하며, 각국은 제한된 환경적 활용공간을 공유하려고 노력한다.

구명정 이론은 유엔헌장의 목표와 조화되기 어렵다. 공평성 이론은 정치적으로 시행하기 어려우며 실천이 불가능할지도 모른다. 특히 선진국에서 이 이론은 실천하기 어렵다. 환경 문제를 부정하는 상징적 접근법은 오염의 증거가 늘어나고 있는 현실을 감안할 때 매우 무책임한 태도이다. 네 가지 방안 가운데서 모든 나라들에게 매력적인 유일한 방안은 산업전환 옵션이다. 하지만 이 방안이 시행되기 위해서는 현대 기술에 대한 신뢰가 크게 높아져야 한다. 클린턴은 이렇게 말한 바 있다. "우리가 제대로 하기만 한다면, 기후를 보호하는 일이 경비를 발생시키지 않고 반대로 이윤을 발생시킬 것이다. 부담이 아니라 혜택을 가져올 것이며, 희생이 아니라 더 높은 생활수준을 갖다줄 것이다."

편집자의 말

너무나 뜨거운 지구

지구가 너무 뜨겁다. 지구온난화로 인해 세계 곳곳에서 잇따라 재난이 일어나고 있다. "지구온난화를 이대로 방치하면 10년 뒤 지구에 대재앙이 올 것이다." 지구온난화가 이미 위험 수위에 도달해 있으며, 이 상태로 10년만 더 지나면 엄청난 재앙을 맞게 될 것이라는 경고가 잇따라 나오고 있다.

유엔환경계획과 미국, 영국, 호주의 환경연구소 과학자들로 이루어진 '국제기후변화 태스크 포스 팀'은 2005년 1월 25일 「기후의 도전에 대한 대응Meeting the climate challenge」이란 보고서를 통해 다가올 대재앙에 대해 경고했다. 보고서는 "지구 평균 기온이 산업혁명이 시작될 무렵인 1750년 이후 250년 동안 섭씨 0.8도 상승했다"고 말하고, 최근 들어 온난화 속도가 빨라져 이런 추세라면 앞으로 10년 이내에 온도가 2도 올라갈 것이며, 지구의 기후와 생태계에 치명적인 결과를 가져올 것이라고 경고했다. 이 보고서는 지구의 온도를 상승시키는 이산화탄소CO_2의 밀도가 산업혁명을 전후한 1750년대에 280ppm이었던 것이(1ppm은 100만 개 중 1분자) 2000년에는 379ppm으로 약 35% 높아졌으며, 10년 뒤에는 그 밀도가 400ppm에 이르고 지구 평균기온도 2도 이상 올라갈 것이라고 경고했다.

유엔 산하 기후 변화 연구기구인 IPCC도 지난 1세기 동안에 지구의 평균기온이 1도 올랐다고 밝히고, 이대로 간다면 21세기 말 이산화탄소의 농도는 700~1,000ppm에 이를 것이라고 전망했다.

이 밖에 한국 기상청과 독일 본 대학의 공동연구 팀이 추진한 또 다른 연구는 이산화탄소의 증가 추세가 지금처럼 계속된다면 2100년에는 그것이 지금의 2.2배인 830ppm으로 올라갈 것이며, 기온이 지금보다 3.5도 상승할 것이라고 예측했다. 지구 전체의 평균기온이 4.6도 올라갈 것이라는 예측도 있다. 그러나 온실가스 배출량을 크게 줄여 그것이 지금의 1.5배에 그친다면 기온도 1.6도 상승하는 데 그칠 것이라고 내다보았다. 온실가스 배출을 줄이는 것이 기후 대재앙을 막는 데 얼마나 중요한가를 말해 주고 있다.

온실가스란 대기층에서 가스가 온실의 유리처럼 지구를 에워싸 지구 표면의 온도를 높여 주는 것을 말한다. 이 가스들은 대기 가운데 떠돌면서 태양열을 흡수하여 기온을 높일 뿐만 아니라 지구의 열이 대기권 밖으로 방출되는 것을 막아 온도를 높여 준다. 온실가스로는 석유나 석탄 등 화석연료를 태울 때 주로 나오는 이산화탄소, 쓰레기 매립장이나 죽은 식물 또는 동물의 변이 썩을 때 나오는 메탄, 전자제품 세척제로 쓰이는 수소불화탄소와 아산화질소, 과불화탄소, 육불화황 등 여섯 가지를 들 수 있다. 이 가운데 이산화탄소의 배출량이 전체의 55~80%로 가장 많다.

재앙의 징후들

기상이변이 최근 가져다준 대재난의 대표적인 예로는 허리케인 카트리나가 미국의 뉴올리언스 지역을 덮쳐 엄청난 피해를 가져다준 것(2005년 8월)을 들 수 있다. 이 태풍으로 1,200여 명이 죽고 재산피해도 무려 970억 달러(한화 약 100조 원)에 이르는 것으로 보도되었다. 이 도시를 재건하는 데는 우리 돈으로 약 300조 원이 들어갈 것으로 보고 있다. 미국의 언론들은 카트리나로 인한 피해액이 미국 역사상 최대가 될 것이라고 했다(지금까지는

1992년 허리케인 앤드루가 낸 216억 원이 가장 컸었다). 보험금 지급액도 2001년의 9 · 11사태 때와 비슷한 300억 달러에 이를 것으로 추산되고 있다.

그리고 이 허리케인은 미국 역사상 단일 사건으로는 최대 규모의 인구이동 사태를 가져왔다. 1860년대 남북전쟁과 1930년대 대공황으로 인해 남부 흑인 인구가 북부 공업지대로 이주한 적이 있기는 하지만 단일 사건으로 한꺼번에 수십만 명의 인구가 미국 내 곳곳으로 흩어지기는 이번이 처음이라고 한다. 미국의 「뉴욕 타임스」는 "카트리나로 인해 불과 14일 만에 약 30만 명의 주민이 미국 각 주로 분산됐다"며 남북전쟁과 대공황 때도 보기 드문 사태라고 말했다. 미국 정부 당국의 집계에 따르면 뉴올리언스와 인근 지역의 이재민 100여 만 명 가운데 약 30만 명이 34개 주의 구호시설에 수용되어 있으며, 나머지 약 70만 명도 미국 내 각 주의 친인척 집 및 연고지로 대피해 있는 것으로 보인다고 말했다.

카트리나에 뒤이어 또 다른 강력한 허리케인 '리타' 가 2005년 9월 25일 미국의 남부 해안지대에 상륙하여 다시 한번 큰 재해를 가져다주는 것이 아닌가 전세계를 긴장시켰다.

이와 같은 초대형 허리케인의 공포가 커지면서 조지 W. 부시 미국 행정부의 환경정책이 다시 세계 여론의 비난의 대상이 되었다. 「뉴욕 타임스」는 2005년 9월 24일 "카트리나와 리타의 엄습을 계기로 지구온난화가 허리케인 같은 기상현상에 미치는 영향에 대한 논쟁에 불이 붙었다"고 보도했다. 「뉴욕 타임스」는 과학 전문잡지인 「사이언스」에 최근 실린 미국 조지아 공대 연구팀의 연구 결과를 인용하면서 "상당수의 과학자들이 지구온난화로 인한 해수면 온도의 상승이 허리케인의 강도와 강우량을 급속히 증가시킨 것으로 보고 있다"고 보도했다.

온실가스 배출 1위국인 미국은 선진국의 온실가스 감축 목표치를 정한 교토의정서의 비준을 계속 거부해 왔다. 그동안 미국의 교토의정서 가입을 줄기차게 촉구해 온 영국과 독일 등 유럽 국가들은 리타의 상륙에 맞춰 다시 포문을 열었다. 위르겐 트리틴 독일 환경장관은 "카트리나 급의 허리케인을 몇 차례나 더 겪어야 미국이 환경정책을 바꾸겠다는 것이냐"고 비판했다.

영국의 일간 신문 「인디펜던트」는 "초대형 허리케인으로 발달하기 전 단계인 열대성 폭풍의 수가 늘어나고 있는 것은 지구온난화와 밀접한 관련이 있다"는 정부자문기구 왕립환경공해위원회 존 로턴 위원장의 발언을 보도했다.

이러한 태풍 말고도 2005년 6~7월에는 용광로 같은 더위가 세계 곳곳을 덮쳐 수백 명이 사망하는 사태가 벌어졌다. 일본 기상청이 세계 1,100곳의 기온을 분석해 발표한 바에 따르면, 2005년 6월의 세계 평균기온은 지난 30년 동안의 6월 평균기온보다

0.64도 높았다. 세계 기온 자료가 남아 있는 1890년 이래 최고였다고 한다.

세계 곳곳에서 최고기온이 새롭게 바뀌고 있다. 2005년 6월 인도 동북부와 파키스탄, 방글라데시에서는 최고기온이 섭씨 50도, 월 평균기온이 37도를 넘는 폭염이 계속되어 300명 이상이 숨졌다. 그리고 그 해 6월 지중해 연안을 덮친 더위로 이탈리아에서만 20명 이상이 사망한 것으로 알려졌다. 프란체스코 스토라체 이탈리아 보건장관은 노약자 등 더위에 약한 100만 명이 위태로운 상태에 놓여 있다고 특별 경계령을 내렸다. 이탈리아 국립통계청은 2003년의 폭염으로 인한 사망자 수가 추정치보다 두 배 많은 2만 명에 이른다고 발표해 더위에 대한 공포심을 더욱 높여 주었다.

이 밖에도 미국, 남미 북부, 동아시아와 중국에서도 이상고온 현상이 나타나 고통을 겪었다. 2005년 6월 22일 미국 라스베이거스의 최고기온은 1942년 이후 최고인 47.2도까지 치솟았으며, 미국 서부의 도시 200곳이 도시마다 사상 최고기온을 기록했다고 미국 기상청이 발표했다. 포르투갈과 알제리 등에서는 1940년 이래 최악의 가뭄까지 겹쳐 식수가 부족하고 농작물이 말라죽는 피해를 입었다.

유럽에서도 지구온난화로 기후와 일부 지형이 바뀌고 있다. 2003년 유럽에서 3만 5천 명 이상의 생명을 앗아간 폭염이 상시적인 것으로 자리 잡아 갈 조짐도 보이고 있다. 스페인에서는 사막화가 시작되었다는 경고가 나오고 있다. 스페인 중남부의 많은 지역이 2005년 6월 수주일째 섭씨 40도에 육박하는 폭염으로 고통을 겪었다. 여기에 1947년 강수량을 처음 측정한 이래 최악의 가뭄이 계속된 데다가 메마른 산에 불까지 자주 일어나 국토가 황폐해지고 있다. 영국의 「파이낸셜 타임스」는 "과학자들은 앞으로 50년 안에 스페인 국토의 3분의 1이 사막으로 변하지 않을까 우려하고 있다"고 보도했다. "이미 스페인의 겨울이 너무 따뜻해 황새들이 더 이상 북아프리카로 날아가지 않고 계속 스페인에 머무르고 있다"고 이 신문은 말했다. 유럽환경청EEA은 100년 안에 스페인의 평균기온이 4도 정도 더 오를 것이라고 예상하고 있다.

온난화로 인해 해수면이 올라가 몇몇 섬들이 사라질 위기를 맞고 있다. 빙하가 녹고 바닷물의 온도가 올라가는 데 따른 팽창효과 때문에 해수면이 올라간다고 한다. 과학자들은 지구의 기온이 1도 올라갈 때마다 해수면이 16~30cm 올라간다고 예측한다. 100년 뒤에는 20~80cm 올라갈 것이라고 보는 예측도 있다. 이럴 경우 여러 나라의 해안지대가 물에 잠기고 방글라데시와 같은 저지대의 나라는 지도에서 사라지게 될 것이다. 인구 약 1,500명 이 살고 있는 호주 북쪽의 섬 투발루는 해수면이 1~2cm 높아지는 바람에 비만 오면 수시로 침수되어 위기를 맞고 있다. 이 섬에서는 가장 높은 곳이 표고 3m밖에 되지 않아 침수되면 주민들이 피할 곳도 없다고 한다. 그래서 섬을 떠나야 할 위기를 맞고 있는데, 이주할 곳도 아직 찾지 못한 것으로 알려지고 있다. 영국에서도 해수면이 높아지는 바람에 템스Thames 강의 보호벽을 더 높이거나 하나 더 만드는 것을 검토하고 있다.

북극이나 남극의 빙하만 녹는 것이 아니다. 2003년의 조사에 따르면 알프스의 빙하가 10% 녹아내린 것으로 나타났으며, 중국인들이 '지구의 지붕'으로 부르는 칭짱靑藏 고원의 빙하가 매년 급속도로 녹아내리고 있는 것으로 나타났다. 중국의 칭짱 고원 생태지질환경 원격탐사 팀은 1970년대에 48,859.18km²에 달하던 칭짱 고원의 빙하 면적이 최근 44,438.36km²로 줄어들었다고 밝혔다. 이는 매년 평균 147.36km²씩 빙하 면적이 줄어든 것이다. 이 가운데서도 특히 파미르 고원과 히말라야 산맥, 카라코럼 산맥의 빙하 피해가 가장 심한 것으로 나타났다. 탐사 팀은 지구온난화가 칭짱 고원 일대의 기후 변화를 초래하여 빙하가 녹고 강수량이 줄어든 것을 가장 큰 이유로 들고, 과도한 방목과 관광 개발 등이 그 다음 이유라고 설명했다. 칭짱 고원은 면적이 250만km²에 이르러 중국 면적의 4분의 1에 해당한다.

기상과학자들은 1990년대 후반부터 고온 현상이 빈발하고 있으며, 특히 2001년부터는 기온이 더욱 상승하고 바닷물(해수면)의 온도가 계속 올라가고 있다고 말한다. 특정한 지역만 기온이 올라가면 국지적인 요인이라 볼 수도 있지만, 전세계적으로 기온이 올라가고 있는 것은 지구온난화 때문으로 보지 않을 수 없다는 것이 과학자들의 견해다.

태풍의 빈도와 위력도 커지고 있다. 미국 해양기상청NOAA에 따르면 대서양에서 발생하는 열대성 폭풍은 한 해에 대략 10여 건인데, 이 가운데 6건 정도가 큰 피해를 입히는 허리케인으로 발전하며, 발생 빈도도 점점 늘어 간다고 한다. 과학자들은 지구온난화가 열대성 폭풍의 발생을 증가시키고 있다고 본다.

런던의 전문가 컨소시엄인 '열대성 폭풍 위험TSR'은 해수면 온도의 상승에 주목하고 있다. 바다가 따뜻해질수록 수증기(에너지)가 더 많이 발생해 무역풍과 상호작용을 일으키면서 열대성 태풍으로 발전하는 사례가 많아진다는 것이다. 허리케인은 수온이 섭씨 27도 이상인 지역에서 주로 발생하는데, 해수면 온도가 조금만 올라가도 허리케인의 위력은 커진다.

한국의 경우

지구온난화는 당연히 우리나라에도 영향을 미치고 있다. 기상청 기후연구실에 따르면 지난 1910년 이후 한반도의 기온은 약 1.5도 상승했고, 앞으로 교토의정서의 이산화탄소 감축계획이 실현

된다 해도 2100년까지 약 4도 상승할 것으로 보고 있다.

이대로 간다면 2100년의 서울에서는 지금보다 여름이 55일, 봄과 가을이 각각 35일과 12일 늘어날 것으로 보인다. 봄, 여름, 가을이 102일(3.5달)이나 길어지기 때문에 겨울은 사라질 것이다. 서울의 연평균 기온도 현재의 섭씨 12.8도에서 18.8도로, 부산은 14.9도에서 20.2도로 각각 오를 것으로 예측하고 있다. 다른 지역들도 마찬가지다.

기상청과 부경대학 환경대기학과가 공동 조사한 '지구온난화가 한반도에 미치는 영향'에 따르면, 이산화탄소 배출이 지금처럼 계속된다면 2100년 한반도의 평균기온은 지금보다 6.5도나 상승하게 될 것으로 보고 있다. 지구 전체 평균기온이 4.6도 상승할 것으로 예측되는 것에 비해 훨씬 높은 상승률이다.

온난화가 급속히 진행되면서 우리나라에도 여러 이상 징후들이 늘어나고 있다. 곳곳에서 폭염이 기승을 부리는 날이 늘어나고 열파가 더 많이 발생하고 있으며, 집중호우의 빈도와 강도도 높아지고 있다.

생물의 서식 조건도 변화시켜 전염병의 확산을 불러오고 있다. 2005년 4월에는 일본 뇌염 주의보가 내려졌는데, 4월에 일본 뇌염 모기가 채집된 것은 1980년 감시 체계가 도입된 이래 가장 빠른 것이다. 말라리아 외에도 세균성 이질, 발진열, 쓰쓰가무시증, 렙토스피라증, 신증후군출혈열 등 기후 변화와 관련이 높은 전염병이 기세를 떨치고 있다. 들쥐에 기생하는 털진드기에 의해 발생되는 쓰쓰가무시증 환자는 2003년의 1,415명에서 2004년 4,699명으로 급증했다. 말라리아, 콜레라, 디프테리아 등 전염병이 부활하고 있는 것도 온난화 때문이라는 증거가 많다.

온난화는 또한 식물에서 조류에 이르기까지 한반도의 생태계 전반에 영향을 미치고 있다. 온난화는 특히 온도의 변화에 민감한 식물에 가장 먼저 영향을 미친다. 기상연구소와 건국대의 조사에 따르면 남부 지방에서 자라는 대나무의 일종인 왕대의 분포 지역은 19세기의 조선시대 지리지에 나타난 것에 비해 2001년에 북쪽으로 약 100km 올라갔다. 평균기온이 1도 상승하면 우리나라의 기후대는 북쪽으로 150km, 고도로는 위쪽으로 150m 정도 이동한다.

추운 곳에서만 살 수 있는 고산식물은 온난화로 멸종 위기에 놓인다. 세계에서 유일하게 한라산과 지리산, 덕유산 등 남부 지방의 고산지대에 사는 구상나무는 멸종 위기에 놓여 있다. 함경도 개마고원에서도 이런 현상이 나타나고 있는 것으로 알려졌다. 경희대의 공우석 교수는 「기상학회지」 5월호에서 "북한의 개마고원 지대는 지난 100년 동안에 기온이 무려 3도나 오른 것으로 나타났다"며, "이곳은 침엽수가 많은 냉대림 지역이라 커다란 피해를 입었을 것"이라고 밝혔다.

농작물도 온난화의 피해에서 벗어날 수 없다. 원예연구원의 조사에 따르면, 기온이 2도만 올라가도 고산지대를 제외한 남한의 전 지역이 사과를 재배할 수 없는 지역이 된다고 한다. 사과를 재배할 수 있는 지역의 연평균 기온은 13.5도 이하다. 이보다 온도가 높아지면 사과를 재배하기에 적합한 지역이 못 된다는 것이다.

벼는 온난화로 인해 재배면적이 크게 늘어날 수 있지만 이런 변화가 농업소득 증대로 이어질지는 알 수 없다. 농업과학기술원의 이정택 과장은 벼가 여물 때는 그 적절한 온도가 있는데, 지금처럼 기온이 상승하면 소출량이 20~30% 줄어들 것이라고 말했다. 병충해의 만연 같은 악재도 겹쳐 재배 가능 지역이 느는 것만으로 소득 증대를 낙관할 수는 없다고 했다.

온난화로 식물의 꽃 피는 시기가 달라지면 꽃가루나 꿀을 먹이로 하는 곤충의 생태계에도 큰 변화가 일어난다. 산림과학원의 조사에 따르면, 1966년에 비해 2004년에는 식물 35종 가운데 29종이 개화 시기를 앞당겨 꽃을 피웠으며, 28종은 꽃이 피어 있는 기간이 줄어들었다. 곤충이 땅에서 나왔을 때 먹이인 꽃이 다 지면 곤충은 살아가기가 어려울 것이고, 식물은 꽃가루받이를 하지 못해 열매를 맺지 못할 것이다.

온난화로 곤충들이 서식지를 이동하는 바람에 산림 피해도 늘고 있다. 따뜻한 곳에 살던 곤충들이 기온이 올라감에 따라 서식지를 북쪽으로 옮기는 바람에 병충해가 확산되고 있다. 이런 생태계의 변화는 먹이사슬에 따라 그 소비자인 새들의 삶에도 영향을 주어 새들이 서식지를 바꾸어 이동하는 변화를 불러오고 있다.

바닷물의 온도가 올라가면서 바다 속의 생태계에서도 적지 않은 변화가 일어나고 있다. 국립수산과학원의 조사에 따르면, 동해의 온도는 1968년 이후 2000년까지 32년 동안 섭씨 0.79도 정도 올라갔다. 남해는 0.93도, 서해는 0.81도 올라갔다고 한다. 변온동물인 어류에게 바다 온도가 평균 1도 오른다는 것은 엄청난 환경의 변화다.

이런 변화로 인해 한류성 어종으로 한때 동해의 대표적인 물고기였던 명태는 1980년 17만 톤 잡혔던 것이 1990년대 중반에는 1만 톤 이하로 떨어졌고, 2004년에는 64톤밖에 잡히지 않을 정도로 씨가 마르고 있다. 무차별한 남획 때문이기도 하겠지만 수온의 변화도 작용했을 것으로 추측되고 있다. 반면 난류성 어종인 오징어는 1980년도 어획량이 5만 톤에 불과했던 것이 2004년에는 23만 톤이나 잡혀 난류성 어종이 늘어나고 있는 데 대해 어민들은 놀라고 있다. 제주도 서귀포 앞바다에 사는 은행게가 경북 울진의 죽변에서 잡히고 있는 것이라든지, 보라문어, 붉은 바다거북, 흑새치 등 과거 동해에서는 자주 볼 수 없었던 난류성 어종이 자주 걸려 올라오는 것도 놀라운 일이다. 해파리가 크게 늘어나 어민들의 골칫거리가 된 지도 오래다.

2005년 4월 국립수산과학원 산하의 서해수산연구원은 서해의 대표 어종이었던 갈치와 참조기의 어획량이 크게 줄어든 대신 남해와 동해에서 많이 잡히던 멸치와 오징어가 서해의 대표어종으로 떠올랐다고 발표했다. 1960년대 서해에서 잡히던 어류의 24.3%를 차지했던 갈치와 11.2%를 차지했던 참조기는 2004년 각각 0.8%와 1.3%로 급감했다. 반면 1960년대 0.4%에 불과하던 멸치는 20.1%로 급증했다. 물론 무차별하게 남획한 것도 큰 원인이 되었을 것이다.

연어 치어의 회귀율도 크게 줄어들었다. 1997년 1.37%였던 치어의 회귀율은 2004년 0.54%로 줄어들었다. 여러 원인이 있을 수 있지만 연어의 치어가 동해안의 바닷물 온도가 높아진 것을 견디지 못하고 폐사한 것이 가장 큰 원인이 아닌가 추측된다. 그래서 치어의 방류 시기를 앞당기는 연구가 본격화되고 있다.

교토의정서와 협약의 비준

이처럼 날로 심각해지고 있는 지구온난화 문제에 대해 국제적으로 공동 대처하기 위해 마련된 것이 교토의정서이다. 온난화에 대처하기 위한 국제 사회의 노력이 활발해지기 시작한 것은

1980년대에 들어서부터였다. 1988년 11월 '기후 변화에 관한 정부간 협의체IPCC'가 만들어졌고, 전세계 2천여 명의 과학자들이 참여하여 기후 변화의 현상을 분석하고 그 대응방법을 찾아 왔다.

국제 사회는 또 1992년 브라질 리우에 모여 이산화탄소 배출을 줄이자며 유엔기후협약을 체결했으나, 이 협약은 강제성이 없었기 때문에 어느 나라도 적극적인 실천에 나서지 않았다.

그래서 마련한 것이 '교토의정서'였다. 1997년 12월 교토에서 열린 기후협약 당사국 총회에서 각국 대표들은 온실가스를 의무적으로 줄이는 데 합의했다. 미국과 유럽, 일본 등 선진 38개국이 각국의 온실가스를 의무적으로 줄이기로 합의했다. 2008~2012년 사이에 온실가스 배출량을 1990년을 기준으로 이보다도 5.2% 줄이자는 것이 주요 내용이다. 감축량은 나라마다 다른데, 1차 의무이행 대상국에 포함된 유럽연합은 1990년 기준 대비 8%, 미국은 7%, 일본과 캐나다는 6%를 줄이기로 되어 있다. 독일은 25%, 영국은 10%, 프랑스는 0%이다.

1971~2002년 세계 주요 국가의 이산화탄소 배출량을 보면 다음과 같다(자료: 국제에너지기구IEA, 2004년 발표). 1위 미국(23.5%), 2위 중국(13.6%), 3위 러시아(6.2%), 4위 일본(5.0%), 5위 인도(4.2%), 6위 독일(3.5%), 7위 캐나다(2.2%), 8위 영국(2.2%), 9위 한국(1.9%), 10위 이탈리아(1.8%).

그러나 전세계 이산화탄소 배출량의 23.5%를 차지하고 있는 미국은 2001년 국제 사회의 비난을 무릅쓰고 탈퇴를 선언해 버렸다. 미국의 부시 대통령은 교토의정서가 선진국들에게만 CO_2 배출량을 삭감하도록 의무를 부여하고, 개발도상국이긴 하지만 가스를 많이 배출하고 있는 중국, 인도, 브라질 등의 나라들에게는 초기의 삭감의무를 면제해 주고 있어 그 실효성이 의문시된다면서 비준을 거부하고 탈퇴해 버렸다. 선진국들이 많은 돈을 들여 온실 가스를 줄이는 동안 개발도상국들이 계속 가스를 뿜어 댄다면 밑 빠진 독에 물 붓기나 다름없다는 것이 이유였다. 그러나 경제적인 이유가 가장 컸을 것이라 보고 있다. 경제 발전을 크게 제약하고 비용이 많이 들며, 기업체들이 환영하지 않을 뿐만 아니라 일자리가 줄어든다는 유권자들의 우려가 크게 작용했다는 것이다.

교토의정서대로라면 미국은 1990년의 기준치보다 7% 줄여야 하는데, 이만큼 줄이려면 한 해에 약 4천억 달러를 써야 할 것으로 미국 에너지부는 추산하고 있다. 이는 2004년 한국 국내총생산의 절반에 이르는 규모이다. 국제 사회가 지구의 미래를 걱정하여 정한 약속이니까 어떻게든 지켜야 한다는 각오로 의정서를 비준해 온 여러 나라들은 미국에 큰 배신감을 느꼈다. 그리고 미국이 탈퇴하고 호주도 참가하지 않는 등 반쪽에 가까운 협약이어서 의정서가 과연 실효를 거둘 수 있겠느냐는 의문도 더 커지게 되었다. 교토의정서를 선도적으로 이끌어 가야 할 미국이 세계의 비판 앞에 서게 된 것은 불행한 일이다. 그러나 미국도 '제일 잘사는 나라가 지구의 미래를 모른 체한다'는 여론을 외면할 수 없었는지 2012년부터 온실가스 배출량을 2002년의 약 80% 수준으로 줄이겠다고 약속했다.

2002년 교토의정서를 비준한 한국은 경제협력개발기구의 회원국이긴 하지만 기후변화협약상 개발도상국으로 분류되어 있어 2008년부터 2012년까지 온실가스를 감축해야 하는 1차 의무이행국에 해당되지는 않는다. 그러나 세계 9위의 온실가스 배출국이므로 2013년부터 감축의무를 지게 되는 2차 의무이행국에 편입될 가능성이 높다.

이 밖에도 교토의정서는 온실가스를 목표만큼 줄이지 못한 나라가 초과 달성한 국가로부터 '배출권'을 사도록(배출권 거래제 emission trading) 되어 있다. 배출권은 현재 EU에서 CO_2 1톤당 7~8유로(약 1만 원)에 거래되고 있다. 한국이 감축의무를 지게 될 것으로 보이는 2013년에는 그 값이 20~40유로(2만 7천 원~5만 4천 원)에 이를 것으로 보인다. 자기 의무를 제대로 실천하지 않는 나라는 실로 엄청난 대가를 지불해야 할 것이다. 예컨대 감축의무가 앞당겨졌다고 가정하고 오는 2010년까지 한국이 이산화탄소 배출량을 교토의정서가 정한 평균 수준인 1990년 대비

5.2%를 줄인다고 상정하면, 2010년 예상 배출량 5억 9,400만 톤보다 무려 3억 6,600만 톤을 줄여야 하며, 이를 달성하지 못하고 배출권을 사들일 경우엔 그 비용이 2004년 전체 수출액의 4% 수준인 132억 달러(약 13조 7,000억 원)에 이를 것으로 추산된다.

교토의정서는 또한 공동이행 제도를 통해 배출권을 확보할 수 있도록 했다. 그리고 청정개발체제CDM를 통해 감축의무를 진 나라가 그렇지 않은 개도국 기업의 공장 설비를 개선하여 온실가스를 줄여 주고 감축해 준 양만큼을 배출권한으로 갖도록 했다. 그래서 일본의 전력·철강 회사들은 중국, 인도, 남미 등지의 기업과 CDM 사업 협약을 맺어 배출권을 확보해 가고 있다.

교토의정서는 에너지 절약, 새로운 재생 에너지 이용 등을 통해 배출량을 줄이는 것도 주요 수단으로 명시하고 있다. 그리고 숲이 탄소동화작용을 통해 이산화탄소를 흡수하는 것도 인정했다. 숲이 전 국토의 3분의 2나 되는 우리나라는 이를 이용하여 감축 의무에 따른 경제적 부담을 줄일 수 있을 것이다. 그러나 모든 숲에 대해 다 인정하는 것은 아니다. 산림의 다양한 경제적, 환경적, 사회적 기능이 발휘되도록 계획적으로 잘 가꾼 숲에 대해서만 인정하고 있다. 유휴 농지에 조림을 한다든지 도시에 숲을 조성하는 등 새로이 조림을 하면 더 많은 산소배출권을 얻고, 반대로 골프장을 만드는 등 산지를 개발하면 탄소배출권을 잃는다. 그래서 일본은 숲 가꾸기를 통해 산림을 육성하고 산림 바이오 에너지를 적극 이용하며 도시녹화를 추진하는 등 이 분야에서의 여러 정책을 꾸준히 추진하여 의무 감축량 6% 가운데 3.9%를 해결한다는 목표를 세워 놓고 있다.

교토의정서는 2005년 2월 16일 발효되었다. 참가를 미루던 러시아도 의정서가 수정된 후 비준하는 등 141개국이 참가하여 실행단계에 들어가게 된 것은 매우 다행한 일이다. 의정서가 발효되기까지 많은 진통을 겪은 것은 그만큼 각국의 산업에 미치는 영향이 크기 때문이다.

1차 의무이행 국가들은 2008년부터 국가별로 온실가스 감축 목표를 정하여 의무를 다하지 않으면 안 된다. 2008년부터 감축해야 하는 일본은 비상이 걸렸으나 EU는 여유가 있다. 일본 산업체들의 에너지 효율이 EU보다 떨어져 온실가스를 줄이는 데 비용이 훨씬 더 많이 들기 때문이다. 1990년을 기준으로 배출량을 6% 줄여야 하는 일본은 거꾸로 1990년보다 8%가 늘어난 상태에 있다.

이에 비해 EU는 어려움이 적다. 평소에 환경 문제에 대해 관심을 가지고 대비해 왔기 때문이다. 그래서 EU는 일본 등 다른 나라에 비해 상대적으로 경제적 이익을 더 보게 되었다. 교토의정서가 '환경협약' 이기도 하지만 '경제협약' 이기도 한 이유도 여기에 있다. 미국이 탈퇴한 이유 중의 하나도 자기 나라의 산업이 훨씬 불이익을 받을 것이라고 보았기 때문이다.

한국의 상황과 대책

한국은 미국, 일본, 중국, 인도, 호주 등 다섯 나라와 함께 2005년 7월 28일 온실가스 감축을 의무화한 교토의정서 방식과는 다른 '기술개발을 통한 자율적 규제'를 주장하는 협의체를 만들었다. 온실 가스배출 1위 나라이면서 의정서에서 탈퇴한 미국이 주도하고, 온실가스를 대량으로 배출하는 나라들이(6개국의 온실가스 배출량은 2000년 기준으로 전세계의 47.9%에 이른다) 주로 참가하여 사실상 교토의정서에 대항하는 성격을 띠고 있다. 이에 따라 온실가스 규제는 유럽이 주도하는 교토의정서 체제와 미국이 주도하는 '6개국 협의체'의 두 체제로 나뉘어 진행될지도 모른다는 우려도 나오고 있다.

한국, 일본, 중국, 인도가 새 협의체에 가담한 것은 온실가스 감축 부담을 줄이기 위한 것으로 보인다. 한국의 통상교섭본부 관계자는 경제 성장의 발목을 잡는 교토의정서 방식이 아니라 국제협력을 통한 기술 개발로 온실가스를 줄이기 위한 실질적인 목적을 이루기 위해 협의체에 가입했다고 말했지만, 교토의정서를 비준하고도 이중적인 태도를 보이고 있다는 비난을 면키 어려워 보인다.

한국의 온실가스 배출 지표를 주요 국가들과 비교해 보면(국제에너지기구의 2002년 자료 기준), 국민총생산 대비 온실가스 배출량을 한국을 100으로 할 때 프랑스가 39, 일본이 56, 영국이 59, 독일이 60, 미국이 87이다. 온실가스를 적게 내뿜는 청정에너지(태양열, 가스, 원자력 등) 사용 비율도 한국은 23.6%인데 비해 일본은 30.9%, 독일 35.7%, 미국 36.6%, 영국 48.2%, 프랑스는 59.0%에 이른다.

상황이 이러하므로 온실가스 규제가 현실로 닥칠 경우 한국은 석유 파동이나 외환 위기 때와 비슷한 위기를 맞을지도 모른다는 우려가 나오고 있다. 에너지를 많이 쓰는 중화학공업의 비중이 큰 데다 에너지 효율이 크게 떨어지기 때문이다. 전기나 석유 같은 동력이나 시멘트 철강 같은 원자재 산업이 우선 큰 문제를 맞게 될 것이다. 생산량을 줄이자니 산업계가 원료 부족에 허덕이게 되고, 온실가스 비용을 원가에 반영하여 값을 올리면 물가가 크게 오를 것이다. 이 때문에 2010년께는 실업률이 10%를 웃돌 것이라는 관측도 나오고 있다.

전력 생산도 큰 어려움을 맞게 된다. 전력 생산량을 줄이지 않고 대신 벌금으로 배출권을 사서 문제를 해결할 경우엔 수조원이 들어가므로 전기 요금을 두 배 이상 올려야 할지도 모른다고 한국전력 측은 전망한다. 결국 제조업체의 생산비는 15~20% 오르고 물가도 크게 오를 수밖에 없을 것이다. 한국전력이 2013년의 배출량을 규제에 맞추려면 발전량을 30% 줄여야 한다. 이는 한 해 국내의 전 제조업체 공장이 쓰는 전력의 3분의 2에 해당한다. 이산화탄소를 내뿜지 않는 수력이나 태양열, 풍력 또는 원자력 발전 비율을 늘려 나가는 수밖에 없는데, 수자원 이용은 한계에 와 있고 태양열이나 풍력에는 적극적인 관심이 없어 아무런 진전이 없는 한 상태이다.

시멘트 생산 역시 온실가스를 많이 배출하는 산업이므로 생산량을 유지하기 위해 배출권을 사 온다면 생산비가 두 배로 올라 아파트 값도 크게 오를 것이다. 철강업도 온실가스를 50% 줄이지 않고 배출권을 사서 해결해야 한다면 한 해에 약 1조 원이 들어갈 것으로 추산된다.

이처럼 온실가스 감축 부담은 국민경제 전반에 영향을 미쳐 성장의 발목을 잡을 것이다. 감축 부담을 고스란히 안을 경우 2020년의 경제 성장률은 3% 대에서 1% 후반~2% 초반으로 떨어질 것이란 관측이 나오고 있다. 경제 성장률 2%대란 실업률이 10%를 넘을 수 있는 수치에 해당한다.

한국은 국무총리 산하에 관계 장관들로 구성된 기후변화협약대책위원회를 만들어 운영하고 있다. 유엔기후협약기구는 선진국 이외의 온실가스 의무 국가와 감축량을 2007년 확정하는 데, 여기에 대한 협상안도 마련해야 한다.

정부는 3대 분야 90개 과제를 선정하고 이를 추진하기 위해 국비 11조 158억 원, 지방비 2조 1,499억 원, 민간재원 8조 3,150억 원 등 모두 21조 4,807억 원을 투입할 계획이다. 주요 사업은 협약이행 기반구축사업, 부문별 온실가스 감축사업, 기후변화 적응 기반구축사업 등이다. 그러나 이러한 계획이 얼마나 적극적으로 실행에 옮겨지고 있는지는 의문이다. 정책 목표를 달성하려는 사려 깊은 고민을 하지 않은 채 각 부서가 알아서 하는 방식에 맡겨 놓고 있는 상태가 아니냐는 지적도 나오고 있다.

기업들은 정부만 바라볼 뿐 손을 놓고 있다. 2004년 말 상공회의소가 에너지를 많이 쓰는 기업 184개사를 대상으로 설문조사를 했는데, 32.4%가 "교토의정서가 무엇인지 잘 모른다"고 대답했다. "대비가 전혀 없다"가 약 60%였다.

한국의 기업이 환경을 보호하기 위한 유럽연합과 미국 등의 무역 규제에 잘 대응할 수 있을지도 의문이다. 유럽연합은 자동차, 전기, 전자 등의 분야에서 에너지 효율이 높은 제품만 수입할 계획이다. 자국 내의 에너지 소비를 낮춰야 온실가스를 줄일 수 있기 때문이다.

교토의정서로 온난화를 막을 수 있을까?

교토의정서가 처음 추진되었을 때 세계 여러 나라들은 문제의 심
각성을 깨닫고 서로 협력하여 다가오고 있는 재앙을 피하기 위해
최선을 다할 수 있는 것처럼 보였다. 그렇게도 소란스러웠던 이
조약은 그러나 시간이 지나면서 정치적 궤변을 통한 물 타기로
상당 부분 희석되어 버렸다. 그래서 미국의 문명비평가이며 미래
학자인 제러미 리프킨Jeremy Rifkin 같은 사람은 이 의정서가 날
로 악화되고 있는 지구의 기후를 바꾸어 놓는 데 얼마나 기여하
게 될지 큰 우려를 표시하고 있다. 2001년 유엔의 '기후 변화에
관한 정부간 협의체'가 지구온난화에 대해 무시무시한 전망을
발표했을 때와 지금을 비교해 보라는 것이다.

　"인류는 눈앞에 닥친 대재앙의 심각성을 충분히 깨닫고 있지
못하고 있을뿐더러 이에 맞서 지구의 대기를 안정시키는 데 필요
한 창의력과 자원을 동원하여 신속하고도 지속가능한 방식으로
활용하는 데도 완전히 무능한 것으로 보인다"고 리프킨은 말했
다.

　교토의정서의 실상을 알고 보면 이 조약은 당면한 위기의 정
도와 규모에 비해 딱할 정도로 허약한 대책이라고 리프킨은 지적
한다. 러시아는 조약을 개정한 뒤에야 서명했고, 지구온난화에
대해 단일국으로는 세계 최대 원인제공자인 미국은 서명조차 완

강히 거부하고 있기 때문이다. 조약을 가장 열렬히 옹호해 온 유럽연합조차도 화석연료 의존에서 벗어나 에너지원을 재생가능한 수소 에너지로 전환하려는 노력에서 당초의 목표에 미치지 못하고 있음을 인정하고 있다.

과학자들과 정책결정자들은 지구온난화에 대해 열띤 토론을 벌이고 있지만, 그것과 구체적인 대책의 실행 사이엔 너무나 거리가 멀고, 사람들 대부분은 문제의 심각성에 대한 인식도 없이 또는 그것을 잊어버린 채 무관심 속에서 일상생활을 계속해 나간다.

문제의 심각성은 교토의정서가 제대로 이행된다 할지라도 다가오는 위기를 막기에 부족한데, 이 협약조차도 제대로 지켜지기가 어렵다는 것이다. 많은 전문가들은 교토의정서가 지구온난화를 막아 줄 수 있다고 보는 데에 대해 비관적이다. 우선 세계 인구는 2050년이면 90억 명으로 늘어나는데, 이러한 인구 증가에 따른 에너지의 수요를 억제하기조차 힘들 것이다. 중국만 보아도 20년 뒤에는 2억 대의 자동차가 도로를 질주하면서 각종 온난화 가스를 내뿜을 것이다.

온난화를 막아 보려는 인류의 적극적인 의지도 의심스러운 터에, 얼마간의 노력이 있다 할지라도 지구의 환경이 개선되는 속도에 비해 파괴되는 속도는 비교할 수 없을 만큼 빠르다.이러한 속도의 싸움에서 인류는 지금까지 언제나 패배해 왔다.

그래서 리프킨은 이렇게 말했다. "유감스럽게도 지구온난화는 아마도 인류가 성취한 단일 '업적'으로는 최대의 것이 될 것이다. 문제는 그것이 부정적인 것이라는 데 있다. 우리는 지난 수백 년간 막대한 양의 화석연료를 소진함으로써 문자 그대로 지구의 화학체계에 영향을 주었다. 관건은 인류가 어떤 대가를 치러야만 눈앞에 닥친 미증유의 도전에 눈을 뜨고 우리와 지구의 운명이 경각에 처했음을 깨닫게 되느냐 하는 것이다."

모두가 에너지를 절약하고 산업 구조를 에너지 절약형으로 바꾸며 화석연료 대신 새로운 깨끗한 에너지원을 찾아내는 치열한 노력을 기울여야 할 것이다. 그러나 무엇보다도 중요한 것은 문제의 심각성을 깨달아 이 위기의 근원이 어디에 있는가를 묻고 새로운 문명의 활로를 찾아나서는 것이라고 전문가들은 말한다. 자연을 이용의 대상으로만 보며 대량생산과 대량소비, 그리고 무한경쟁 속에서 끝없는 성장만을 발전으로 보는 현재의 문명의 진로에 제동을 걸고 그 진로를 바꾸어놓아야 한다는 것이다. 왜냐하면 문명이 지금의 방향대로 계속 질주한다면 파멸을 피할 수 없다는 것이 점점 더 분명해지고 있기 때문이다.

참고문헌

Agarwal, A. (2000). *Making the Kyoto Protocol Work: Ecological and Economic Effectiveness and Equity in the Climate Regime*, CSE Statement, New Delhi.

Agarwal, A., J. Carabias, M.K.K. Peng, A. Mascarenhas, T. Mkandawire, A. Soto, E. Witoelar (1992). *For Earth's Sake: A Report from the Commission on Developing Countries and Global Change*, International Development Research Centre, Ottawa.

Agarwal, A. and S. Narain (1991). *Global Warming in an Unequal World: A Case of Environmental Colonialism*, Centre for Science and Environment, New Delhi.

Agarwal, A. and S. Narain (1992). *Towards a Green World: Should Global Environmental Management be Built on Legal Conventions or Human Rights*, Centre for Science and Environment, New Delhi.

Agenda 21 (1992). Report on the UN Conference on Environment and Development, Rio de Janeiro, 3–14 June 1992, UN doc. A/CONF.151/26/Rev.1 (Vols. I–III).

Agrawala, S. and S. Andresen (2001). Evolution of the Negotiating Positions of the United States in the Global Climate Change Regime, *Energy and Environment*.

Albright, M. (1998). Earth Day Speech to Combat Climate Change, held in the Museum of Natural History on April 21.

Alves, J. (1989). Statement of Brazil, in P. Vellinga, P. Kendall, and J. Gupta (eds.) *Noordwijk Conference Report*, Volume II, Ministry of Housing, Physical Planning and Environment, Netherlands, pp. 56–59.

Amin, S. (1993). The Challenge of Globalisation, in South Centre (ed.) *Facing the Challenge; Responses to the Report of the South Commission*, Zed Books, London, pp. 132–8.

Arnold, G. (1993). *The End of the Third World*, Macmillan, Basingstoke.

Asaoka, M. (1997). Toward COP–3: The View of an Environmental NGO, *Climate Change Bulletin*, 15.

Birnie, P.W. and A.E. Boyle (1992). *International Law and Environment*, Clarendon Press, Oxford.

Boehmer-Christiansen, S. (1999). Epilogue: Scientific Advice in the World of Power Politics, in P. Martens and Jan Rotmans (eds.) *Climate Change – An Integrated Perspective*, Kluwer Academic Publishers, Dordrecht, pp. 357–405.

Boehmer-Christiansen, S. and J. Skea (1994). *The Operation and Impact of the Intergovernmental Panel on Climate Change*, STEEP Paper 16, Programme on Environmental Policy and Regulation, Science Policy Research Unit, University of Sussex, Falmer.

Bolin, B. (1998). The Kyoto Negotiations on Climate Change: A Science Perspective, *Science*, pp. 330–31.

Brundtland, G.H. *et al.* (1987). *Our Common Future*, The World Commission on Environment and Development, Oxford University Press, Oxford.

Byé, P. (1997). Productive Inertia and Technical Change, in P. Byé, J.J. Chanaron and A. Richards (eds.) *Industrial History and Technological Development in Europe: Research Papers of the European Science and Technology Forum*, The Newcomen Society and the Science Museum, London.

CEO (2000). *Greenhouse Market Mania: UN Climate Talks Corrupted by Corporate Pseudo Solutions*, Corporate Europe Observatory, Amsterdam.

Chatterjee, P and M. Finger (1994). *The Earth Brokers*, Routledge, London.

Chengappa, R. (1992). The Tower of Babble, *India Today*, 30 June, pp. 30–32.

Claussen, E. (2000). Thoughtful Solutions Needed, *International Herald Tribune*, 18–19 November, p. 13.

Clinton, W.J. (1997). Remarks by the President on Global Climate Change, National Geographic Society, 22 October.

Dadzie, K.K.S. (1993). National and International Policies for Development, in South Centre (ed.) *Facing the Challenge: Responses to the Report of the South Commission*, Zed Books, London, pp. 230–36.

Dahl, A. (2000). Competence and Subsidiarity, in J. Gupta and M. Grubb (eds.) *Climate Change and European Leadership: A Sustainable Role for Europe*, Environment and Policy Series, Kluwer Academic Publishers, Dordrecht.

Dasgupta, C. (1994). The Climate Change Negotiations, in I.M. Mintzer and J.A. Leonard (eds.) *Negotiating Climate Change: The Inside Story of the Rio Convention*, Cambridge University Press, Cambridge, pp. 129–48.

David, G.V. and J.E. Salt (1995). Keeping the Climate Treaty Relevant, *Nature*, 373, p. 280.

De La Perrière, R.A.B. and F. Seurat (2000). *Brave New Seeds: The Threat of GM Crops to Farmers*, Zed Books, London.

De Rivero, O. (2001). *The Myth of Development*, Zed Books, London.

EAJ *et al.* (2000). Sinking the Kyoto Protocol: Position Paper on the Exclusion of Land Use, Land Use Change and Forestry (LULUCF) Projects in the Kyoto Mechanisms, Earthlife Africa Johannesburg, Environmental Monitoring Group, Group for Environmental Monitoring, Greater Edendale Environmental Network, South African Climate Action Network, Johannesburg.

Eizenstat, S. (1998). Eizenstat Addresses Climate Change Treaty Concerns, Speech of the Under Secretary of State on 14 April to the Association of Women in International Trade.

Freestone, D. and E. Hey (eds.) (1996). *Precautionary Principle: Book of Essays*, Environmental Policy and Law Series, Kluwer Law International, The Hague.

Fussler, C. and P. James (1996). *Driving Eco-Innovation: A Breakthrough Discipline for Innovation and Sustainability*, Pitman, London.

Fussler, C. (1998). Dow Europe: Six Sustainability Rules for a Complex World, in P. Vellinga, F. Berkhout and J. Gupta (eds.) *Managing a Material World: Reflections on Industrial Ecology*, Environment and Policy Series, Kluwer Academic Publishers, Dordrecht, pp. 267–74.

Galtung, J. (1993). People Centred Development through Collective Self Reliance, in South Centre (ed.) *Facing the Challenge: Responses to the Report of the South Commission*, Zed Books, London, pp. 132–8.

George, S. (1992). *The Debt Boomerang: How Third World Debt Harms Us All*, Pluto Press, London.

Globe International Press Release (1998). Buenos Aires Conference Finishes with Clear Steps to the Future, Press Release dated 14 November, Globe International Secretariat, Brussels.

Goldemberg, J. (1994). The Road to Rio, in I.M. Mintzer and J.A. Leonard (eds.) *Negotiating Climate Change: The Inside Story of the Rio Convention*, Cambridge University Press, Cambridge, pp. 175–87.

Gore, A. (1992). *Earth in the Balance: Ecology and the Human Spirit*, Plume Book.

Gosovic, B. (1992). *The Quest for World Environmental Cooperation: The Case of the UN Global Environment Monitoring System*, Routledge, London, pp. 223–71.

Greenpeace (1994). *The Climate Time Bomb: Signs of Climate Change from the Greenpeace Data Base*, Greenpeace International, Amsterdam.

Group of 77 South Summit (2000). Declaration of the South Summit, Havana, 10–14 April.

Grubb, M., C. Vrolijk and D. Brack (1999). *The Kyoto Protocol*, Earthscan/RIIA, London.

Grubb, M. and F. Yamin (2001). Climatic Collapse at The Hague: What Happened, Why and Where Do We Go From Here?, *International Affairs*, Vol. 77, No. 2, pp. 261–76.

Grubler, A. (1994). Industrialization as a Historical Phenomenon, in R. Socolow, C. Andrews, F. Berkhout, and V. Thomas (eds.), *Industrial Ecology and Global Change*, Cambridge University Press, Cambridge.

Gupta, J. (1997). *The Climate Change Convention and Developing Countries: From Conflict to Consensus?*, Environment and Policy Series, Kluwer Academic Publishers, Dordrecht.

Gupta, J. (2000a). *Climate Change: Regime Development and Treaty Implementation in the Context of Unequal Power Relations*, Vol. 1, Institute for Environmental Studies, Vrije Universiteit, Amsterdam.

Gupta, J. (2000b). *On Behalf of My Delegation: A Guide for Developing Country Climate Negotiators*, Center for Sustainable Development of the Americas, Washington DC.

Gupta, J. and M. Grubb (eds.) (2000). *Climate Change and European Leadership: A Sustainable Role for Europe*, Environment and Policy Series, Kluwer Academic Publishers, Dordrecht.

Gupta, J., S. Maya, O. Kuik and A.N. Churie (1996). A Digest of Regional JI Issues: Overview of Results from National Consultations on Africa and JI, in R.S. Maya and J. Gupta (eds.) *Joint Implementation: Carbon Colonies or Business Opportunities? Weighing the Odds in an Information Vacuum*, Southern Centre, Zimbabwe, pp. 43–61.

Gupta, J. and L. Ringius (2001). The EU's Climate Leadership: Between Ambition and Reality, *International Environmental Agreements: Politics, Law and Economics*, Vol. 1, No. 2, pp. 281–99.

Gupta, J., P. van der Werff and F.G. Lebrun (2001a). *Bridging Interest, Classification and Technology Gaps in the Climate Change Regime*, Institute for Environmental Studies, Vrije Universiteit, Amsterdam.

Gupta, J., J. Vlasblom and C. Kroeze with contributions from C. Boudri and K. Dorland (2001b). *An Asian Dilemma: Modernising the Electricity Sector in China and India in the Context of Rapid Economic Growth and the Concern for Climate Change*, Institute for Environmental Studies, Report Number E-01/04, Amsterdam.

Hardin, G. (1968). The Tragedy of the Commons, *Science* 162, pp. 1243–8.

Hardin, G. (1974). Life-boat Ethics: The Case Against Helping the Poor, *Psychology Today*, Vol. 38–40, No. 41, September, p. 126.

Houghton, J.T., G.J. Jenkins and J.J. Ephraums (1990). *Climate Change: The IPCC Scientific Assessment*, Cambridge University Press, Cambridge.

Houghton, J.T., L.G. Meira Filho, J. Bruce, H. Lee, B.A. Callander, E. Haites, N. Harris and K. Maskell (eds.) (1995). *Climate Change 1994: Radiative Forcing of Climate Change and An Evaluation of the IPCC IS92 Emission Scenarios*, Cambridge University Press, Cambridge.

IPCC-I (2001). *Summary for Policymakers: A Report of Working Group I of the Intergovernmental Panel on Climate Change*, Cambridge University Press, Cambridge.

IPCC-II (2001). *Climate Change 2001: Impacts, Adaptation, and Vulnerability*, Cambridge University Press, Cambridge.

IPCC-III (2001). *Summary for Policymakers: A Report of Working Group III of the Intergovernmental Panel on Climate Change*, Cambridge University Press, Cambridge.

Jacobson H.K. and E.B. Weiss (1995). Strengthening Compliance with International Environmental Accords: Preliminary Observations from a Collaborative Project, in *Global Governance*, Vol. 1, No. 2, May–August, pp. 119–48.

Jansen, D. (1999). The Climate System, in P. Martens and J. Rotmans (eds.) *Climate Change: An Integrated Perspective*, Kluwer Academic Publishers, Dordrecht, pp. 11–50.

JIQ (2001). Advertisement by NIBO, *Joint Implementation Quarterly*, Vol. 7, No. 1, April, p. 3.

Jung, W. and R. Loske (2000). Issue Linkages to the Sustainability Agenda, in J. Gupta and M. Grubb (eds.) (2000). *Climate Change and European Leadership: A Sustainable Role for Europe*, Environment and Policy Series, Kluwer Academic Publishers, Dordrecht, pp. 157–72.

Kandlikar, M. and A. Sagar (1999). Climate Change Research and Analysis in India: An Integrated Assessment of a North–South Divide, *Global Environmental Change*, Vol. 9, pp. 119–38.

Khor, M. (2001). *Rethinking Globalization: Critical Issues and Policy Choices*, Zed Books, London.

Kim, J.-I. and L.J. Lau (1994). The Sources of Economic Growth of the East Asian Newly Industrialized Countries, *Journal of the Japanese and International Economies*, Vol. 8, pp. 235–71.

Kluger, J. and M.D. Lemonick (2001). A Climate of Despair, *Time Magazine*, 23 April, pp. 50–59.

Kothari, R. (1993). Towards a Politics of the South, in South Centre (ed.) *Facing the Challenge: Responses to the Report of the South Commission*, Zed Books, London, pp. 84–91.

Madeley, J. (2000). *Hungry for Trade: How the Poor Pay for Free Trade*, Zed Books, London.

Maurer, C. (2000). Rich Nations' Investments Heighten Climate Risk, *International Herald Tribune*, 18–19 November 2000, p. 14.

Maya, S. and J. Gupta (ed.) (1996). *Joint Implementation for Africa: Carbon Colonies or Business Opportunity? Weighing the Odds in an Information Vacuum*, Southern Centre, Zimbabwe.

McCormick, John (1999). The Role of Environmental NGOs in International Regimes, in N.J. Vig and R.S. Axelrod (eds.), *The Global Environment: Institutions, Law and Policy*, Earthscan, London, pp. 52–71.

McCormick, R.D. (2000). Charting a New Course for the Environment, *International Herald Tribune*, November 18–19, 2000, p. 14.

Meyer, A. (2000). *Contraction and Convergence: The Global Solution to Climate Change*, Schumacher Briefings, No. 5, Green Books for the Schumacher Society, Foxhole, Dartington, Totnes.

Mokyr, J. (1992). Institutions, Technological Creativity and Economic History, in A. Quadrio Curzio, M. Fortis and R. Zoboli (eds.) *Innovation, Resources and Economic Growth*, Springer Verlag, Berlin.

Moorcroft, D. (2000). From Anxiety to Action, *International Herald Tribune*, 18–19 November, p. 14.

Morgan, J. (2000). Loopholes in Treaty Could Harm the Environment, *International Herald Tribune*, 18–19 November, p. 13.

Mwandosya, M.J. (1999). *Survival Emissions: A Perspective from the South on Global Climate Change Negotiation*, DUP Ltd and The Centre for Energy, Environment, Science and Technology, Tanzania.

Nakićenović, N. *et al.* (2000). *Emissions Scenarios*, Cambridge University Press, Cambridge.

Nath, K. (1993). Selected Statements on Environment and Sustainable Development, Government of India.

Noordwijk Declaration on Climate Change (1989) in P. Vellinga, P. Kendall, and J. Gupta (eds.) *Noordwijk Conference Report*, Volume I, Ministry of Housing, Physical Planning and Environment, Netherlands.

Note by Secretariat to the AGBM (1997). Implementation of the Berlin Mandate: Additional Proposals from Parties. Addendum, Seventh Session, Bonn 31 July–7 August 1997, item 3 of the Provisional Agenda, FCCC/AGBM/1997/MISC.1/Add.3, pp. 20–21; cited also in CSE Dossier (1998) Factsheet 5, Centre for Science and Environment, New Delhi.

Nyerere, J. *et al.* (1990). *The Challenge to the South: The Report of the South Commission*, Oxford University Press, Oxford.

Oberthür, S. and H.E. Ott (1999). *The Kyoto Protocol: International Climate Policy for the 21st Century*, Springer Verlag, Berlin.

Ott, H. E. (2001). Climate Change: An Important Foreign Policy Issue, *International Affairs*, Vol. 77, No. 2, pp. 277–96.

Pearce, D.W. and C.A. Perrings (1995). Biodiversity Conservation and Economic Development: Local and Global Dimensions, in C.A. Perrings, K.-G.Mäler, C. Folke, C.S. Holling and B.-O. Jansson (eds.) *Biodiversity Conservation*, Kluwer Academic Publishers, Dordrecht, pp. 23–44.

Pearce, D., W.R. Cline, A.N. Achanta, S. Fankhauser, R.K. Pachauri, R.S.J. Tol and P. Vellinga (1995). The Social Costs of Climate Change, in J. Bruce, Hoesung Lee and E. Haites (eds.) *Climate Change 1995: Economic and Social Dimensions of Climate Change; Contribution of Working Group III to the Second Assessment Report of the Intergovernmental Panel on Climate Change*, Cambridge University Press, Cambridge, pp. 178–224.

Petrella, R. (2001). *The Water Manifesto: Arguments for a World Water Contract*, Zed Books, London.

Pew Centre/IHT (2000). Working Together for Success: Business Leaders Speak Out, Advertisement in *International Herald Tribune*, November 18–19, 2000, p. 16.

Pfaff, W. (2001). Kolonialisme Toen, Mondialisering Nu, *De Volkskrant*, 28 July, p. 7.

Phylipsen, G.J.M., J.W. Bode, K. Blok, H. Merkus, and B. Metz (1998). A Triptych Sectoral Approach to Burden Differentiation; GHG Emissions in the European Bubble, *Energy Policy*, Vol. 26, No. 12, pp. 929–43.

Prasad, M. (1990). Speech, in P. Vellinga, P. Kendall, J. Gupta, *et al.*, *Noordwijk Conference Report*, Volume I and II, Ministry of Housing, Physical Planning and Environment, Netherlands.

Prescott, J. (2000). It's Time For a Deal, *International Herald Tribune*, 18–19 November, p. 13.

Priem, H.N.A. (1995). De CO_2 Ideologie, Wetenschap en Onderwijs, NRC Handelsblad, 6 July, pp. 1–2.

Pritchett, Lant (1996). Forget Convergence: Divergence Past, Present and Future, *Finance and Development*, June, pp. 40–43.

Rao, P.V. Narasimha (1992). *Protecting the Environment: A Global Responsibility*,

Speech at Rio de Janeiro, Government of India, Ministry of Information and Broadcasting, No. 1/8/92.

Rao, P.V. Narasimha (1993). *Selected Speeches*, Vol. I, Government of India Publications Division.

Rao, P.V. Narasimha (1994). *Selected Speeches*, Vol.II, Government of India Publications Division.

Reilly, W. (1989). Statement of the United States of America, in P. Velling, P. Kendall, and J. Gupta (eds.) *Noordwijk Conference Report*, Volume II, Ministry of Housing, Physical Planning and Environment, Netherlands, pp. 115–18.

Roberts, A. and B. Kingsbury (1993). Introduction: The UN's Roles in International Society since 1945, in A. Roberts and B. Kingsbury (eds.) *United Nations, Divided World: The UN in International Relations*, Clarendon Press, Oxford, pp. 1–63.

Sachs, W., R. Loske, M. Linz *et al.* (1998). *Greening the North: A Post-Industrial Blueprint for Ecology and Equity*, Zed Books, London.

Sagar, A. and M. Kandlikar (1997). Knowledge, Rhetoric and Power: International Politics of Climate Change, *Economic and Political Weekly*, 6 December.

Salah, Ahmed Ben (1993). The South and the North: Neither Dictatorships nor Interference, in South Centre (ed.) *Facing the Challenge: Responses to the Report of the South Commission*, Zed Books, London, pp. 53–65.

Schelling, T.C. (1997). The Cost of Combating Global Warming: Facing the Trade-Offs, *Foreign Affairs*, Vol. 76, No. 6, pp. 8–14.

Schrijver, N. (1995). Sovereignty over Natural Resources: Balancing Rights and Duties in an Interdependent World, thesis, Rijksuniversiteit Groningen.

Sharma, V. (2001). Utilitarian Rationalism on Thin Ice, *Economic Times*, India, 6 January.

Slade, T.N. (1998). National Perspectives – Ratification and Implementation Strategies: The View from The Small Island States, paper presented at the conference: Climate After Kyoto – Implications for Energy, at Chatham House, 5–6 February.

South Centre (1993). An Overview and Summary of the Report of the South Commission, in South Centre (ed.) *Facing the Challenge: Responses to the Report of the South Commission*, Zed Books, London, pp. 3–52.

Stone, P.H. (1997). The Heat's On, *The National Journal*, Vol. 29–30, p. 1505.

SWCC (1990). Ministerial Declaration of the Second World Climate Conference and Scientific Declaration of the Second World Climate Conference, Geneva.

UNDP (1996). *Human Development Report 1996*, Oxford University Press, Oxford.

UNEP (2000). *Global Environmental Outlook*, Earthscan, London.

Van de Woerd, K.F., C.M. de Wit, A. Kolk, D.L. Levy, P. Vellinga and E. Behlyarova (2000). *Diverging Business Strategies Towards Climate Change*, Institute for Environmental Studies, Vrije Universiteit, Amsterdam.

Venugopalachari, S. (1997). Inaugural Address, on the Occasion of the

Conference on Activities Implemented Jointly, New Delhi, 8 January.

Victor, D. and J.E. Salt (1995). Keeping the Climate Treaty Relevant, commentary in *Nature*, Vol. 373, 26 January.

Wallace, D. (1996). *Sustainable Industrialisation*, Royal Institute of International Affairs/Earthscan, London.

Watson, R.T., I.R. Noble, B. Bolin, N.H. Ravindranath, D.J. Verardo and D.J. Dokken (2000). *Land Use, Land-Use Change, and Forestry*, IPCC, Cambridge University Press, Cambridge.

Watson, R.T., M.C. Zinoera, R.H. Moss, and D.J. Dokken (1998). *The Regional Impacts of Climate Change: An Assessment of Vulnerability*, Cambridge University Press, Cambridge.

Weiszäcker, E.von, (1999). Dematerialisation, in P. Vellinga, F. Berkhout and J. Gupta (eds.) *Managing a Material World: Reflections on Industrial Ecology*, Environment and Policy Series, Kluwer Academic Publishers, Dordrecht.

Weiszäcker, E.von, A. Lovins and H. Lovins (1997). *Factor Four, Doubling Wealth and Halving Resource Use*, Earthscan, London.

Wettestad, J. (2000) The Complicated Development of EU Climate Policy, in J. Gupta and M. Grubb (eds.) *Climate Change and European Leadership: A Sustainable Role for Europe*, Environment and Policy Series, Kluwer Academic Publishers, Dordrecht.

Wolters, G., J. Swager and J. Gupta (1991). Climate Change: A Brief History of Global, Regional and National Policy Measures, Paper of the Dutch Ministry of Housing, Physical Planning and Environment presented at the International Global Warming Symposium, organised by the Japan Society for Air Pollution, 15 November.

Womack, J.P., D.T. Jones and D. Roos (1990). *The Machine that Changed the World*, Rawson Associates, New York.

WRI (1994). *World Resources 1994–1995*, World Resources Institute, Washington DC, pp. 362–4.

WWF (2000). *Make-or-Break the Kyoto Protocol*, Worldwide Fund for Nature International.

Yamin, F. (1998). The Kyoto Protocol: Origins, Assessment and Future Challenges, *Review of European Community and International Environmental Law*, Vol. 7, No. 2, pp. 113–27.

Yamin, F. (2000). The Role of the EU in Climate Negotiations, in J. Gupta and M. Grubb (eds.) *Climate Change and European Leadership: A Sustainable Role for Europe*, Environment and Policy Series, Kluwer Academic Publishers, Dordrecht, pp. 47–66.

Young Oran, R. and Konrad von Moltke (1994). The Consequences of International Environmental Regimes, Report from the Barcelona Workshop. *International Environmental Affairs*, 6, pp. 348–70.

Zhang, Z.X. (1999). Is China Taking Action to Limit its Greenhouse Gas Emissions? Past Evidence and Future Prospects, in J. Goldemberg and W. Reid (eds.) *Promoting Development While Limiting Greenhouse Gas Emissions: Trends and Baselines*, UNDP and WRI, New York.

찾아보기

● 옮긴이 **황의방**

서울대 문리대 영어영문학과를 졸업하고, 「동아일보」기자와 「리더스 다이제스트」 한국어판 주필을 지냈다. 현재 전문 번역가로 활동하고 있다.
옮긴 책으로는 『드레퓌스 사건과 지식인』, 『태양이 머무는 곳, 아치스』, 『새로운 전쟁』, 『환상을 만드는 언론』, 『패권인가 생존인가』 등이 있다.

너무나 뜨거운 지구:
지구온난화를 막기 위해 무엇을 해야 하나?

1판 1쇄 인쇄 2005년 10월 21일
1판 1쇄 발행 2005년 10월 28일

지은이 조이타 굽타
옮긴이 황의방
펴낸이 조추자
펴낸곳 도서출판 두레
등록 1978년 8월 17일 제1-101호
주소 서울시 마포구 공덕1동 105-225
전화 02)702-2119(영업), 703-8781(편집)
팩스 02)715-9720
이메일 dourei@chol.com

ISBN 89-7443-074-6 03340

*가격은 뒷표지에 적혀 있습니다. 잘못 만들어진 책은 바꾸어 드립니다.